内 容 简 介

本书是按照高等院校《高等几何教学大纲》的要求,同时结合作者多年来开设高等几何课程的教学实践,以及对高等几何面向 21 世纪的课程体系和教学内容的深入研究编写而成的. 全书共分五章:前四章是根据克莱因的变换群观点,以射影变换为基本线索,介绍一维和二维射影几何的基本内容和射影观点下的仿射几何与欧氏几何理论,其中重点讨论二次曲线的射影、仿射和度量理论,以明确各几何学的关系,使读者可以从较高的观点认识初等几何;第五章为选学内容,介绍平面射影几何基础和非欧几何的初步知识. 本书每节配有适量的习题,每章还配有总习题,书末附有习题答案与提示,以便于教师教学与学生自学. 为了激发学生学习射影几何的兴趣,书末添加了一个附录,简要介绍射影几何的发展史.

本书可作为高等院校数学专业高等几何课程的教材,还可供中学几何教师作为教学参考书.

高 等 几 何

车明刚　程晓亮　付　军　编著

图书在版编目(CIP)数据

高等几何/车明刚,程晓亮,付军编著. —北京:北京大学出版社,2012.8
(21世纪数学精编教材·数学基础课系列)
ISBN 978-7-301-18729-6

Ⅰ. ①高… Ⅱ. ①车… ②程… ③付… Ⅲ. ①高等几何－高等学校－教材 Ⅳ. ①O18

中国版本图书馆 CIP 数据核字(2012)第 189794 号

书　　　名：高等几何
著作责任者：车明刚　程晓亮　付　军　编著
责 任 编 辑：曾琬婷
标 准 书 号：ISBN 978-7-301-18729-6/O·0881
出 版 发 行：北京大学出版社
地　　　址：北京市海淀区成府路 205 号　100871
网　　　址：http://www.pup.cn　电子信箱：zpup@pup.pku.edu.cn
电　　　话：邮购部 62752015　发行部 62750672　理科编辑部 62767347　出版部 62754962
印　刷　者：北京虎彩文化传播有限公司
经　销　者：新华书店
　　　　　　787mm×980mm　16 开本　14.75 印张　305 千字
　　　　　　2012 年 8 月第 1 版　2024 年 1 月第 4 次印刷
印　　　数：5501—7500 册
定　　　价：45.00 元

未经许可,不得以任何方式复制或抄袭本书之部分或全部内容。
版权所有,侵权必究
举报电话：(010)62752024　电子信箱：fd@pup.pku.edu.cn

前　　言

高等几何是高等院校数学专业的基础课程之一,是在学生已学习初等几何、解析几何和高等代数的基础上,系统地研究射影几何,主要是在克莱因的变换群观点下研究几何对象的射影性质、仿射性质和度量性质.其目的是使学生认识射影空间的基本特征和研究方法,了解射影空间与仿射空间、欧氏空间的内在联系,明确射影几何与仿射几何、欧氏几何的关系,从而更深入地理解和掌握初等几何、解析几何和高等代数的知识,为进一步学习现代数学作准备,同时也为学生将来从事初等几何的教学作理论上的准备.

本书的主要内容共分五章进行编写:第一、二章介绍一维和二维射影几何的基本知识,这是射影几何的基础内容.第三章是从配极变换入手,给出二次曲线的概念,进而讨论二次曲线的射影理论.第四章是从射影观点讨论仿射几何和欧氏几何,从而明确这三种几何学的关系.其中重点讨论二次曲线的仿射性质和度量性质.第五章介绍平面射影几何的公理体系和非欧几何的初步知识,以明确各种非欧几何都可纳入射影几何范畴.这部分内容可根据实际教学课时的情况适当作删减,对本课程体系知识的完整性影响不大.附录部分简要介绍了射影几何的发展史,目的是使学生了解射影几何知识的发展脉络,以及具体知识内容的发展过程,激发学生学习射影几何的兴趣.

在编写本书时力图做到以下几点:

1. 根据克莱因的变换群观点,以射影变换为基本线索,把射影几何的基本内容连缀起来,并使系统严谨、脉络清晰,以便学生在较短的教学时间内,基本上掌握平面射影几何的基本理论和基本方法.

2. 解析法和综合法并用,以解析法为主,适当运用综合法,适应现代数潮流;注意培养和发展抽象思维的能力,同时也注意保持几何学直观的特点.

3. 从高等师范院校的培养目标考虑,适当联系中学几何的有关问题,旨在培养学生以较高的观点理解中学几何教材和处理中学几何问题的能力.

4. 注意射影几何与高等代数的密切联系.事实上,高等代数为射影几何提供了研究方法,而射影几何为高等代数的许多内容提供了几何解释.本书主要讨论二维射影空间及二维射影变换,因此就给出三维向量和三阶矩阵(非奇异)的几何解释.这样的解释生动地说明了相应的代数理论的几何意义.另外,需要指出的是,正是由于高等代数(高维)方法的介入,才有了探讨高维射影几何的可能.有兴趣的同学可以在学完本课程后去探讨学习.

5. 射影几何是比欧氏几何更一般的几何学,是一种全新的几何学,但为了学生接受起来更方便,我们仍是从欧氏空间出发,再添加理想元素而得到射影空间,进而建立齐次坐标的理论.在第四章中我们才在射影空间的基础上去掉理想元素而得到仿射空间,然后引进度量得到欧氏空间,从而明确仿射几何是射影几何的特殊情形,而欧氏几何又是仿射几何的特殊情形.

  本书在编写过程中,得到了吉林师范大学数学学院领导和同事的关心和支持,特别是得到了姜树民教授的鼓励和支持,在此表示衷心的感谢.

  限于编者水平,书中不当和错误在所难免,诚恳希望读者予以指正.

车明刚
2012 年 5 月

目　　录

第一章　射影平面 …………………… (1)
　§1.1　无穷远(理想)元素 ………… (1)
　　一、射影几何 …………………… (1)
　　二、中心投影 …………………… (2)
　　三、无穷远(理想)元素 ………… (3)
　　习题 1.1 ………………………… (7)
　§1.2　齐次坐标 …………………… (8)
　　一、齐次坐标的引进 …………… (8)
　　二、射影平面的定义 …………… (9)
　　三、有序三实数组的运算 ……… (11)
　　四、射影平面上的直线及点线
　　　　结合关系 …………………… (12)
　　习题 1.2 ………………………… (16)
　§1.3　对偶原理与 Desargues
　　　　透视定理 …………………… (16)
　　一、平面图形 …………………… (16)
　　二、Desargues 透视定理 ……… (18)
　　三、对偶原理 …………………… (20)
　　习题 1.3 ………………………… (22)
　§1.4　射影坐标与射影坐标
　　　　变换 ………………………… (23)
　　一、一维射影坐标与坐标变换 … (23)
　　二、二维射影坐标与坐标变换 … (27)
　　习题 1.4 ………………………… (34)
　　习题一 …………………………… (35)

第二章　射影变换 …………………… (36)
　§2.1　射影变换 …………………… (36)
　　一、变换的概念 ………………… (36)

　　二、一维射影映射 ……………… (38)
　　三、二维射影映射 ……………… (42)
　　习题 2.1 ………………………… (49)
　§2.2　交比 ………………………… (50)
　　一、交比的概念 ………………… (50)
　　二、配景定理 …………………… (52)
　　三、交比的性质 ………………… (53)
　　四、交比与一维射影坐标 ……… (55)
　　五、交比与射影映射 …………… (57)
　　六、用交比解释的几个概念 …… (58)
　　习题 2.2 ………………………… (61)
　§2.3　透视映射 …………………… (62)
　　一、透视映射的定义 …………… (62)
　　二、构成透视映射的条件 ……… (63)
　　三、透视映射与射影映射 ……… (64)
　　四、Pappus 定理 ………………… (65)
　　五、完全四点形与完全四线形 … (68)
　　六、直线(线束)上的射影
　　　　变换 ………………………… (70)
　　习题 2.3 ………………………… (73)
　§2.4　对合变换 …………………… (74)
　　一、对合的定义 ………………… (74)
　　二、对合变换的确定 …………… (75)
　　三、对合变换与射影变换 ……… (77)
　　四、对合变换的类型 …………… (77)
　　五、Desargues 对合定理 ……… (79)
　　习题 2.4 ………………………… (80)
　§2.5　直射变换 …………………… (81)

目录

  一、二重元素 …………………… (81)
  二、透射变换 …………………… (84)
  三、调和透射变换 ……………… (86)
  四、合射变换 …………………… (88)
  五、各种特殊直射变换的表达式 …… (89)
  六、射影变换与初等几何变换 …… (90)
  习题 2.5 ………………………… (94)
  习题二 …………………………… (95)

第三章 配极变换与二次曲线 …… (97)

 §3.1 配极变换 ………………… (97)
  一、对射变换 …………………… (97)
  二、配极变换的概念 …………… (101)
  三、共轭点与共轭直线 ………… (103)
  四、由配极变换导出的一维
    对合变换 ……………………… (105)
  五、自配极三点形 ……………… (108)
  六、配极变换的类型 …………… (110)
  习题 3.1 ………………………… (113)

 §3.2 二次曲线 ………………… (114)
  一、二次曲线的概念 …………… (114)
  二、极点与极线 ………………… (116)
  三、二次曲线方程的另一简化
    形式 ………………………… (119)
  四、Steiner 定理 ……………… (120)
  习题 3.2 ………………………… (122)

 §3.3 Pascal 定理与 Brianchon
    定理 ………………………… (123)
  一、Pascal 定理 ………………… (123)
  二、Brianchon 定理 …………… (128)
  习题 3.3 ………………………… (129)

 §3.4 二次曲线上的射影变换与
    二次曲线的射影分类 …… (130)
  一、二次曲线上的射影变换 …… (130)
  二、二次曲线上的对合变换 …… (132)

  三、一次点列与二次点列的
    透视对应 …………………… (134)
  四、二次曲线的射影分类 ……… (136)
  习题 3.4 ………………………… (142)
  习题三 …………………………… (142)

第四章 射影观点下的仿射
几何与欧氏几何 ………… (144)

 §4.1 仿射变换与仿射几何 …… (144)
  一、仿射平面 …………………… (144)
  二、平面仿射坐标系 …………… (145)
  三、仿射比 ……………………… (146)
  四、仿射变换 …………………… (149)
  习题 4.1 ………………………… (157)

 §4.2 二次曲线的仿射理论 …… (157)
  一、二次曲线的仿射性质 ……… (157)
  二、二次曲线的仿射分类与
    标准方程 …………………… (165)
  习题 4.2 ………………………… (168)

 §4.3 运动变换与欧氏几何 …… (169)
  一、虚元素的引进 ……………… (169)
  二、运动变换 …………………… (169)
  三、笛卡儿直角坐标系 ………… (175)
  四、拉格儿公式 ………………… (176)
  习题 4.3 ………………………… (179)

 §4.4 二次曲线的度量理论 …… (179)
  一、圆的一些性质 ……………… (179)
  二、二次曲线的主轴和顶点 …… (180)
  三、二次曲线的焦点和准线 …… (182)
  四、解析几何中的应用举例 …… (183)
  习题 4.4 ………………………… (184)

 §4.5 变换群与几何学 ………… (184)
  一、克莱因的变换群观点 ……… (184)
  二、三种几何学的比较 ………… (186)
  习题 4.5 ………………………… (187)

习题四……………………（187）

第五章 平面射影几何基础与非欧几何概要……………（189）

§5.1 公理法简介……………（189）
  一、公理法的建立与非欧几何的诞生……………（189）
  二、公理体系的三个基本问题……（191）
  习题 5.1……………………（193）

§5.2 平面实射影几何的公理体系……………（193）
  一、平面实射影几何的公理体系……（193）
  二、平面实射影几何公理体系的相容性……………（196）

  习题 5.2……………………（201）

§5.3 非欧几何概要……………（201）
  一、双曲几何与椭圆几何……（201）
  二、射影测度……………（202）
  三、罗氏几何的射影模型……（205）
  四、黎曼几何的射影模型……（210）
  习题 5.3……………………（213）

习题五……………………（214）

附录 射影几何发展简史……（215）

参考文献……………………（217）

名词索引……………………（218）

习题答案与提示……………（220）

第一章 射影平面

> 本章从中心投影入手,引进理想元素,从而拓广欧氏平面,并在拓广的欧氏平面上建立齐次坐标.在此基础上定义射影平面,介绍平面射影几何的对偶原理和坐标变换.这样就为阐述射影几何理论创造了条件.

§1.1 无穷远(理想)元素

一、射影几何

高等几何是数学专业基础理论课程之一,该课程系统地介绍射影几何的基础知识.什么是射影几何呢?在系统学习之前我们先做一点直观的说明,这样对以后的讨论会有一些启示.

我们先从初等几何谈起,在初等几何里所研究的是几何图形的形状、大小和相关位置.例如,线段的长度、角度、面积和体积等几何量,图形的全等和相似等关系.这些几何图形的量和相互关系,不因图形的位置改变而改变.也就是说,把几何图形从一个位置移动到另一个位置时,图形的形状和大小是不会改变的.移动是一种简单的物质运动形式,反映在几何学上就是运动变换.初等几何就是研究几何图形在运动变换下的不变性质和不变量的学科.

客观世界的物质运动有多种不同的形式和特点,反映在几何学上就形成多种不同的几何变换.例如,阳光照射在物体上的时候,在地面(或墙面)上就会出现物体的影子,随着时间的推移,影子不仅改变着它的位置,而且它的形状和大小也在不断地变化.物体在阳光的照射下形成影子,这是物质运动的一种形式,它在几何学上的反映就是平行投影.在这种运动形式下,仍有保持不变的性质,如窗户框相互平行的两个对边其影子始终是平行的,这个平行性就是平行投影下的不变性质.若干次平行投影构成所谓的仿射变换.研究在仿射变换下图形的不变性质和不变量的几何学就是仿射几何.

第一章 射影平面

由灯光(点光源)照射物体,在地面(或墙面)上也会出现物体的影子,并且随着光源和物体的相对位置的改变,影子的形状和大小都随之改变.这时平行性不再保持了,但物体相互关联的部位仍保持着一定的关系,也就是图形上元素之间的结合关系仍保持不变.物体由灯光照射成影,这是物质运动的又一种形式,它在几何学上的反映就是中心投影,而结合性就是中心投影下的不变性质.若干次中心投影构成所谓的射影变换.研究在射影变换下图形的不变性质和不变量的几何学就是射影几何.

射影几何的起源,开始是由于绘画、光学和建筑上的需要.当一个画家要把一个实物描绘在一块布幕上时,他先用眼睛当做投影中心,把实物的影子映射到布幕上去,再描绘出来.在建筑上我们需要把设计的实物画在一个平面上,平面上的图样就是实物的中心投影.这种投影技术在纯理论上的发展,就成为射影几何.从上述直观的理解和历史的发展来看,中心投影是射影几何理论的起源和基础.为此,我们从中心投影入手,来阐述建立射影几何的一些基本问题.

二、中心投影

1. 直线到直线上的中心投影

定义 1.1 设 l 和 l' 是同一平面上的两条不同直线(图 1-1),O 是该平面中不在直线 l 和 l' 上的一点,过点 O 与直线 l 上的任一点 A 作直线 a 交直线 l' 于点 A',这样建立的直线 l 与 l' 上的点之间的对应,叫做直线 l 到直线 l' 上的**中心投影**,其中点 O 叫做**投影中心**,直线 a(即 OA)叫做**投射线**,点 A' 叫做点 A 在中心投影下的**像点**,而点 A 叫做点 A' 的**原像点**.若记中心投影为 φ,则通常记 $A' = \varphi(A)$.

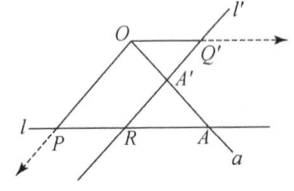

图 1-1

当点 A 在直线 l 上移动时,点 A' 则在直线 l' 上随之移动.当点 A 移动到点 P,且使 $OP \parallel l'$ 时,点 P 的对应点不存在.这时点 P 叫做直线 l 上的**没影点**.同理,设点 Q' 在直线 l' 上,且 $OQ' \parallel l$,则在直线 l' 到直线 l 的中心投影(投影中心为 O)下,点 Q' 就是直线 l' 上的没影点.直线 l 和 l' 的交点 R 是自对应点.

2. 平面到平面上的中心投影

定义 1.2 设 π 和 π' 是两个不同的平面(图 1-2),O 是不在这两个平面上的点,过点 O 与平面 π 上任一点 A 作直线 a 交平面 π' 于一点 A',这样建立的平面 π 与平面 π' 上的点之间的对应,叫做平面 π 到平面 π' 上的**中心投影**,其中点 O 叫做**投影中心**,直线 a(即 OA)叫做**投射线**,点 A' 叫做点 A 在该中心投影下的**像点**,而点 A 叫做点 A' 的**原像点**.

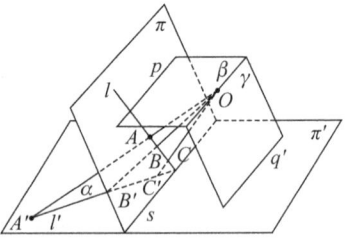

图 1-2

显然,在定义 1.2 中,平面 π 和 π' 的交线 s 上的点都是自对应点,交线 s 是自对应直线.

如果点 A,B,C 都在直线 l 上,则它们的投射线 OA,OB,OC 都在由点 O 与直线 l 所决定的平面 α 上.因此它们在平面 π' 上的对应点 A',B',C' 必在平面 α 与平面 π' 的交线 l' 上.由此可知共线点的对应点仍是共线点.也就是说,在中心投影下,平面 π 上的直线 l 变为平面 π' 上的一条直线 l'.过点 O 作平面 β 平行于平面 π' 交平面 π 于直线 p,直线 p 上的点在平面 π' 上不存在对应点,因此都是没影点,此时直线 p 叫做**没影直线**.同理,过点 O 作平面 γ 平行于平面 π 而交平面 π' 于 q',则在平面 π' 到平面 π 的中心投影(投影中心为 O)下,q' 上的点都是没影点,而直线 q' 就是没影直线.

3. 图形的射影性质

前面提到在中心投影下共线点仍变为共线点,也就是说在中心投影下点共线这个性质保持不变.图形经过任意中心投影而不改变的那些性质,就是图形的**射影性质**,这些性质便构成了射影几何的主要内容.如上所述,点共线这一性质,也就是点和直线的结合性是平面射影几何最基本的性质.由此可知,三边形和四边形的中心投影仍是三边形和四边形(为了简便,通常将某图形在中心投影下的像称为该图形的中心投影或投影).可是等腰三边形的中心投影不一定是等腰三边形,平行四边形的中心投影也未必是平行四边形,圆的中心投影也未必是圆.可以看出"点在直线上"、"直线过点"、"几个点共线"和"几条线共点"都是中心投影下的不变性质,"三边形"和"四边形"都是中心投影下的不变图形,所以它们都属于射影几何研究的范畴.而"两点之间的距离"、"两直线的夹角"、"等腰三边形"、"平行四边形"和"圆"在中心投影下可能有所改变,因此它们就不是射影几何研究的对象.

三、无穷远(理想)元素

1. 理想元素的引入

由于在欧氏平面上进行中心投影会出现没影点和没影直线,这样就使得中心投影产生非一对一的现象,因而给讨论中心投影下的不变性质带来极大的不便.为了消除这种障碍,有必要对欧氏平面进行改造.考察发现,中心投影下出现非一对一的根源就在于欧氏平面上存在着两条直线相交和不相交(平行)两种不统一的情况,如果我们把两条平行线看做相交于一个理想的点,从而非一对一的问题就可以得到解决.为此我们约定:两条平行直线相交于一个而且唯一一个理想的点.我们把这一理想点叫做**无穷远点**,并将无穷远点 P 记做 P_∞.

引入无穷远点后,图 1-1 中点 P 的对应点则是直线 l' 上的无穷远点 P'_∞;点 Q' 的对应点则是直线 l 上的无穷远点 Q_∞.这样一来,直线 l 和 l' 上的点便是一一对应的了.

在欧氏平面上引入无穷远点后,这个平面将出现些什么新情况,这是需要弄清的问题.

对于平面 π 上的一组平行直线 $a,b,c,d,\cdots$,作与平面 π 不平行的任一平面 π',并取不在

π 和 π' 上的一点 O. 以点 O 为投影中心进行中心投影, 则得到直线 $a, b, c, d, \cdots$ 在平面 π' 上的投影, 设它们为直线 $a', b', c', d', \cdots$. 由于 a 和 a', b 和 b', c 和 c', d 和 d' 分别在过点 O 的不同平面上, 而这些平面分别过平行线组 $a, b, c, d, \cdots$ 之一的直线, 且有一公共点 O, 故必有公共交线 OL, 且 OL 平行于直线 $a, b, c, d, \cdots$ (图 1-3). 设 OL 与平面 π' 相交于点 S, 则 S 即为直线 $a', b', c', d', \cdots$ 的交点. 而 S 为平面 π' 到平面 π 的中心投影下的没影点, 它对应着平行线组中每一条直线上的无穷远点. 因此, 平面内的一组平行线恰有一个公共的无穷远点.

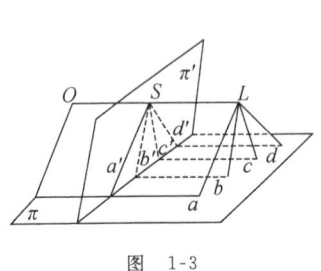

图 1-3

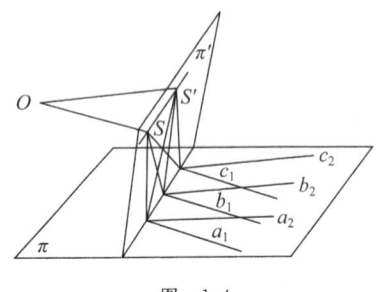

图 1-4

对于平面 π 上不同的平行线组, 在平面 π' 上的投影有不同的公共交点(图 1-4), 因此, 平面内不同的平行线组有不同的无穷远点. 这些无穷远点对应着由平面 π' 上的没影点所组成的一条直线. 因此, 平面内的无穷远点都在一条直线上, 这条直线就叫做**无穷远直线**.

定义 1.3 我们把欧氏平面上原有的点叫做**欧氏点**或**平常点**, 而把欧氏点和无穷远点统一叫做**射影点**; 把欧氏平面上原有的直线叫做**欧氏直线**, 在欧氏直线上添加了无穷远点后称之为**射影直线**. 由无穷远点所组成唯一的那条无穷远直线也是射影直线. 欧氏平面上添加无穷远点和无穷远直线之后的平面, 叫做**射影平面**, 也叫做**拓广的欧氏平面**. 无穷远点和无穷远直线都叫做**无穷远元素**或**理想元素**.

2. 射影点和射影直线的基本性质

在欧氏平面上引入了理想元素后, 便拓广为射影平面, 这样的拓广应使原来的欧氏平面上所具有的性质和拓广的欧氏平面的性质统一起来, 才能起到拓广的作用. 在欧氏平面上的点和直线的基本关系是结合关系, 因此在拓广的欧氏平面上新旧元素仍应保持这种关系. 同时由于引进了新的元素, 因此平面的结构一定有新的变化. 为了了解这些情况, 下面来讨论射影点和射影直线的基本性质.

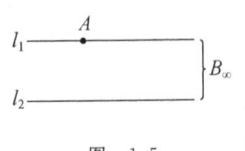

图 1-5

性质 1 过任意两个相异的点 A 和 B 有且只有一条射影直线.

事实上, 如果 A 和 B 都是欧氏点, 据欧氏几何公理, 过 A 和 B 两点有且只有一条欧氏直线 AB, 在直线 AB 上添加一个无穷远点变成为射影直线; 如果 A 是欧氏点, B 是无穷远点 B_∞, 设 B_∞ 在直线 l_2 上

(图 1-5),那么过点 A 且平行于 l_2 的直线 l_1 必过点 B_∞,即过点 A 和 B_∞ 有且只有一条射影直线 l_1;如果 A 和 B 两点都是无穷远点,即为 A_∞ 和 B_∞,则过点 A_∞ 和 B_∞ 有且只有一条无穷远直线,它仍是射影直线.

性质 2 射影平面上任意两条相异的射影直线有且只有一个交点.

事实上,当两条射影直线 l_1 和 l_2 都是欧氏直线时,若 l_1 和 l_2 相交,则有且只有一个交点;若 l_1 和 l_2 平行,根据约定知,有且只有一个交点——公共的无穷远点.当两直线 l_1,l_2 中有一条是无穷远直线时,它们相交于那条非无穷远直线上的唯一无穷远点.

由上可知,引进理想元素后对于新旧元素在拓广的欧氏平面上都具有上述性质,因此就可以不加任何区分地对待.这种把拓广的欧氏平面上的平常元素和理想元素不加以任何区分的观点是射影观点;而加以区分的观点是仿射观点(见§4.1);根本不承认理想元素存在的观点是欧氏观点(见§4.3).在射影几何里采用射影观点不加区分地把平常元素和理想元素叫做射影点或射影直线,并把添加了理想元素的欧氏平面叫做射影平面,它们分别简称为点、直线、平面.

3. 射影直线和射影平面的模型

我们生活在欧氏空间中,对于欧氏直线和平面处处都能接触到它的直观模型,这样从其中抽象出来的概念也是易于想象和理解的.现在直线和平面都已拓广了,它当然不同于原来的形象,因此需要寻求适合它的模型来帮助我们理解和研究新的概念.

3.1 射影直线的模型

在一条射影直线上由于添加了一个理想点,因此当沿着这条直线向两个相反方向无限延长时,其最终将要会于一点——这条直线上那个无穷远点,所以它是一个封闭图形,我们可以把它想象成如图 1-6 所示的封闭线.在射影直线上点 A 和 B 把这条直线分为两条线段:一条是平常的线段 AB;另一条是包含着理想点(无穷远点)的线段段 $AP_\infty B$.

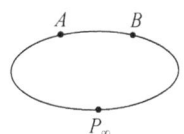

图 1-6

3.2 射影平面的模型

对于射影平面的模型,可以按下面的方法构造构成.设以点 O 为中心的半球面 Σ 顶部与平面 π 相切于一点 S(图 1-7),以点 O 为投射中心把平面 π 上的点投射到半球面 Σ 上:如点 $A \in \pi$,连接 OA 交半球面 Σ 于点 A',则 A' 是 A 的像点.按这样的方法把平面 π 上所有点投射到半球面 Σ 上,对于 π 上的平常点则投射到开半球面 Σ 上;对于 π 上的无穷远点 M_∞,它在 Σ 上的像点是过点 O 引 SM_∞ 的平行线与半球面 Σ 上的"赤道大圆"(底圆)的交点,此时 $OM_\infty(M_\infty \in \pi)$ 与"赤道大圆"相交于两点 M'_∞ 与 $\overline{M}'_\infty$.因此如果把赤道大圆上的对径点 M'_∞ 与 $\overline{M}'_\infty$ 看做 Σ 上的同

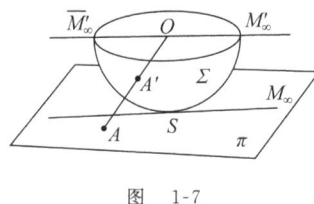

图 1-7

第一章 射影平面

一点,这样就把射影平面 π 上的点和半球面 Σ 上的点建立起一一对应.于是当我们把"赤道大圆"的对径点看做同一点时,半球面 Σ 就是射影平面的模型.在这个模型上的每一个大圆的半圆周表示一条射影直线,它在"赤道大圆"上的两端点看做同一个点.从这个模型可以看出,射影直线和射影平面都是封闭的.

把欧氏平面加以拓广而得到射影平面,保留了欧氏平面上的一些性质,如"两相异点确定一条直线".但是有些性质却和原来的大不相同.例如,欧氏平面上两条直线有相交和平行之分,在这里则统一了.又如,欧氏平面上一直线 a 把欧氏平面分成两个区域,分别在不同区域内的两点是不可能用一条与直线 a 不相交的线段连接起来的,但是在射影平面上却不然,任何两点都可以用一条与直线 a 不相交的线段连接起来,因此射影平面上的任一直线都不能把该平面分成两个区域,如图1-8 中的 $AP_\infty B$ 就是与直线 a 不相交的线段.

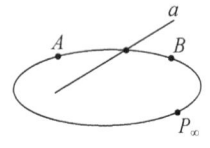

图 1-8

在欧氏平面上,两相交直线把平面分成四个区域,两平行直线把平面分成三个区域(图 1-9(a)),但是在射影平面上的两直线总把平面分为两个区域(图1-9(b)).同样的在欧氏平面上,不过同一点的三条两两相交的直线把平面分为七个区域(图 1-10(a)),但是在射影平面上这样的三条直线只能把平面分为四个区域(图1-10(b)).

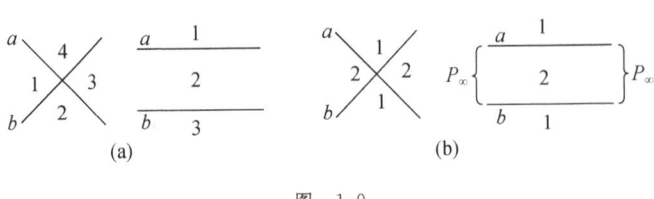

图 1-9

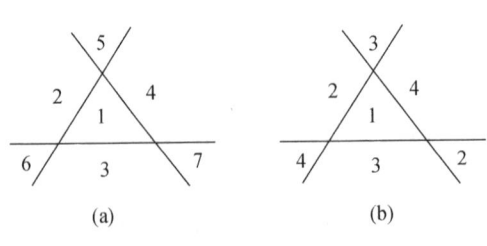

图 1-10

4. 利用中心投影证明几何问题

由于中心投影保持结合性,因此在证明有关结合性的命题时,可以将原命题的图形进行适当的中心投影,由投影后图形的结合性而反衬出原命题的结合性.

例 设三直线 $up_1p_2, uq_1q_2, ur_1r_2$ 分别交两直线 ox_1, ox_2 于点 p_1, q_1, r_1 和点 p_2, q_2, r_2，求证：q_1r_2 与 q_2r_1 的交点 a, r_1p_2 与 r_2p_1 的交点 b 及 p_1q_2 与 p_2q_1 的交点 c 三点共线，且此直线过点 o。

证明 利用中心投影将图 1-11(a) 投影成图 1-11(b)，其中 ou 投影为无穷远直线，则 $p_1'p_2' // q_1'q_2' // r_1'r_2', p_1'q_1'r_1' // p_2'q_2'r_2'$。于是得知点 $q_1'r_2'$ 与 $q_2'r_1'$ 的交点 $a', r_1'p_2'$ 与 $r_2'p_1'$ 的交点 b'，及 $p_1'q_2'$ 与 $p_2'q_1'$ 的交点 c' 分别是平行四边形 $q_1'q_2'r_2'r_1', r_1'r_2'p_2'p_1', p_1'p_2'q_2'q_1'$ 的对角线的交点，由此易知 a', b', c' 三点共线，且此直线平行于 $p_1'q_1'r_1'$ 与 $p_2'q_2'r_2'$。返回到原图 1-11(a)，即得分别与 a', b', c' 对应的点 a, b, c 亦必共线，且此直线 abc 必过 $p_1'q_1'r_1'$ 与 $p_2'q_2'r_2'$ 的交点 o_∞' 的对应点 o。

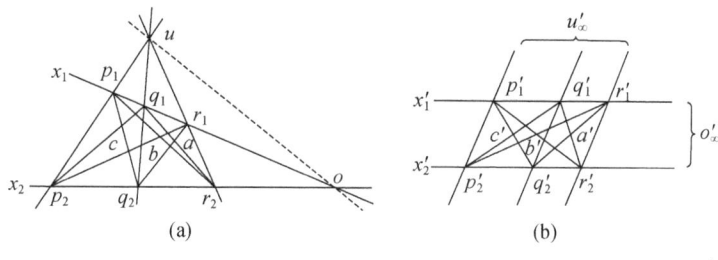

图 1-11

习 题 1.1

1. 下列图形中哪些是射影几何研究的对象？
   (1) 三边形；   (2) 直角三边形；
   (3) 三边形的中线； (4) 四边形；
   (5) 平行四边形；   (6) 梯形；
   (7) 圆；   (8) 弓形；
   (9) 二次曲线；   (10) 三角形.

2. 中心投影把一个圆投影成怎样的图形？

3. 试证：如果一个平行四边形经过中心投影仍变为平行四边形，且使得其中一个平行四边形的两双对边分别平行于另一个平行四边形的两双对边，则它们所在平面平行.

4. 已知 A, B 为两定点，l 为不过 A, B 两点的定直线. 在直线 l 上任取两点 P, Q，令 X 是 AP 与 BQ 的交点，Y 是 AQ 与 BP 的交点，求证：直线 XY 过直线 AB 上一定点.

5. 试证：两条不同直线把射影平面划分为两个区域.

6. 设在射影平面上有 n 条无三线共点的直线，试问：它们能把射影平面划分成多少个区域？在欧氏平面上呢？

第一章 射影平面

§1.2 齐次坐标

一、齐次坐标的引进

在解析几何中,我们建立笛卡儿直角坐标系,使欧氏平面上的点 P 对应着有序数对 (x,y),直线 l 对应着线性方程 $ax+by+c=0$,从而可以利用代数方法来研究欧氏平面上图形的性质. 我们能否用代数方法来研究射影平面上图形的性质呢? 这就得考虑如何表示射影平面上点的坐标.

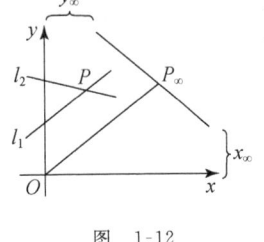

图 1-12

由于射影平面是在欧氏平面上拓广得到的,因此我们先在欧氏平面进行讨论. 首先建立笛卡儿直角坐标系 Oxy (图 1-12),设平面上相异两直线 l_1 和 l_2 的方程分别是

$$l_1: a_1 x + b_1 y + c_1 = 0,$$
$$l_2: a_2 x + b_2 y + c_2 = 0,$$

其中 a_1 和 b_1 不同时为零, a_2 和 b_2 不同时为零. 令

$$D_1 = \begin{vmatrix} -c_1 & b_1 \\ -c_2 & b_2 \end{vmatrix}, \quad D_2 = \begin{vmatrix} a_1 & -c_1 \\ a_2 & -c_2 \end{vmatrix}, \quad D_3 = \begin{vmatrix} a_1 & b_1 \\ a_2 & b_2 \end{vmatrix}.$$

当 l_1 和 l_2 相交时,有 $D_3 \neq 0$. 设交点为 $P(x,y)$,则点 P 的坐标为 $x = \dfrac{D_1}{D_3}, y = \dfrac{D_2}{D_3}$.

当 l_1 和 l_2 平行,即相交于无穷远点 P_∞ 时,有 $D_3 = 0$. 这时就出现 P_∞ 的坐标为 (∞, ∞) 的现象.

由于 ∞ 本身不是实数,即使我们约定 (∞, ∞) 与无穷远点对应,但所有无穷远点都表示为 (∞, ∞),还是既无法区分也无法进行计算. 因此,在拓广的欧氏平面上不可能再引用笛卡儿坐标,要想确定拓广的欧氏平面上所有点的坐标,就得将原来的坐标表示方法加以相应的改造. 为此,令

$$x = \frac{x_1}{x_3}, \quad y = \frac{x_2}{x_3},$$

则

$$x_1 : x_2 : x_3 = D_1 : D_2 : D_3.$$

我们把点 P 的坐标用 (x_1, x_2, x_3) 来表示,并规定当 $x_3 \neq 0$ 时, (x_1, x_2, x_3) 表示平常点;当 $x_3 = 0$ 时,若 x_1, x_2 不全为零,则 (x_1, x_2, x_3) 表示无穷远点. 当 x_1, x_2, x_3 三数都等于零时,就出现了 $(0,0,0)$ 这个形式,而 $(0,0,0)$ 不表示任何点,也就没有意义(此时 l_1 和 l_2 重合),故应排除在外.

因为点的坐标是利用 x_1, x_2, x_3 的比给出的,所以对于任何实数 $\rho \neq 0$, $(\rho x_1, \rho x_2, \rho x_3)$ 与 (x_1, x_2, x_3) 表示射影平面上同一点. 对任意的有序三实数组 $x = (x_1, x_2, x_3)$,我们通常把所

有形如$(\rho x_1, \rho x_2, \rho x_3)(\rho \neq 0)$的有序三实数组组成的集合叫做有序三实数组的一个**类**,记做$[x]$.因此,射影平面上每一点的坐标(x_1, x_2, x_3)属于有序的三实数组的类$[x]$;反之,对于平面上任一点,它一定可看做某两直线的交点,进而有序三实数组的类与之对应.这样射影平面上的点与除$(0,0,0)$外的有序三实数组的类建立了一一对应.这正是射影平面上点坐标的特点.

定义 2.1 用有序三实数组的类的形式来表示点P的坐标,叫做点P的**齐次坐标**;原来的坐标(x, y)叫做点P的**非齐次坐标**.

引进齐次坐标后,就克服了确定无穷远点的坐标所产生的障碍,从而使平常点和无穷远点的坐标表示法得到了统一.对于平常点x,其齐次坐标为$(\rho x_1, \rho x_2, \rho x_3)$(它的特征是$x_3 \neq 0$);对于无穷远点,其齐次坐标为$(\rho x_1, \rho x_2, 0)$(它的特征是$x_3 = 0$).

在欧氏平面上的直线方程是

$$\xi_1 x + \xi_2 y + \xi_3 = 0 \quad (\xi_1, \xi_2 \text{ 不同时为零}), \tag{2.1}$$

换成点的齐次坐标,即把$x = \dfrac{x_1}{x_3}, y = \dfrac{x_2}{x_3}$代入(2.1)式得

$$\xi_1 x_1 + \xi_2 x_2 + \xi_3 x_3 = 0. \tag{2.2}$$

三实数ξ_1, ξ_2, ξ_3完全确定了这条直线,同时与这三个实数成比例的任何有序三实数组也能确定这条直线.因此,一条直线也可以用有序三实数组$[\lambda \xi_1, \lambda \xi_2, \lambda \xi_3](\lambda \neq 0)$来表示;反之,任一有序三实数组$[\xi_1, \xi_2, \xi_3]$(但$[0,0,0]$除外)均可确定一直线$\xi$.我们把有序三实数组$[\lambda \xi_1, \lambda \xi_2, \lambda \xi_3](\lambda \neq 0)$作为直线$\xi$的坐标(注:这里采用方括号"[ ]"是为了与点的坐标相区别).

由于平面上每个无穷远点都在无穷远直线上,因而无穷远点的坐标$(x_1, x_2, 0)$都应满足它的方程,也就是说x_1, x_2为任何实数时该方程都成立,那么就必须是$\xi_1 = \xi_2 = 0$,所以无穷远直线的方程是

$$\xi_3 x_3 = 0 \quad \text{或} \quad x_3 = 0. \tag{2.3}$$

由于ξ_1, ξ_2, ξ_3不能同时为零,故$\xi_3 \neq 0$,所以无穷远直线的坐标是$[0, 0, \xi_3]$或$[0, 0, 1]$.

通过上面的讨论,我们可以得出拓广的欧氏平面的一个算术模型,那就是:用不全为零的有序三实数组(x_1, x_2, x_3)表示平面上的点x,把它叫做**点x的齐次坐标**,并且(x_1, x_2, x_3)与$(\rho x_1, \rho x_2, \rho x_3)(\rho \neq 0)$表示同一个点$x$,其中平常点对应$x_3 \neq 0$,无穷远点对应$x_3 = 0$;用不全为零的有序三实数组$[\xi_1, \xi_2, \xi_3]$表示平面上的直线$\xi$,把它叫做**直线$\xi$的齐次坐标**,并且$[\xi_1, \xi_2, \xi_3]$与$[\lambda \xi_1, \lambda \xi_2, \lambda \xi_3](\lambda \neq 0)$表示同一条直线$\xi$,其中平常直线的$\xi_1, \xi_2$不同时为零,无穷远直线的$\xi_1, \xi_2$同时为零.

二、射影平面的定义

从上面对齐次坐标的讨论可知,设$x = (x_1, x_2, x_3)$是任意的一个有序三实数组,所有形如

$(\rho x_1, \rho x_2, \rho x_3)(\rho \neq 0)$ 的有序三实数组组成的集合为有序三实数组的一个类 $[x]$. 若 $x_1 = x_2 = x_3 = 0$,则称 $[x]$ 为**零类**. 当且仅当两类有序三实数组有一个公共的有序三实数组时,这两个类相同. 如果两个有序三实数组 x, y 属于同一个类,记做 $x \sim y$;否则记做 $x \nsim y$. 除了零类只含有一个有序三实数组 $(0,0,0)$ 外,其他每一类有序三实数组都包含无穷多个有序三实数组.

作了以上说明后,我们引进如下射影平面的抽象定义:

定义 2.2 除零类外,所有有序三实数组的类 $[x]$ 组成的集合 P^2 叫做**射影平面**(也称为**实二维射影空间**). 集合 P^2 中的一个元素——类 $[x]$ 叫做射影平面上的一个**点**,每一个类 $[x]$ 包含有无限多个有序三实数组,它们都叫做点 $[x]$ 的**坐标**,其中每一个有序三实数组 $x = (x_1, x_2, x_3)$ 叫做点 $[x]$ 的一个**成员**.

在讨论时,我们通常把指定的点 $[x]$ 的成员叫做点 $[x]$ 的**代表**或**解析点**,写做 x^* 或 (x_1^*, x_2^*, x_3^*). 如果未指定代表,则点的坐标可以在该点的坐标类中任意选取,但一经选取后则是固定不变的. 因为点 $[x]$ 可用任一成员来代表,所以也可以写成点 x 或点 (x_1, x_2, x_3).

射影平面的这个定义虽然是在笛卡儿直角坐标系的某些几何事实的启发下做出来的,但是它与笛卡儿直角坐标却没有丝毫关系,因为它纯粹是用数的概念下的定义. 因此我们把点 $x = (x_1, x_2, x_3)$ 中的三个数 $x_i (i = 1, 2, 3)$ 叫做点 x 的**绝对坐标**. 这时也常常将点 x 记做 $x(x_1, x_2, x_3)$. 需要指出的是,前面我们从拓广的欧氏平面给出的射影平面的定义,是依附于欧氏平面提出来的,它是一种直观的拓广,现在用有序三实数组的类的集合来定义射影平面,从这个概念本身来说是比较抽象的,但是它却比用拓广的欧氏平面来定义更为独立,因而对讨论射影几何系统来说更为完善. 同时,这样定义射影平面更具有一般性,任何一个集合,只要它的元素与有序三实数组的类的集合 P^2 建立一一对应,这个集合就是射影平面 P^2 的一个模型. 在前面我们用拓广的欧氏平面来建立射影平面,由于拓广的欧氏平面上的点、直线及点线结合关系对应着有序三实数组及有关的运算,因此我们说有序三实数组的类的集合是拓广的欧氏平面的算术模型. 现在我们用有序三实数组的类的集合来定义射影平面 P^2,那么拓广的欧氏平面就是射影平面 P^2 的几何模型,拓广的欧氏平面内的点就对应着射影平面 P^2 内的有序三实数组的类.

我们知道,拓广的欧氏平面上的直线 ξ 也可以用有序三实数组 $[\xi_1, \xi_2, \xi_3]$ 来表示,而且 $[\xi_1, \xi_2, \xi_3]$ 与 $[\lambda \xi_1, \lambda \xi_2, \lambda \xi_3](\lambda \neq 0)$ 表示同一条直线,因而拓广的欧氏平面上所有直线组成的集合 T 与除零类外所有有序三实数组的类组成的集合 P^2 同样可以建立一一对应. 因此,拓广的欧氏平面上所有直线组成的集合 T 也是射影平面 P^2 的一个模型,这时 T 里的元素——拓广的欧氏平面上的直线便可解释为射影平面 P^2 上的点(即有序三实数组的类).

此外,在空间解析几何里,所有经过坐标原点的直线组成的集合 N 内每一条直线 ξ 的方向数 $n = (n_1, n_2, n_3)$ 是一个有序三实数组,而 $(\lambda n_1, \lambda n_2, \lambda n_3)(\lambda \neq 0)$ 也是同一条直线 ξ 的方向数,所以集合 N 内的每一直线 ξ 的方向数可以表示为一个有序三实数组的类 $[n]$. 显然,除零类以外,所有有序三实数组的类与所有过坐标原点的直线可以建立一一对应,因此集合 N 也是射影平面 P^2 的一个模型. 在这个模型里, 集合 N 内的每个元素——过坐标原点的直线便可解释为射影平面 P^2 上的点.

三、有序三实数组的运算

我们在前面用有序三实数组来定义射影平面,这样今后讨论射影平面上的点、线以及点线结合的问题就转化为有关有序三实数组的运算. 因此我们有必要引进有序三实数组的运算. 而为了引进运算, 需先给出两有序三实数组相等的概念: 对于两任意有序三实数组
$$a = (a_1, a_2, a_3), \quad b = (b_1, b_2, b_3),$$
当且仅当 $a_i = b_i (i = 1, 2, 3)$ 时, 称 a **等于** b, 记做 $a = b$.

设 $a = (a_1, a_2, a_3), b = (b_1, b_2, b_3), c = (c_1, c_2, c_3)$ 是三个有序三实数组, λ, μ 是不为零的任意实数, 我们引进下列关于有序三实数组运算的定义:

(1) **数乘**: λ 与 a 的乘积 λa 定义为
$$\lambda a = \lambda(a_1, a_2, a_3) = (\lambda a_1, \lambda a_2, \lambda a_3) \quad (\lambda \neq 0). \tag{2.4}$$

(2) **和**: a 与 b 的和 $a + b$ 定义为
$$a + b = (a_1, a_2, a_3) + (b_1, b_2, b_3) = (a_1 + b_1, a_2 + b_2, a_3 + b_3). \tag{2.5}$$

结论 1 $\lambda a + \mu b = (\lambda a_1 + \mu b_1, \lambda a_2 + \mu b_2, \lambda a_3 + \mu b_3).$ \hfill (2.5′)

特别地, 当 $\lambda = 1, \mu = -1$ 时, 有 $a - b = (a_1 - b_1, a_2 - b_2, a_3 - b_3)$, 称之为 a 与 b 的**差**.

(3) **数量积**: a 与 b 的数量积 $a \cdot b$ 或 ab 定义为
$$a \cdot b = a_1 b_1 + a_2 b_2 + a_3 b_3. \tag{2.6}$$

显然, 有 $a \cdot b = b \cdot a$.

结论 2 $(\lambda a + \mu b) \cdot (\lambda' a' + \mu' b')$
$$= \lambda \lambda'(a \cdot a') + \lambda \mu'(a \cdot b') + \mu \lambda'(b \cdot a') + \mu \mu'(b \cdot b'). \tag{2.6′}$$

(4) **向量积**: a 与 b 的向量积 $a \times b$ 定义为
$$a \times b = \left(\begin{vmatrix} a_2 & a_3 \\ b_2 & b_3 \end{vmatrix}, \begin{vmatrix} a_3 & a_1 \\ b_3 & b_1 \end{vmatrix}, \begin{vmatrix} a_1 & a_2 \\ b_1 & b_2 \end{vmatrix} \right). \tag{2.7}$$

容易验证, 有 $a \times b = -(b \times a)$.

对于任意实数 d, e, f, g 和 d', e', f', g', 由行列式的性质有
$$\begin{vmatrix} \lambda d + \mu e & \lambda' d' + \mu' e' \\ \lambda f + \mu g & \lambda' f' + \mu' g' \end{vmatrix} = \lambda \lambda' \begin{vmatrix} d & d' \\ f & f' \end{vmatrix} + \lambda \mu' \begin{vmatrix} d & e' \\ f & g' \end{vmatrix} + \mu \lambda' \begin{vmatrix} e & d' \\ g & f' \end{vmatrix} + \mu \mu' \begin{vmatrix} e & e' \\ g & g' \end{vmatrix}.$$

于是可以证明如下结论:

结论 3 $(\lambda a + \mu b) \times (\lambda' a' + \mu' b')$
$$= \lambda \lambda'(a \times a') + \lambda \mu'(a \times b') + \mu \lambda'(b \times a') + \mu \mu'(b \times b'). \tag{2.7′}$$

第一章　射影平面

（5）**混合积**：由前面定义得

$$a \cdot (b \times c) = \begin{vmatrix} a_1 & a_2 & a_3 \\ b_1 & b_2 & b_3 \\ c_1 & c_2 & c_3 \end{vmatrix} \triangleq |a,b,c|, \tag{2.8}$$

称之为混合积. 可以证明

$$a \cdot (b \times c) = b \cdot (c \times a) = c \cdot (a \times b) = |a,b,c|. \tag{2.9}$$

值得注意的是，有序三实数组的运算与解析几何里空间向量运算形式相一致，但这里不能直接套用，必须重新定义，原因在于以下两点：

第一，解析几何里空间向量运算的定义是与笛卡儿直角坐标系相关联的，在射影平面上不能再使用笛卡儿直角坐标系，而且到目前为止，我们还没有建立其他任何坐标系.

第二，解析几何里空间向量坐标的定义是以欧氏空间里线段长度和角度等概念为依据的. 而射影平面却没有线段的长度、角度、面积等度量概念，因此对于射影平面没有实际意义. 例如，对于一条线段，如果两个端点都是平常点，这线段还有可能度量（但也不尽然）；如果不是平常点，便无法度量了. 同时即使线段的两端都是平常点，且可以度量，但通过中心投影是会改变其长度的. 在射影平面上既然已没有"长度"的概念，与长度有关的定义自然就不适用了.

通过以上的分析可知，用有序三实数组来表示射影平面上的点和直线，既可把平常元素和理想元素统一起来，又能引进与向量运算形式一致的运算，可以达到简捷方便的效果.

四、射影平面上的直线及点线结合关系

从几何观点来说，平面射影几何是以研究点、直线及点线结合关系为基本内容的学科，因此有必要把这些基本关系与有序三实数组的运算对应起来.

1. 直线的坐标与方程

通过前面的讨论，由(2.2)式可给出直线的定义：

定义 2.3　满足线性方程

$$\xi_1 x_1 + \xi_2 x_2 + \xi_3 x_3 = 0 \quad (\xi_1, \xi_2, \xi_3 \text{ 不全为零}) \tag{2.10}$$

的点 $x=(x_1, x_2, x_3)$ 组成的集合（轨迹）叫做射影平面 P^2 上的一条**直线**，其中方程(2.10)称为该直线的方程.

利用数量积的定义，方程(2.10)可以写成

$$\xi \cdot x = 0 \quad (\xi \neq 0),$$

其中 $\xi = (\xi_1, \xi_2, \xi_3)$.

如果非零的有序三实数组 $x=(x_1, x_2, x_3)$ 满足方程(2.10)，那么任意一个有序三实数组 $y=(y_1, y_2, y_3)$，当 $y=\lambda x$，且 $\lambda \neq 0$ 时，也满足方程(2.10). 这就说明，如果射影平面 P^2 上

的点 $[x]$ 的一个代表 x^* 满足方程 $\xi \cdot x = 0$ 的话,那么这个点 $[x]$ 的任何一个成员 λx^* 也满足这个方程.

设有两个方程
$$\xi \cdot x = 0 \quad \text{和} \quad \eta \cdot x = 0, \tag{2.11}$$
其中 ξ 和 η 是给定的有序三实数组的类,且 $\xi \neq 0, \eta \neq 0$. 当 $\xi \sim \eta$ 时,这两个方程表示同一直线;当 $\xi \not\sim \eta$ 时,它们则表示两条不同的直线. 所以有序三实数组的类组成的集合与射影平面 P^2 上的直线的集合之间成为一一对应. 因此我们可以取直线 ξ 的方程 $\xi \cdot x = 0$ 的系数所成的有序三实数组 $[\xi_1, \xi_2, \xi_3]$ 的类 $[\xi]$ 来表示这条直线,记做 $\xi[\xi_1, \xi_2, \xi_3]$,并把直线方程的三个系数 $\xi_i (i = 1, 2, 3)$ 叫做直线 ξ 的**绝对坐标**.

相应地,对于固定的点 $x(x_1, x_2, x_3)$,方程 $x \cdot \xi = 0$ 就叫做点 x **的方程**.

2. 点与直线的结合关系

所谓**点 x 与直线 ξ 相结合**,是指点 x 在直线 ξ 上,或者直线 ξ 过点 x. 前面所述方程
$$\xi \cdot x = 0 \quad (\xi \neq 0, x \neq 0)$$
是点 x 与直线 ξ 相结合的表示式,它的几何意义是:

(1) 当 ξ 为给定的有序三实数组,而 x 为变动的有序三实数组时,方程 $\xi \cdot x = 0$ 表示在定直线 ξ 上所有点组成的集合(或轨迹),所以 $\xi \cdot x = 0$ 是直线 ξ 的方程. 例如,对于方程
$$3x_1 + 2x_2 - x_3 = 0,$$
$[3, 2, -1]$ 是给定的直线坐标,(x_1, x_2, x_3) 是变动的点坐标,因此该方程是直线 $[3, 2, -1]$ 的方程.

(2) 当 x 为给定的有序三实数组,而 ξ 为变动的有序三实数组时,方程 $\xi \cdot x = 0$ 表示经过定点 x 的所有直线组成的集合(或包络),所以 $\xi \cdot x = 0$ 是点 x 的方程. 例如,对于方程
$$2\xi_1 - \xi_2 + \xi_3 = 0,$$
$(2, -1, 1)$ 是给定的点坐标,$[\xi_1, \xi_2, \xi_3]$ 是变动的直线坐标,因此该方程是点 $(2, -1, 1)$ 的方程.

(3) 当 ξ, x 都分别是给定的有序三实数组时,等式 $\xi \cdot x = 0$ 表示直线 ξ 与点 x 相结合,即直线 ξ 过点 x,或说点 x 在直线 ξ 上. 例如,给定点 $x(2, -3, 1)$ 和直线 $\xi[1, 2, 4]$,有
$$2 \cdot 1 + (-3) \cdot 2 + 1 \cdot 4 = 0,$$
此时 $\xi \cdot x = 0$ 表示直线 $\xi[1, 2, 4]$ 过点 $x(2, -3, 1)$,或说点 $x(2, -3, 1)$ 在直线 $\xi[1, 2, 4]$ 上.

3. 两点的连线与两直线的交点

设 $\xi[\xi_1, \xi_2, \xi_3]$ 和 $\eta[\eta_1, \eta_2, \eta_3]$ 是相异两直线,则 ξ 与 η 的交点 x 的绝对坐标是方程组
$$\begin{cases} \xi_1 x_1 + \xi_2 x_2 + \xi_3 x_3 = 0, \\ \eta_1 x_1 + \eta_2 x_2 + \eta_3 x_3 = 0 \end{cases} \tag{2.12}$$
的非零解,它满足

$$\frac{x_1}{\begin{vmatrix} \xi_2 & \xi_3 \\ \eta_2 & \eta_3 \end{vmatrix}} = \frac{x_2}{\begin{vmatrix} \xi_3 & \xi_1 \\ \eta_3 & \eta_1 \end{vmatrix}} = \frac{x_3}{\begin{vmatrix} \xi_1 & \xi_2 \\ \eta_1 & \eta_2 \end{vmatrix}},$$

即这个解为

$$x = (x_1, x_2, x_3) = \left(\begin{vmatrix} \xi_2 & \xi_3 \\ \eta_2 & \eta_3 \end{vmatrix}, \begin{vmatrix} \xi_3 & \xi_1 \\ \eta_3 & \eta_1 \end{vmatrix}, \begin{vmatrix} \xi_1 & \xi_2 \\ \eta_1 & \eta_2 \end{vmatrix} \right). \tag{2.13}$$

根据(2.7)式可知,两直线 ξ 与 η 的交点为 $x = \xi \times \eta$. 这里的"×"号既表示交点,也表示向量积的运算,它具有双重意义.

同理,若相异两点 x, y 连接成直线 ξ,则直线 ξ 的绝对坐标为

$$[\xi_1, \xi_2, \xi_3] = \left[\begin{vmatrix} x_2 & x_3 \\ y_2 & y_3 \end{vmatrix}, \begin{vmatrix} x_3 & x_1 \\ y_3 & y_1 \end{vmatrix}, \begin{vmatrix} x_1 & x_2 \\ y_1 & y_2 \end{vmatrix} \right], \tag{2.14}$$

即 $\xi = x \times y$. 这里的"×"号既表示连线,也表示向量积的运算,它具有双重意义.

4. 共线点与共点线

若三点 x, y, z 共线,即点 x 在直线 $y \times z$ 上,则有

$$x \cdot (y \times z) = 0, \quad \text{即} \quad |x, y, z| = 0. \tag{2.15}$$

反之,设对于三点 x, y, z 有(2.15)式成立,如果在此三点中有两点相异,例如 $y \not\sim z$,则必可连接成直线 $y \times z$,于是由(2.15)式知 x 在 $y \times z$ 上,即 x, y, z 三点共线;如果三点相同,也必是三点共线. 因此, $|x, y, z| = 0$ 是 x, y, z 三点共线的充分必要条件.

若 y, z 是给定的两相异点,且点 x 在直线 $y \times z$ 上,则 $x \cdot (y \times z) = 0$,即 $|x, y, z| = 0$. 因此 x, y, z 线性相关(将 x, y, z 看做三个向量). 因为 $y \not\sim z$,所以 x 必为 y, z 的线性组合,即必存在两实数 λ, μ,使得 $x = \lambda y + \mu z$. 反之,若 $x = \lambda y + \mu z$ (λ, μ 不同时为零),则

$$|x, y, z| = |\lambda y + \mu z, y, z| = 0,$$

即 x, y, z 三点共线. 所以,若 y, z 相异, $x = \lambda y + \mu z$ 也是 x, y, z 三点共线的充分必要条件.

同理可得, ξ, η, ζ 三直线共点的充分必要条件是

$$\xi \cdot (\eta \times \zeta) = 0, \quad \text{即} \quad |\xi, \eta, \zeta| = 0;$$

若 η, ζ 相异,则 ξ, η, ζ 三直线共点的充分必要条件是

$$\xi = \lambda \eta + \mu \zeta \quad (\text{实数 } \lambda, \mu \text{ 不同时为零}).$$

综合上述,概括为如下定理:

定理 2.1 (1) 点 x 与直线 ξ 结合的充分必要条件是 $\xi \cdot x = 0$ (它表示直线 ξ 的方程,或点 x 的方程).

(2) 两相异点 x, y 的连线为 $\xi = x \times y$.

(3) 两相异直线 ξ, η 的交点为 $x = \xi \times \eta$.

§1.2 齐次坐标

(4) x,y,z 三点共线的充分必要条件是 $|x,y,z|=0$;若 y,z 相异,则 x,y,z 三点共线的充分必要条件是 $x=\lambda y+\mu z$(实数 λ,μ 不同时为零).

(5) ξ,η,ζ 三直线共点的充分必要条件是 $|\xi,\eta,\zeta|=0$;若 η,ζ 相异,则 ξ,η,ζ 三直线共点的充分必要条件是 $\xi=\lambda\eta+\mu\zeta$(实数 λ,μ 不同时为零).

例 1 设有三点 $a=(2,3,-2)$,$b=(1,2,-4)$,$c=(0,1,-6)$.

(1) 证明:a,b,c 三点共线;

(2) 求使得 $a=\lambda b+\mu c$ 的 λ,μ 的值;

(3) 在类 $[b]$,$[c]$ 中分别求出一个代表 b^*,c^*,使得 $a=b^*-c^*$;

(4) 在 $[b]$,$[c]$ 中分别求出一个代表 b'^*,c'^*,使得 $a=b'^*+c'^*$.

解 (1) 因为

$$|a,b,c|=\begin{vmatrix} 2 & 3 & -2 \\ 1 & 2 & -4 \\ 0 & 1 & -6 \end{vmatrix}=0,$$

故 a,b,c 三点共线.

(2) 由 $a=\lambda b+\mu c$,将 a,b,c 三点的绝对坐标代入有

$$\begin{cases} 2=\lambda+0\mu, \\ 3=2\lambda+\mu, \\ -2=-4\lambda-6\mu, \end{cases}$$

解得 $\lambda=2$,$\mu=-1$.

(3) 由(2)知 $a=2b-c$,与 $a=b^*-c^*$ 比较得

$$b^*=2b=(2,4,-8), \quad c^*=c=(0,1,-6).$$

(4) 与(3)类似地,得

$$b'^*=2b=(2,4,-8), \quad c'^*=-c=(0,-1,6).$$

例 2 试求过直线 $2x_1+x_2+x_3=0$ 和 $3x_1-4x_2+2x_3=0$ 的交点,且与直线 $4x_1+x_2-3x_3=0$ 平行的直线的坐标.

解 解方程组

$$\begin{cases} 2x_1+x_2+x_3=0, \\ 3x_1-4x_2+2x_3=0 \end{cases}$$

得交点坐标为

$$(x_1,x_2,x_3)=\left(\begin{vmatrix} 1 & 1 \\ -4 & 2 \end{vmatrix},\begin{vmatrix} 1 & 2 \\ 2 & 3 \end{vmatrix},\begin{vmatrix} 2 & 1 \\ 3 & -4 \end{vmatrix}\right)=(6,-1,-11).$$

又所求直线与直线 $4x_1+x_2-3x_3=0$ 平行,从而过 $4x_1+x_2-3x_3=0$ 的无穷远点,即过点 $(1,-4,0)$,所以所求的直线坐标为

$$(6,-1,-11) \times (1,-4,0) = [-44,-11,-23] \sim [44,11,23].$$

习 题 1.2

1. 设有三点 $x(0,2,3), y(1,-1,2), z(3,1,0)$.
(1) 求直线 $x \times y$，$y \times z$，$z \times x$ 的坐标和方程；
(2) 求点 x,y,z 的方程.

2. 设有三直线 $\xi[2,-1,-1]$，$\eta[0,3,2]$，$\zeta[-1,3,-1]$.
(1) 求点 $\xi \times \eta$，$\eta \times \zeta$，$\zeta \times \xi$ 的坐标和方程；
(2) 求直线 ξ,η,ζ 的方程.

3. 已知四直线 $\xi: x_1-x_3=0, \eta: x_2-x_3=0, \zeta: 2x_1+x_2-x_3=0, \varphi: x_1+x_2+x_3=0$，求直线 $(\xi \times \eta) \times (\zeta \times \varphi)$ 的坐标和方程.

4. 判断下列各组点是否共线：
(1) $x(-1,1,1), y(5,-7,-1), z(1,-2,1)$；
(2) $x(3,0,1), y(5,1,2), z(2,1,-1)$.

5. 判断下列各组直线是否共点：
(1) $\xi[1,2,-3], \eta[2,3,-6], \zeta[4,-1,-12]$；
(2) $\xi[1,-1,2], \eta[3,2,1], \zeta[1,0,1]$.

6. 给定点 $x(1,2,3), y(1,1,1), z(2,3,4), x'(-3,-2,1), y'(0,0,1), z'(-3,-2,0)$，求直线 $\xi=x \times y', \xi'=x' \times y, \eta=y \times z', \eta'=y' \times z, \zeta=z \times x', \zeta'=z' \times x$，并分别求 ξ 与 ξ'，η 与 η'，ζ 与 ζ' 这三对直线的交点，这三个交点是否共线？

7. 如果存在，求下列各点的非齐次坐标：
$$(2,4,-1), (\sqrt{10},-\sqrt{6},2), (0,1,0), (0,4,3), (1,4,0).$$

8. 求下列直线上的无穷远点：
(1) $x_1+x_2-4x_3=0$； (2) $x_1+2x_2=0$；
(3) $x_2-2x_3=0$； (4) $x_1+5x_3=0$.

§1.3 对偶原理与 Desargues 透视定理

一、平面图形

射影平面上由基本元素——点和直线所构成的图形叫做**平面图形**或**平面形**. 最基本的平面图形有：点列和线束，叫做**一维基本图形**；点场和线场，叫做**二维基本图形**. 另外，比较简单的平面图形有三点形、三线形、四点形、四线形等. 下面分别加以介绍.

1. 点列和线束

定义 3.1 直线 ξ 上所有点组成的集合叫做**点列**，其中直线 ξ 叫做点列的**底**.

如图 1-13 所示，直线 $\xi = y \times z$ 是点列 $y, z, \cdots$ 的底，记做 $\xi(y, z, \cdots)$，或者记做 $\xi(x)$ 或 (x)，这里 x 表示点列上的任一点.

设点 $y \not\sim z$，y 和 z 分别是类 $[y]$ 和 $[z]$ 的任意成员，则直线 $y \times z$ 上的点都可表示为 $\lambda y + \mu z$ 的形式，但由于 y 和 z 的任意性，由 $\lambda y + \mu z$ 所表示的点也就具有不确定性. 为了表达确定的点，就得确定 $[y]$ 和 $[z]$ 的代表，令所指定的代表分别为 y^* 和 z^*. 这时，对于直线 $y \times z$ 上的任一点 x，因为 x^*，y^*，z^* 共线，故 x^*, y^*, z^* 线性相关，那么必存在唯一的不全为零的实数对 (λ, μ)，使得

$$x^* = \lambda y^* + \mu z^*;$$

图 1-13

反之，任给不全为零的实数对 (λ, μ)，则 $\lambda y^* + \mu z^*$ 就是以 $y \times z$ 为底的点列中一个确定的点 x. 当 $\lambda \neq 0, \mu \neq 0$ 时，$\lambda y^* + \mu z^*$ 必不同于 y, z；当 $\lambda = 0$ 时，$\lambda y^* + \mu z^* \sim z$；当 $\mu = 0$ 时，$\lambda y^* + \mu z^* \sim y$.

定义 3.2 射影平面上过同一点 a 的所有直线组成的集合叫做**线束**，其中公共点 a 叫做线束的**中心**.

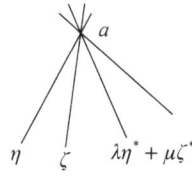

图 1-14

图 1-14 中以 a 为中心的线束，可记做 $a(\eta, \zeta, \cdots)$，或者记做 $a(\xi)$ 或 (ξ)，这里的 ξ 表示线束的任一直线.

和点列相类似，在射影平面上取相异两直线 η, ζ，并指定 η^* 和 ζ^* 分别是 $[\eta]$ 和 $[\zeta]$ 的代表，对于过点 $\eta \times \zeta$ 的任一直线 ξ，存在唯一不全为零的实数对 (λ, μ)，使得

$$\xi^* = \lambda \eta^* + \mu \zeta^*;$$

反之，任给不全为零的实数对 (λ, μ)，则 $\lambda \eta^* + \mu \zeta^*$ 表示以点 $\eta \times \zeta$ 为中心的线束中一条确定的直线 ξ. 当 $\lambda \neq 0, \mu \neq 0$ 时，$\lambda \eta^* + \mu \zeta^*$ 是以 $\eta \times \zeta$ 为中心的线束里不同于 η, ζ 的一条直线；当 $\lambda = 0$ 时，$\lambda \eta^* + \mu \zeta^* \sim \zeta$；当 $\mu = 0$ 时，$\lambda \eta^* + \mu \zeta^* \sim \eta$.

2. 点场和线场

定义 3.3 射影平面上所有点组成的集合叫做**点场**，其中该射影平面叫做点场的**底**. 射影平面上所有直线组成的集合叫做**线场**，其中该平面叫做线场的**底**.

其实，点场和线场在某种意义下都是射影平面的同义语.

3. 常见的简单平面图形

定义 3.4 不共线三点及每两点的连线所组成的平面图形叫做**三点形**，其中每一个点叫做三点形的**顶点**，每两点的连线叫做三点形的**边**.

定义 3.5 不共点三直线及每两直线的交点所组成的平面图形叫做**三线形**，其中每一条

直线叫做三线形的**边**,每两条直线的交点叫做三线形的**顶点**.

显然,三点形和三线形是同样的图形.

定义 3.6   由无三点共线的四个点及它们顺次两两的连线所组成的平面图形叫做**简单四点形**(简称四点形),其中四个点叫做四点形的**顶点**,四条顺次两顶点的连线叫做四点形的**边**.

定义 3.7   由无三线共点的四条直线及它们顺次两两的交点所组成的平面图形叫做**简单四线形**(简称四线形),其中四条直线叫做四线形的**边**,四个顺次两线的交点叫做四线形的**顶点**.

显然,简单四点形和简单四线形是同样的图形.

类似地,我们可以定义 n 点形和 n 边形.

定义 3.8   由无三点共线的 n 个点及它们顺次两两的连线所组成的平面图形叫做**简单 n 点形**(简称 n 点形),其中 n 个点叫做 n 点形的**顶点**,n 条顺次两顶点的连线叫做 n 点形的**边**.

定义 3.9   由无三线共点的 n 条直线及它们顺次两两的交点所组成的平面图形叫做**简单 n 线形**(简称 n 线形),其中 n 条直线叫做 n 线形的**边**,n 个顺次两线的交点叫做 n 线形的**顶点**.

类似于初等几何,我们可以有 n 点形和 n 线形的对边和对顶点的概念.

二、Desargues 透视定理

定理 3.1(Desargues 透视定理)   若两三点形对应顶点的连线共点,则其对应边的交点共线.

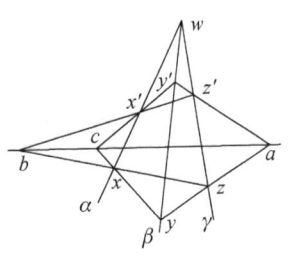

图 1-15

证明   如图 1-15 所示,设两三点形 xyz 和 $x'y'z'$ 的对应顶点连线 $\alpha = x \times x'$, $\beta = y \times y'$, $\gamma = z \times z'$ 共点 w,下证对应边的交点 $a = (y \times z) \times (y' \times z')$, $b = (z \times x) \times (z' \times x')$, $z = (x \times y) \times (x' \times y')$ 共线.

因为 w, x, x' 共线,w, y, y' 共线,且 w, z, z' 共线,故必可选取解析点 $w^*, x^*, x'^*, y^*, y'^*, z^*, z'^*$,使得
$$w^* = x^* - x'^* = y^* - y'^* = z^* - z'^*.$$
由后两式移项得
$$y^* - z^* = y'^* - z'^*.$$
$y^* - z^*$ 应是与 y^*, z^* 共线的一个点,$y'^* - z'^*$ 应是与 y'^*, z'^* 共线的一个点,今两点相同,则它应是直线 $y \times z$ 与 $y' \times z'$ 的交点 a.故必存在一解析点 a^*,使得
$$a^* = y^* - z^*.$$
同理,应分别存在解析点 b^*, c^*,使得

$$b^* = z^* - x^*, \quad c^* = x^* - y^*.$$

于是得 $a^* + b^* + c^* = 0$,即 a, b, c 线性相关,故此三点共线.

定理 3.2（Desargues 透视逆定理） 若两三点形对应边的交点共线,则其对应顶点的连线共点.

证明 如图 1-15 所示,设 a, b, c 三点共线,下证 α, β, γ 三线共点.

设 $\alpha \times \gamma = w$. 在两三点形 xcx' 和 zaz' 中,因为对应顶点的连线 $x \times z, c \times a, x' \times z'$ 交于一点 b,所以据定理 3.1 知,其对应边的交点 y, y', w 共线,即 $\beta = y \times y'$ 亦过点 w. 因此 α, β, γ 交于一点 w.

定义 3.10 如果两三点形对应顶点连线共点,对应边的交点共线,则称此两三点形成**透视关系**,其中对应顶点连线的交点叫做**透视中心**,对应边交点所在的直线叫做**透视轴**,两三点形叫做**透视三点形**.

由定义 3.10,上述定理 3.1 和定理 3.2 可叙述为:两三点形若有透视中心,则必有透视轴;反之,若有透视轴,则必有透视中心.

注 （1）Desarguas 透视定理在射影几何里有重要作用,关于这个问题,我们将在第五章加以论述.

（2）Desarguas 透视定理在证明共线点与共点线的命题中用途很广,特别是初等几何中许多关于共线点与共点线的命题,都可看做它的特例.

（3）Desarguas 透视定理中两个成透视关系的三点形的顶点和边处于各种特殊位置时,其证法各有不同,建议读者自己研究.

（4）图 1-15 中包含 10 个点和 10 条直线,在这些点和直线均相异的情形下,每一条直线上都有三个点,过每一个点都有三条直线,这是射影几何里著名的构图之一. 在此图形中,这 10 个点中的任何一点都可作为透视中心——图中某两三点形的对应顶点连线的公共交点；除去该点及此两三点形的顶点,其余三点所在直线恰是其透视轴——该两三点形对应边交点所在的直线.

例 1 设直线 AB 与 CD 相交于点 E,直线 AC 与 BD 相交于点 F,直线 EF 分别交直线 AD, BC 于点 G, H,直线 BG 与 AC 交于点 K（图 1-16）,求证 AB, HK, CG 三直线共点.

证明 考虑三点形 CEH 和 GAK. 对应边 CE 与 GA,EH 与 AK,HC 与 KG 分别交于共线三点 D, F, B,所以,根据 Desargues 透视逆定理,AB, HK, CG 三直线共点.

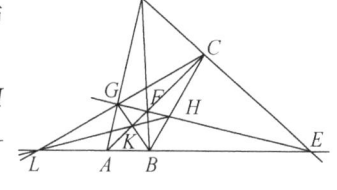

图 1-16

例 2 设三点形 ABC 与 $A'B'C'$ 成透视关系,且对应边 BC' 与 $B'C$,CA' 与 $C'A$,AB' 与 $A'B$ 分别交于点 L, M, N（图 1-17）,求证:

（1）$BC, B'C', MN$ 三直线共点；

(2) 三点形 LMN 与 ABC, $A'B'C'$ 都成透视关系.

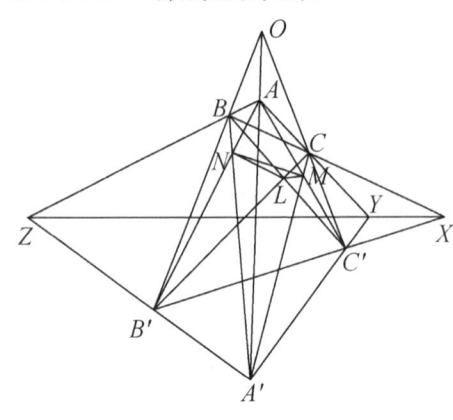

图 1-17

证明 设三点形 ABC 与 $A'B'C'$ 的透视中心为 O. 考虑三点形 BCA' 与 $B'C'A$. 令对应边 BC 与 $B'C'$ 交于点 X, 又 AC' 与 $A'C$ 交于点 M, AB' 与 $A'B$ 交于点 N. 由于 $A'A$, BB', CC' 三直线相交于一点 O, 根据 Desargues 透视定理知, M, N, X 三点共线, 即 MN, BC, $B'C'$ 三直线交于一点 X.

同理, NL, AC, $A'C'$ 三直线交于一点 Y; LM, AB, $A'B'$ 三直线交于一点 Z.

因三点形 ABC 与 $A'B'C'$ 成透视关系, 故 X, Y, Z 三点共线, 从而三点形 LMN 与 ABC, $A'B'C'$ 的对应边的交点 X, Y, Z 共线. 所以三点形 LMN 与 ABC, $A'B'C'$ 都成透视关系.

三、对偶原理

1. 对偶命题和对偶图形

由于射影平面与欧氏平面的结构不同, 因此它具有自身的特殊性. 射影平面上的基本元素有点与直线, 它们之间的基本关系是结合关系, 即"点在直线上"和"直线过点", 这里的"……在……上"与"……过……"是同一个结合关系的两种说法, 只是把一个元素对另一个元素的关系做了个调换. 一个只涉及点、直线和点线的结合关系的命题(或叙述)里, 把名词"点"改成"直线", 而把"直线"改成"点", 再相应地改变"结合关系"这些术语的陈述方式, 就得到一个新的命题(或叙述), 这个新命题(或叙述)就叫做原命题(或叙述)的**对偶命题**(或**对偶叙述**). 由于原命题(或叙述)与其对偶命题(或对偶叙述)中的相关名词和术语是互换的, 因此原命题(或叙述)与其对偶命题(或对偶叙述)是相互的. 称两个对偶命题(或对偶叙述)给出的图形(若能作出的话)互为**对偶图形**. 当原命题是一个定理时, 通常称其对偶命题为对偶定理.

2. 对偶原理

Poncelet 在建立射影几何理论时, 发现了许多互为对偶的命题, 从而得出了**对偶原理**,

即在平面射影几何里，如果一个关于点、直线及点线结合关系的命题是正确的，那么这个命题的对偶命题也一定是正确的. 关于对偶命题成立的严格证明，应从射影几何的公理系统着手，我们不打算去证明它，有兴趣的同学可参阅《高等几何学》(叶菲莫夫著). 对偶原理是射影几何中的重要原理，因为根据这个原理，只要知道一个射影几何命题，就能对应地写出与它对偶的另一个命题，而且只要能证明其中一个成立，则另一个也成立. 因此运用对偶原理来研究射影几何就可以起到事半功倍的效果. 历史上，当人们还没有发现对偶原理时，在发现了某一定理后，往往要经过相当长的时间才能发现这个定理的对偶定理. 例如，在第三章中我们将看到 Pascal 定理是在 1640 年发现的，而它的对偶定理，即 Brianchon 定理却晚了 160 多年，直到 1804 年才被发现.

对偶原理是射影几何所独有的特征，是对射影平面上的点、直线及点线结合关系所提出的命题而言的，它只属于射影几何. 至于如勾股定理、三角形内角和定理、梯形中位线定理等，由于涉及长度、角度、平行等非射影概念，因此不是射影几何的内容，从而这些定理没有什么对偶命题，当然也就谈不上运用对偶原理了.

3. 代数对偶

射影平面上的点和直线的坐标都是有序三实数组，而点和直线的结合关系都可用(线性的)代数方程来表示，因此要求一个命题(或叙述)的对偶命题(或对偶叙述)的代数表示，只要把该命题的代数表示中表示两基本元素的符号互相调换，或者给变元以不同的几何解释就行了. 例如：

命题 A：给定相异两点则确定唯一直线.

命题 A 的代数表示：给定点 $a(a_1,a_2,a_3)$ 和 $b(b_1,b_2,b_3)$，$a \not\sim b$，则唯一确定直线

$$\xi = a \times b = \left[\begin{vmatrix} a_2 & a_3 \\ b_2 & b_3 \end{vmatrix}, \begin{vmatrix} a_3 & a_1 \\ b_3 & b_1 \end{vmatrix}, \begin{vmatrix} a_1 & a_2 \\ b_1 & b_2 \end{vmatrix} \right].$$

把命题 A 中的"点"换成"直线"，即把代数表示中的"ξ"换成"x"得到：

命题 A 的对偶命题的代数表示：给定直线 $a[a_1,a_2,a_3]$ 和 $b[b_1,b_2,b_3]$，$a \not\sim b$，则唯一确定点

$$x = a \times b = \left[\begin{vmatrix} a_2 & a_3 \\ b_2 & b_3 \end{vmatrix}, \begin{vmatrix} a_3 & a_1 \\ b_3 & b_1 \end{vmatrix}, \begin{vmatrix} a_1 & a_2 \\ b_1 & b_2 \end{vmatrix} \right].$$

上述命题 A 的对偶命题就是命题 B：给定相异两直线则确定唯一点.

4. 对偶命题和逆命题

前面讲过的 Desargues 透视定理"若两三点形对应顶点的连线共点，则其对应边的交点共线"中仅仅涉及点和直线的结合关系，是属于射影几何的定理，它的对偶命题是"若两三线形对应边的交点共线，则其对应顶点的连线共点". 这恰是 Desargues 透视逆定理，所以

第一章 射影平面

Desargues 透视定理的逆命题是不证自明的定理.

一个定理的对偶命题和逆命题并不是经常一致的,因此,我们不能把它们混为一谈,应该认真剖析其条件,以做出正确的判断.例如,对于下面给出的原命题,其对偶命题和逆命题显然是不同的命题:

原命题:若 x,y,z 三点共线,则 $|x,y,z|=0$.

对偶命题:若 ξ,η,ζ 三直线共点,则 $|\xi,\eta,\zeta|=0$.

逆命题:若 $|x,y,z|=0$,则 x,y,z 三点共线.

习 题 1.3

1. 在欧氏平面上,已知 $\triangle ABC$ 的高线为 AD,BE,CF,又知直线 EF 交 BC 于点 X, FD 交 CA 于点 Y, DE 交 AB 于点 Z,求证 X,Y,Z 三点共线,并将此问题进行推广.

2. 设三个共面三点形两两成透视关系,且有公共的透视中心,求证:三透视轴共点.

3. 在三点形 ABC 的三边 BC,CA,AB 上分别取点 A',B',C',设直线 $B'C'$ 与 BC 交于点 E, $C'A'$ 与 CA 交于点 F, $A'B'$ 与 AB 交于点 G, EG 与 BB' 交于点 M, EF 与 CC' 交于点 N,求证: MF,NG,BC 三直线共点.

4. 设 A,B,C 为不共线三点, P 是过点 C 的一条定直线上的动点,直线 AP 与 BC 交于点 X, BP 与 AC 交于点 Y,求证:直线 XY 过一个定点.

5. 已知两直线 l,l' 及三共线点 S,A,A',过点 S 作动直线分别交直线 l,l' 于点 X,X',又知直线 XA 与 $X'A'$ 的交点为 P,求证:点 P 的轨迹是过直线 l 与 l' 的交点的一条直线.

6. 设三点形的顶点 a,b,c 分别在共点的三条直线 α,β,γ 上移动,边 $a\times b, b\times c$ 分别过定点 p,q,证明:边 $c\times a$ 过直线 $p\times q$ 上的一个定点 r.

7. 试作出图 1-18(a),(b),(c),(d) 中各图形的对偶图形.

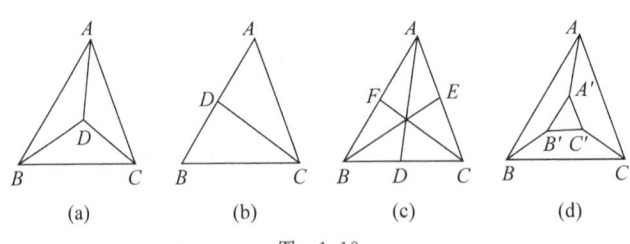

图 1-18

8. 写出下列命题或叙述的平面对偶命题或对偶叙述并画出其对偶图形:

(1) 由已知点和两条直线的交点所确定的直线.

(2) 设 A,B,C 三点在一条直线上, A',B',C' 三点在另一条直线上,则交点 $BC'\times B'C$, $CA'\times C'A$, $AB'\times A'B$ 共线.

(3) 一个可动的三点形,如果它的两边各过一个定点而三顶点始终在共点的三条定直线上,那么第三边也过一个定点.

§1.4 射影坐标与射影坐标变换

一、一维射影坐标与坐标变换

1. 一维射影坐标系的建立

任意给出直线 ξ 上的相异三点 y,z 和 u,取 $\bar{y},\bar{z},\bar{u}$ 为类 $[y],[z],[u]$ 的任一成员,则存在唯一不全为零的实数对 $(\bar{\lambda},\bar{\mu})$,使得
$$\bar{u} = \bar{\lambda}\bar{y} + \bar{\mu}\bar{z}.$$
令 $y^* = \bar{\lambda}\bar{y}, z^* = \bar{\mu}\bar{z}, u^* = \bar{u}$,则 y^*,z^*,u^* 是固定代表,并且
$$u^* = y^* + z^*. \tag{4.1}$$
对于直线 ξ 上任一点 x,取它的代表为 x^*,因 x^*,y^*,z^* 共线,故存在唯一实数对 (λ,μ),使得
$$x^* = \lambda y^* + \mu z^*.$$
若取 $\sigma \neq 0$,σx^* 也为类 $[x]$ 的成员,且有
$$\sigma x^* = \sigma\lambda y^* + \sigma\mu z^*,$$
这时确定的实数对为 $(\sigma\lambda,\sigma\mu)$. 由于 $\sigma\lambda:\sigma\mu=\lambda:\mu$,故点 x 取任何成员为代表,它所对应的实数对有唯一的比值. 由此可知,比值 $\lambda:\mu$ 只随直线 ξ 上的点 x 的改变而改变,而与点 x 所选取的代表无关. 因此,给定直线 ξ 上一点 x,就确定一个比值 $\frac{\lambda}{\mu}$ 或者不全为零的有序实数对的类 $[(\lambda,\mu)]$——类中任一成员 $(\sigma\lambda,\sigma\mu)(\sigma \neq 0)$ 的两数之比值均为 $\frac{\lambda}{\mu}$;反之,任给一不全为零的有序实数对 (λ,μ),由于 λ,μ,y^*,z^* 都已确定,因此在直线 ξ 上有确定的点 x,使得
$$x^* = \lambda y^* + \mu z^*. \tag{4.2}$$
于是直线 $\xi \sim y \times z$ 上的点与有序实数对的类 $[(\lambda,\mu)]$ 或比值 $\frac{\lambda}{\mu}$ 之间建立了一一对应(但零类除外,因为它不确定任何点). 我们把这样的数对或比值作为直线 ξ 上点 x 关于参考点 y,z,u 的**射影坐标**. 显然,射影坐标 $(\sigma\lambda,\sigma\mu)(\sigma \neq 0)$ 与 (λ,μ) 表示同一个点 x,即它们实质上是同一射影坐标. 我们通常用符号"$\sim$"来表示这一关系,即 $(\sigma\lambda,\sigma\mu) \sim (\lambda,\mu)$.

综上所述,在直线 ξ 上任取三相异点 y,z,u,若满足 $u^* = y^* + z^*$,则此三点便构成直线 ξ 上的一个**一维射影坐标系**(简称坐标系),其中 y,z 叫做**基础点**,u 叫做**单位点**. 对于直线 ξ 上任一点 x,必存在唯一不全为零的有序实数对 (λ,μ),使得 $x^* = \lambda y^* + \mu z^*$. 我们把有序数

对(λ,μ)或比值$\dfrac{\lambda}{\mu}$叫做点x关于参考点y,z,u(或在坐标系y,z,u下)的**射影坐标**(也称为**一维射影坐标**,简称坐标),其中有序实数对(λ,μ)叫做点x的**齐次射影坐标**,而比值$\dfrac{\lambda}{\mu}$叫做点x的**非齐次射影坐标**. 因为射影坐标是由取定的y^*,z^*来确定的坐标,所以我们也把它叫做点x的**相对坐标**. 对于参考点y,z,u,因为总有

$$y = \sigma y^* + 0z^*, \quad z = 0y^* + \delta z^*, \quad u = \tau u^* = \tau y^* + \tau z^*,$$

所以,点y的齐次射影坐标为$(\sigma,0)\sim(1,0)$,点z的齐次射影坐标为$(0,\delta)\sim(0,1)$,点u的齐次射影坐标为$(\tau,\tau)\sim(1,1)$,而它们的非齐次射影坐标依次为$\infty,0,1$.

对于线束也有类似的结果:任意给出以点a为中心的线束中的三相异直线η,ζ,θ,若满足

$$\theta^* = \eta^* + \zeta^*, \tag{4.3}$$

则此三直线便构成这个线束中的一个**一维射影坐标系**,其中η,ζ叫做**基础直线**,θ叫做**单位直线**. 对于线束中的任一直线ξ,必可唯一确定不全为零的有序实数对$[\lambda,\mu]$,使得

$$\xi^* = \lambda\eta^* + \mu\zeta^*, \tag{4.4}$$

这时有序实数对$[\lambda,\mu]$或比值$\dfrac{\lambda}{\mu}$叫做直线ξ关于参考直线η,ζ,θ(或在坐标系η,ζ,θ下)的**射影坐标**也称为**一维射影坐标**,其中$[\lambda,\mu]$叫做直线ξ的**齐次射影坐标**,而$\dfrac{\lambda}{\mu}$叫做直线ξ的**非齐次射影坐标**. 三参考直线η,ζ,θ的齐次射影坐标分别是$[1,0],[0,1],[1,1]$,而非齐次坐标依次为$\infty,0,1$. 同样,由于直线ξ的射影坐标是由取定的η^*,ξ^*来确定的,我们也将其称为直线ξ的**相对坐标**.

例1 取直线ξ上三点$y(1,-1,2),z(3,2,1)$和$u(0,-1,1)$作为参考点(其中y,z作为基础点,u作为单位点),求点$x(5,2,3)$的齐次和非齐次射影坐标.

解 取单位点$u^*=u=(0,-1,1)$,并设$y^*=\lambda_1 y, z^*=\mu_1 z$,则

$$u^* = y^* + z^* = \lambda_1 y + \mu_1 z.$$

将各点坐标代入上式得

$$(0,-1,1) = \lambda_1(1,-1,2) + \mu_1(3,2,1),$$

求得$\lambda_1=3/5, \mu_1=-1/5$,故

$$y^* = \lambda_1 y = \dfrac{3}{5}(1,-1,2) = \left(\dfrac{3}{5},-\dfrac{3}{5},\dfrac{6}{5}\right),$$

$$z^* = \mu_1 z = -\dfrac{1}{5}(3,2,1) = \left(-\dfrac{3}{5},-\dfrac{2}{5},-\dfrac{1}{5}\right).$$

令$x=\lambda y^* + \mu z^*$,再将x,y^*,z^*的坐标代入得

$$(5,2,3) = \lambda\left(\frac{3}{5}, -\frac{3}{5}, \frac{6}{5}\right) + \mu\left(-\frac{3}{5}, -\frac{2}{5}, -\frac{1}{5}\right),$$

求得 $\lambda = \frac{4}{3}, \mu = -7$. 故点 $x(5,2,3)$ 的齐次射影坐标为 $(4,-21)$，非齐次射影坐标为 $-\frac{4}{21}$.

注 直线上的射影坐标系由相异三点 y, z, u 确定，但是如果给出 y, z 的固定代表 y^*，z^*，则可以不用单位点 u. 对于线束也是如此.

2. 一维射影坐标变换

设直线 ξ 上有两个一维射影坐标系，一个射影坐标系的基础点是 y^*, z^*，另一个射影坐标系的基础点是 r^*, s^*，又设直线 ξ 上任一点 x 关于这两个坐标系的射影坐标分别是 (λ, μ) 和 $(\bar{\lambda}, \bar{\mu})$，则有

$$x = \lambda y^* + \mu z^*, \tag{4.5}$$

$$x = \bar{\lambda} r^* + \bar{\mu} s^*. \tag{4.6}$$

设 y^*, z^* 两点在后一坐标系（r^*, s^* 为基础点）下的坐标分别是 $(a_{11}, a_{21}), (a_{12}, a_{22})$，即

$$y^* = a_{11} r^* + a_{21} s^*, \quad z^* = a_{12} r^* + a_{22} s^*. \tag{4.7}$$

现在来求点 x 的两个坐标 (λ, μ) 和 $(\bar{\lambda}, \bar{\mu})$ 之间的关系式.

由于 $y \not\sim z$，所以 $\frac{a_{11}}{a_{21}} \neq \frac{a_{12}}{a_{22}}$. 把 (4.7) 式代入 (4.5) 式，得到

$$x = \lambda y^* + \mu z^* = \lambda(a_{11} r^* + a_{21} s^*) + \mu(a_{12} r^* + a_{22} s^*)$$
$$= (a_{11}\lambda + a_{12}\mu) r^* + (a_{21}\lambda + a_{22}\mu) s^*.$$

与 (4.6) 式相比较，得

$$\begin{cases} \rho\bar{\lambda} = a_{11}\lambda + a_{12}\mu, \\ \rho\bar{\mu} = a_{21}\lambda + a_{22}\mu, \end{cases} \quad \rho \begin{vmatrix} a_{11} & a_{12} \\ a_{21} & a_{22} \end{vmatrix} \neq 0, \tag{4.8}$$

其中 $\rho \neq 0$ 为任意常数. 这就是一维射影坐标变换式.

注 在变换公式 (4.8) 的左边添加上一个非零的任意常数 ρ，这是因为 $(\rho\bar{\lambda}, \rho\bar{\mu})$ 与 $(\bar{\lambda}, \bar{\mu})$ 是直线 ξ 上同一个点的坐标. 在所讨论的同一问题里，对于不同的点，一般有不同的非零常数 ρ.

上面的坐标变换式可从表示成矩阵的形式. 记

$$(a_{ik}) = \begin{bmatrix} a_{11} & a_{12} \\ a_{21} & a_{22} \end{bmatrix}, \quad |a_{ik}| = \begin{vmatrix} a_{11} & a_{12} \\ a_{21} & a_{22} \end{vmatrix}, \tag{4.9}$$

则坐标变换式 (4.8) 可以写成

$$(\rho\bar{\lambda}, \rho\bar{\mu}) = (\lambda, \mu)(a_{ki}), \quad \rho|a_{ik}| \neq 0 \tag{4.10}$$

或

$$\rho \begin{bmatrix} \bar{\lambda} \\ \bar{\mu} \end{bmatrix} = (a_{ik}) \begin{bmatrix} \lambda \\ \mu \end{bmatrix}, \quad \rho|a_{ik}| \neq 0. \tag{4.11}$$

第一章 射影平面

反之,读者可以从上面的坐标变换式求得从$(\bar{\lambda},\bar{\mu})$到$(\lambda,\mu)$的变换式. 对于线束来说也有完全类似的结果,此处不再叙述.

从以上讨论可知,一维射影坐标变换对应着二阶非奇异矩阵,反之二阶非奇异矩阵也对应着一维坐标变换. 因此,从代数学的角度看,讨论一维射影坐标变换实质上就是讨论二阶非奇异矩阵.

例 2 设直线 ξ 上从第一个射影坐标系(记做 Ω_1)到第二个射影坐标系(记做 Ω_2)的坐标变换式为

$$\begin{cases} \rho\bar{\lambda} = 3\lambda + 2\mu, \\ \rho\bar{\mu} = 2\lambda + 4\mu. \end{cases}$$

(1) 若点 x 在 Ω_1 下的坐标为 $(1,-2)$,求点 x 在 Ω_2 下的坐标;
(2) 若点 x 在 Ω_2 下的坐标为 $(1,-2)$,求点 x 在 Ω_1 下的坐标.

解 (1) 以 $\lambda=1, \mu=-2$ 代入坐标变换式,得 $\rho\bar{\lambda}=-1, \rho\bar{\mu}=-6$,所以点 x 在 Ω_2 下的坐标为 $(-1,-6)\sim(1,6)$.

(2) 以 $\bar{\lambda}=1, \bar{\mu}=-2$ 代入坐标变换式,得

$$\begin{cases} \rho = 3\lambda + 2\mu, \\ -2\rho = 2\lambda + 4\mu. \end{cases}$$

解之,得 $\lambda=\rho, \mu=-\rho$. 所以,点 x 在 Ω_1 下的坐标为 $(\rho,-\rho)\sim(1,-1)$.

例 3 设一直线上从第一个射影坐标系到第二个射影坐标系的变换把三个点的坐标 $(1,0),(1,1),(2,1)$ 分别变为 $(1,0),(-1,3),(1,4)$,试求这个坐标变换式.

解 设所求的坐标变换式为

$$\begin{cases} \rho\bar{\lambda} = a_{11}\lambda + a_{12}\mu, \\ \rho\bar{\mu} = a_{21}\lambda + a_{22}\mu, \end{cases} \quad \rho\begin{vmatrix} a_{11} & a_{12} \\ a_{21} & a_{22} \end{vmatrix} \neq 0.$$

将各点的坐标依次代入上式,于是有

$(1,0) \to (1,0):\begin{cases} \rho_1 = a_{11}\cdot 1 + a_{12}\cdot 0, \\ 0 = a_{21}\cdot 1 + a_{22}\cdot 0; \end{cases}$

$(1,1) \to (-1,3):\begin{cases} -\rho_2 = a_{11}\cdot 1 + a_{12}\cdot 1, \\ 3\rho_2 = a_{21}\cdot 1 + a_{22}\cdot 1; \end{cases}$

$(2,1) \to (1,4):\begin{cases} \rho_3 = a_{11}\cdot 2 + a_{12}\cdot 1, \\ 4\rho_3 = a_{21}\cdot 2 + a_{22}\cdot 1. \end{cases}$

这三组方程实际上是一个包含着 7 个未知数和 6 个方程的线性方程组. 因为未知数的个数比方程的个数多 1,所以方程必有解,其中一个未知数的值可以任意指定. 为了求解方便,我们将这 6 个方程重新组合,把每组中的第一个方程归为一组,把每组中的第二个方程归为另一组,于是得到

$$(\text{I}): \begin{cases} a_{11} = \rho_1, \\ a_{11} + a_{12} = -\rho_2, \\ 2a_{11} + a_{12} = \rho_3; \end{cases} \quad (\text{II}): \begin{cases} a_{21} = 0, \\ a_{21} + a_{22} = 3\rho_2, \\ 2a_{21} + a_{22} = 4\rho_3. \end{cases}$$

分别由方程组（I）和（II）中的前两个方程解得

$$(\text{III}): a_{11} = \rho_1, a_{12} = -\rho_1 - \rho_2; \quad (\text{IV}): a_{21} = 0, a_{22} = 3\rho_2.$$

再把方程组（III）代入方程（I）的第三个方程，把方程（IV）代入方程（II）的第三个方程，得到

$$(\text{V}): \begin{cases} \rho_1 - \rho_2 = \rho_3, \\ 3\rho_2 = 4\rho_3. \end{cases}$$

解方程组（V）得

$$\rho_1 = \frac{7}{3}\rho_3, \quad \rho_2 = \frac{4}{3}\rho_3.$$

为了避免分数，并使 ρ_1, ρ_2 的数值尽可能小一点，我们指定 $\rho_3 = 3$，于是得 $\rho_1 = 7, \rho_2 = 4$。

把 $\rho_1 = 7, \rho_2 = 4$ 代入方程组（III）和（IV），得

$$a_{11} = 7, \quad a_{12} = -11, \quad a_{21} = 0, \quad a_{22} = 12, \quad \text{且} \quad \begin{vmatrix} 7 & -11 \\ 0 & 12 \end{vmatrix} = 84 \neq 0.$$

所以，所求的坐标变换式为

$$\begin{cases} \rho\bar{\lambda} = 7\lambda - 11\mu, \\ \rho\bar{\mu} = 12\mu. \end{cases}$$

注 这里给出的是求坐标变换式的一般方法。实际上，由于所给出的点的坐标的特殊性，可以简化它的求法，此处不作介绍，希望读者在解题中多加注意。

二、二维射影坐标与坐标变换

1. 射影平面上点的坐标

建立射影平面上的射影坐标系和前面建立直线上的射影坐标系是相仿的，为此我们只作概要的介绍。

在射影平面 P^2 上任意取无三点共线的四点 p^1, p^2, p^3, e，在此四点中分别取一个代表 $p^{1*}, p^{2*}, p^{3*}, e^*$，使具备条件

$$e^* = p^{1*} + p^{2*} + p^{3*} \tag{4.12}$$

（此处，点 e 的作用就在于确定 p^{1*}, p^{2*}, p^{3*}）。这时点 p^1, p^2, p^3, e（或者说 p^{1*}, p^{2*}, p^{3*}）便构成射影平面 P^2 上的一个**二维射影坐标系**（简称坐标系），其中由 p^1, p^2, p^3 构成的三点形 $p^1 p^2 p^3$ 叫做**坐标三点形**，p^1, p^2, p^3 三点叫做**基础点**，e 叫做**单位点**。

于是，对于射影平面 P^2 上任一点 $[x]$ 的一个成员 x，可以写成

$$x = \lambda_1 p^{1*} + \lambda_2 p^{2*} + \lambda_3 p^{3*}, \tag{4.13}$$

即
$$x_i = \sum_{k=1}^{3} \lambda_k p_i^{k*}, \quad i = 1, 2, 3, \tag{4.14}$$

其中 $(p_1^{1*}, p_2^{1*}, p_3^{1*}), (p_1^{2*}, p_2^{2*}, p_3^{2*}), (p_1^{3*}, p_2^{3*}, p_3^{3*})$ 分别为 p^{1*}, p^{2*}, p^{3*} 的齐次坐标(绝对坐标). 上式也可写成矩阵形式

$$\begin{bmatrix} x_1 \\ x_2 \\ x_3 \end{bmatrix} = P \begin{bmatrix} \lambda_1 \\ \lambda_2 \\ \lambda_3 \end{bmatrix}, \quad 其中 \quad P = \begin{bmatrix} p_1^{1*} & p_1^{2*} & p_1^{3*} \\ p_2^{1*} & p_2^{2*} & p_2^{3*} \\ p_3^{1*} & p_3^{2*} & p_3^{3*} \end{bmatrix}. \tag{4.15}$$

因此给定射影平面 P^2 的任意点 x,就可以确定唯一的有序三实数组 $\lambda = (\lambda_1, \lambda_2, \lambda_3)$ 的类 $[\lambda]$;反之,任给不全为零的有序三实数组 $(\lambda_1, \lambda_2, \lambda_3)$,就可以确定射影平面 P^2 上唯一的点 x. 故射影平面 P^2 上的点 x 与有序三实数组的类 $[\lambda]$ 建立了一一对应(但零类除外,因为它不确定任何点). 我们把有序三实数组 $(\sigma\lambda_1, \sigma\lambda_2, \sigma\lambda_3)(\sigma \neq 0)$ 叫做射影平面 P^2 上的点 x 关于参考点 p^1, p^2, p^3, e(或在坐标系 p^1, p^2, p^3, e 下)的**齐次射影坐标**(也称为**二维齐次射影坐标**),而把有序二实数组 $\left(\dfrac{\lambda_1}{\lambda_3}, \dfrac{\lambda_2}{\lambda_3}\right)$ 叫做点 x 关于参考点 p^1, p^2, p^3, e(或在坐标系 p^1, p^2, p^3, e 下)的**非齐次射影坐标**(也称为**二维非齐次射影坐标**). 二维齐次射影坐标与二维非齐次射影坐标统称为**二维射影坐标**(简称坐标). 由于射影坐标 $(\lambda_1, \lambda_2, \lambda_3)$ 是取决于 p^{1*}, p^{2*}, p^{3*} 来确定的坐标,为了区别原来的绝对坐标 (x_1, x_2, x_3),我们也像一维射影坐标一样,把它叫做**相对坐标**. 显然,参考点 $p^{1*}, p^{2*}, p^{3*}, e^*$ 的齐次射影坐标分别为

$$p^{1*}(1,0,0), \quad p^{2*}(0,1,0), \quad p^{3*}(0,0,1), \quad e^*(1,1,1).$$

为了今后书写方便,依次用 d_1, d_2, d_3 和 e 来代替 p^{1*}, p^{2*}, p^{3*} 和 e^*,即将上述四个点写成

$$d_1(1,0,0), \quad d_2(0,1,0), \quad d_3(0,0,1), \quad e(1,1,1).$$

例 4 设四点 p^1, p^2, p^3, p^4 的绝对坐标分别是 $(1,2,3), (2,-3,4), (4,5,-6), (11,9,-5)$,以 p^1, p^2, p^3 为基础点, p^4 为单位点建立射影坐标系.

(1) 若点 p 的绝对坐标是 $(2,2,1)$,求 p 的相对坐标;

(2) 若点 q 的相对坐标是 $(4,-2,1)$,求 q 的绝对坐标;

(3) 求任意点 x 的绝对坐标 (x_1, x_2, x_3) 和相对坐标 $(\lambda_1, \lambda_2, \lambda_3)$ 之间的关系式.

解 容易验证四个已知点中没有任何三点共线. 为了建立坐标系,首先选取 $p^i(i=1,2,3)$ 的代表. 令

$$(11, 9, -5) = \lambda(1, 2, 3) + \mu(2, -3, 4) + \nu(4, 5, -6),$$

则有方程组

$$\begin{cases} \lambda + 2\mu + 4\nu = 11, \\ 2\lambda - 3\mu + 5\nu = 9, \\ 3\lambda + 4\mu - 6\nu = -5. \end{cases}$$

解此方程组得 $\lambda=1, \mu=1, \nu=2$. 于是 p^1, p^2, p^3 的代表分别取为
$$p^{1*}(1,2,3), \quad p^{2*}(2,-3,4), \quad p^{3*}(8,10,-12).$$

(1) 设点 p 的相对坐标为 $(\lambda_1, \lambda_2, \lambda_3)$, 则有
$$\lambda_1(1,2,3) + \lambda_2(2,-3,4) + \lambda_3(8,10,-12) = (2,2,1).$$
于是可得方程组
$$\begin{cases} \lambda_1 + 2\lambda_2 + 8\lambda_3 = 2, \\ 2\lambda_1 - 3\lambda_2 + 10\lambda_3 = 2, \\ 3\lambda_1 + 4\lambda_2 - 12\lambda_3 = 1. \end{cases}$$
解之得 $\lambda_1 = \dfrac{37}{60}, \lambda_2 = \dfrac{7}{40}, \lambda_3 = \dfrac{31}{240}$. 因此, 点 p 的相对坐标为
$$\left(\frac{37}{60}, \frac{7}{40}, \frac{31}{240}\right) \sim (148, 42, 31).$$

(2) 点 q 的相对坐标为 $(\lambda_1, \lambda_2, \lambda_3) = (4, -2, 1)$, 所以点 q 的绝对坐标为
$$\begin{aligned}(q_1, q_2, q_3) &= \lambda_1(1,2,3) + \lambda_2(2,-3,4) + \lambda_3(8,10,-12) \\ &= 4(1,2,3) - 2(2,-3,4) + (8,10,-12) \\ &= (8, 24, -8) \sim (1, 3, -1).\end{aligned}$$

(3) 因为 $x = \lambda_1 p^{1*} + \lambda_2 p^{2*} + \lambda_3 p^{3*}$, 故有
$$(x_1, x_2, x_3) = \lambda_1(1,2,3) + \lambda_2(2,-3,4) + \lambda_3(8,10,-12),$$
从而可得关系式为
$$\begin{cases} x_1 = \lambda_1 + 2\lambda_2 + 8\lambda_3, \\ x_2 = 2\lambda_1 - 3\lambda_2 + 10\lambda_3, \\ x_3 = 3\lambda_1 + 4\lambda_2 - 12\lambda_3. \end{cases}$$

2. 射影平面上点的坐标变换

假设射影平面 P^2 上有两个坐标系, 一个是以 p^{1*}, p^{2*}, p^{3*} 为参考点建立的二维射影坐标系, 记做 Ω_1; 另一个是以 q^{1*}, q^{2*}, q^{3*} 为参考点建立的二维射影坐标系, 记做 Ω_2. 如果射影平面 P^2 上任一点 x 在坐标系 Ω_1 和 Ω_2 下的坐标分别为 x_i' 和 x_i'' ($i=1,2,3$), 那么有
$$x = x_1' p^{1*} + x_2' p^{2*} + x_3' p^{3*}, \quad |p^{1*}, p^{2*}, p^{3*}| \neq 0, \tag{4.16}$$
$$x = x_1'' q^{1*} + x_2'' q^{2*} + x_3'' q^{3*}, \quad |q^{1*}, q^{2*}, q^{3*}| \neq 0. \tag{4.17}$$
设 p^{1*}, p^{2*}, p^{3*} 在坐标系 Ω_2 下的坐标分别为 $(a_{11}, a_{21}, a_{31}), (a_{12}, a_{22}, a_{32}), (a_{13}, a_{23}, a_{33})$, 即
$$\begin{cases} p^{1*} = a_{11} q^{1*} + a_{21} q^{2*} + a_{31} q^{3*}, \\ p^{2*} = a_{12} q^{1*} + a_{22} q^{2*} + a_{32} q^{3*}, \\ p^{3*} = a_{13} q^{1*} + a_{23} q^{2*} + a_{33} q^{3*}. \end{cases} \tag{4.18}$$

记

$$(a_{ik}) = \begin{bmatrix} a_{11} & a_{12} & a_{13} \\ a_{21} & a_{22} & a_{23} \\ a_{31} & a_{32} & a_{33} \end{bmatrix}, \quad |a_{ik}| = \begin{vmatrix} a_{11} & a_{21} & a_{31} \\ a_{12} & a_{22} & a_{32} \\ a_{13} & a_{23} & a_{33} \end{vmatrix}.$$

由于 p^{1*}, p^{2*}, p^{3*} 不共线，故 $|a_{ik}| \neq 0$. 于是(4.18)式又可以写成

$$\begin{bmatrix} p^{1*} \\ p^{2*} \\ p^{3*} \end{bmatrix} = (a_{ki}) \begin{bmatrix} q^{1*} \\ q^{2*} \\ q^{3*} \end{bmatrix}, \quad |a_{ki}| \neq 0. \tag{4.19}$$

把(4.16)式改写为

$$x = x_1' p^{1*} + x_2' p^{2*} + x_3' p^{3*} = (x_1', x_2', x_3') \begin{bmatrix} p^{1*} \\ p^{2*} \\ p^{3*} \end{bmatrix}, \tag{4.20}$$

再把(4.19)式代入(4.20)式，便得

$$x = (x_1', x_2', x_3')(a_{ki}) \begin{bmatrix} q^{1*} \\ q^{2*} \\ q^{3*} \end{bmatrix}. \tag{4.21}$$

将此式与(4.17)式比较，即得

$$\rho(x_1'', x_2'', x_3'') = (x_1', x_2', x_3')(a_{ki}), \quad \rho|a_{ki}| \neq 0. \tag{4.22}$$

这就是从坐标系 Ω_1 到 Ω_2 的坐标变换式，其中 ρ 是任意非零常数. 这里添上常数 ρ 是因为 (x_1'', x_2'', x_3'') 和 $\rho(x_1'', x_2'', x_3'')$ 表示同一个点的坐标. 在同一问题里，对应于不同的点，一般有不同的 ρ 值.

(4.22)式说明，当 x_i', x_i'' 满足(4.22)式时，如果 x_i' 是坐标系 Ω_1 下点 x 的射影坐标，那么 x_i'' 也是某坐标系(此处即 Ω_2)下点 x 的射影坐标.

在(4.22)式两边取转置矩阵，则得

$$\rho \begin{bmatrix} x_1'' \\ x_2'' \\ x_3'' \end{bmatrix} = (a_{ik}) \begin{bmatrix} x_1' \\ x_2' \\ x_3' \end{bmatrix}, \quad \rho|a_{ik}| \neq 0, \tag{4.23}$$

也可以写成方程组的形式：

$$\begin{cases} \rho x_1'' = a_{11} x_1' + a_{12} x_2' + a_{13} x_3', \\ \rho x_2'' = a_{21} x_1' + a_{22} x_2' + a_{23} x_3', \quad \rho|a_{ik}| \neq 0, \\ \rho x_3'' = a_{31} x_1' + a_{32} x_2' + a_{33} x_3', \end{cases} \tag{4.24}$$

或缩写为

$$\rho x_i'' = \sum_{k=1}^{3} a_{ik} x_k', \quad \rho |a_{ik}| \neq 0, \quad i = 1, 2, 3. \tag{4.25}$$

上面(4.22)~(4.25)四个公式的意义相同,都表示从坐标系 Ω_1 到 Ω_2 的同一点 x 的坐标之间的关系.

给出 (x_1', x_2', x_3') 可以由(4.24)式直接计算出 (x_1'', x_2'', x_3'');反之,给出 (x_1'', x_2'', x_3''),也可由(4.24)式解得 (x_1', x_2', x_3'). 由于 $|a_{ik}| \neq 0$,即矩阵 (a_{ik}) 是非奇异的,故必存在逆矩阵. 以 A_{ik} 表示 $|a_{ik}|$ 中元素 a_{ik} 的代数余子式,$(A_{ik})^T$ 或 (A_{ki}) 表示 (a_{ik}) 的伴随矩阵,则 (a_{ik}) 的逆矩阵为 $\frac{1}{|a_{ik}|}(A_{ik})^T$. 由于 $|a_{ik}| \neq 0$,故 $|(A_{ik})^T| = |A_{ki}| \neq 0$. 将(4.23)式两边同时乘以 (a_{ik}) 的逆矩阵,整理过程中出现的非零常数都归并为一个数,记做 σ,结果为

$$\begin{cases} \sigma x_1' = A_{11} x_1'' + A_{21} x_2'' + A_{31} x_3'', \\ \sigma x_2' = A_{12} x_1'' + A_{22} x_2'' + A_{32} x_3'', \quad \sigma |A_{ki}| \neq 0, \\ \sigma x_3' = A_{13} x_1'' + A_{23} x_2'' + A_{33} x_3'', \end{cases} \tag{4.26}$$

或缩写为

$$\sigma x_i' = \sum_{k=1}^{3} A_{ki} x_k'', \quad \sigma |A_{ki}| \neq 0, \quad i = 1, 2, 3. \tag{4.27}$$

3. 射影平面上直线的射影坐标

上面讨论了关于射影平面 P^2 上点的坐标,对偶地,可以得到射影平面 P^2 上直线的坐标. 在射影平面 P^2 上任取无三线共点的四直线 $\varphi^1, \varphi^2, \varphi^3, \theta$,在此四直线中分别取一个代表 $\varphi^{1*}, \varphi^{2*}, \varphi^{3*}, \theta^*$,使具备条件

$$\theta^* = \varphi^{1*} + \varphi^{2*} + \varphi^{3*} \tag{4.28}$$

(直线 θ 的作用就在于确定 $\varphi^{1*}, \varphi^{2*}, \varphi^{3*}$). 这时直线 $\varphi^1, \varphi^2, \varphi^3, \theta$(或者说 $\varphi^{1*}, \varphi^{2*}, \varphi^{3*}$)便构成了射影平面 P^2 上的一个**二维射影坐标系**,其中由 $\varphi^1, \varphi^2, \varphi^3$ 所构成的三线形叫做**坐标三线形**,$\varphi^1, \varphi^2, \varphi^3$ 三直线叫做**基础直线**,θ 叫做**单位直线**.

于是,射影平面 P^2 上任一直线 $[\xi]$ 的一个成员 ξ 可写成

$$\xi = \mu_1 \varphi^{1*} + \mu_2 \varphi^{2*} + \mu_3 \varphi^{3*},$$

即

$$\xi_i = \sum_{k=1}^{3} \mu_k \varphi_i^{k*}, \quad i = 1, 2, 3,$$

或者写成

$$\begin{bmatrix} \xi_1 \\ \xi_2 \\ \xi_3 \end{bmatrix} = \Gamma \begin{bmatrix} u_1 \\ u_2 \\ u_3 \end{bmatrix}, \quad \text{其中} \quad \Gamma = \begin{bmatrix} \varphi_1^{1*} & \varphi_1^{2*} & \varphi_1^{3*} \\ \varphi_2^{1*} & \varphi_2^{2*} & \varphi_2^{3*} \\ \varphi_3^{1*} & \varphi_3^{2*} & \varphi_3^{3*} \end{bmatrix}, |\Gamma| \neq 0.$$

因此,射影平面 P^2 上的任一直线 ξ 可以确定唯一有序三实数组 $\mu = [\mu_1, \mu_2, \mu_3]$ 的类 $[\mu]$;反

之,任给一不全为零的有序三实数组 $\mu=[\mu_1,\mu_2,\mu_3]$,可以确定射影平面 P^2 上唯一的直线 ξ. 所以,射影平面 P^2 上的直线 ξ 与有序三实数组的类 $[\mu]$ 建立了一一对应(但零类除外,因为它不确定任何的直线). 我们把有序三实数组 $[\sigma u_1,\sigma u_2,\sigma u_3](\sigma\neq 0)$ 叫做射影平面 P^2 上直线 ξ 关于参考直线 $\varphi^1,\varphi^2,\varphi^3,\theta$(或在坐标系 $\varphi^1,\varphi^2,\varphi^3,\theta$ 下)的**齐次射影坐标**(也称为**二维齐次射影坐标**),并把有序二实数组 $\left(\dfrac{\mu_1}{\mu_3},\dfrac{\mu_2}{\mu_3}\right)$ 叫做直线 ξ 关于参考直线 $\varphi^1,\varphi^2,\varphi^3,\theta$(或在坐标系 $\varphi^1,\varphi^2,\varphi^3,\theta$ 下)的**非齐次射影坐标**(也称为**二维非齐次射影坐标**). 为了区别直线 ξ 的绝对坐标,我们也把齐次射影坐标 $[u_1,u_2,u_3]$ 叫做直线 ξ 的**相对坐标**. 显然,参考直线 $\varphi^{1*},\varphi^{2*},\varphi^{3*},\theta^*$ 的齐次射影坐标分别为

$$\varphi^{1*}[1,0,0],\quad \varphi^{2*}[0,1,0],\quad \varphi^{3*}[0,0,1],\quad \theta^*[1,1,1].$$

类似地,我们也会有射影平面上直线的坐标变换式,其形式与点的坐标变换式一样,只是将点的符号相应地换成直线的符号(或将点的符号理解为直线的符号)就可以了. 在这里我们就不单独给出了.

从以上讨论可知,射影平面上点和直线的坐标变换对应着三阶非奇异矩阵;反之,三阶非奇异矩阵也对应着射影平面上点和直线的坐标变换. 因此,从代数的角度看,讨论射影平面上点和直线的坐标变换实质上就是讨论三阶非奇异矩阵.

4. 与射影坐标有关的几个问题

4.1 绝对坐标与相对坐标

在前面我们将有序三实数组的类 $[x]$ 所组成的集合定义为射影平面 P^2,类 $[x]$ 的任一成员 (x_1,x_2,x_3) 叫做点 x 的绝对坐标. 在射影平面 P^2 上建立坐标系后,点 x 在该坐标系下的坐标 (x_1',x_2',x_3') 即为相对坐标. 设该坐标系所取的基础点是 p^{1*},p^{2*},p^{3*},则绝对坐标与相对坐标有关系

$$\rho(x_1,x_2,x_3)=x_1'p^{1*}+x_2'p^{2*}+x_3'p^{3*}, \tag{4.29}$$

如果 p^{i*} 的绝对坐标为 $(a_{1i},a_{2i},a_{3i})(i=1,2,3)$,那么

$$\rho(x_1,x_2,x_3)=(x_1',x_2',x_3')(a_{ki}),\quad |a_{ki}|\neq 0. \tag{4.30}$$

因为(4.30)式与点的二维射影坐标变换式在形式上是一样的,而 (x_1',x_2',x_3') 是射影坐标,所以 (x_1,x_2,x_3) 也是某坐标系下的射影坐标. 这个特殊的坐标系的四个参考点 d_1,d_2,d_3,e 的绝对坐标就是 $d_1(1,0,0),d_2(0,1,0),d_3(0,0,1),e(1,1,1)$. 因此绝对坐标也是关于某射影坐标系的相对坐标. 这样一来,绝对坐标和相对坐标就统一为射影坐标了.

对于直线的绝对坐标和相对坐标,也可以按对偶原理得到统一,从此也不必加以区别了.

正因为把点的绝对坐标和相对坐标统一于射影坐标,其变换式也可以略作改动. 前面讨论坐标变换时取了两个不同的坐标系,现在我们可以把其中的一个坐标系 Ω_1 取做以

$d_1(1,0,0), d_2(0,1,0), d_3(0,0,1), e(1,1,1)$(绝对坐标)为参考点的射影坐标系,因此(4.16)式就是 $x=(x_1,x_2,x_3)$.设点 x 在另一坐标系 Ω_2 下的坐标为 (x_1',x_2',x_3')(原来在 Ω_2 下是设点 x 的坐标为 (x_1'',x_2'',x_3''),也就是把"""改为"'"),于是坐标变换式(4.24)就可以写成

$$\begin{cases}\rho x_1' = a_{11}x_1 + a_{12}x_2 + a_{13}x_3,\\ \rho x_2' = a_{21}x_1 + a_{22}x_2 + a_{23}x_3, \quad \rho|a_{ik}|\neq 0,\\ \rho x_3' = a_{31}x_1 + a_{32}x_2 + a_{33}x_3,\end{cases} \quad (4.31)$$

或者写成

$$\rho x_i' = \sum_{k=1}^{3} a_{ik}x_k, \quad \rho|a_{ik}|\neq 0. \quad (4.32)$$

同样可得其逆变换式(4.26)变为

$$\begin{cases}\sigma x_1 = A_{11}x_1' + A_{21}x_2' + A_{31}x_3',\\ \sigma x_2 = A_{12}x_1' + A_{22}x_2' + A_{32}x_3', \quad \sigma|A_{ki}|\neq 0,\\ \sigma x_3 = A_{13}x_1' + A_{23}x_2' + A_{33}x_3',\end{cases} \quad (4.33)$$

也可写成

$$\sigma x_i = \sum_{k=1}^{3} A_{ki}x_k', \quad \sigma|A_{ki}|\neq 0. \quad (4.34)$$

4.2 由点的坐标变换诱导出直线的坐标变换

利用绝对坐标,我们曾定义直线 ξ 的方程是

$$\xi \cdot x = 0, \quad \text{即} \quad \xi_1 x_1 + \xi_2 x_2 + \xi_3 x_3 = 0. \quad (4.35)$$

将(4.33)式代入(4.35)式得

$$\xi_1(A_{11}x_1' + A_{21}x_2' + A_{31}x_3') + \xi_2(A_{12}x_1' + A_{22}x_2' + A_{32}x_3') + \xi_3(A_{13}x_1' + A_{23}x_2' + A_{33}x_3') = 0,$$

即

$$(A_{11}\xi_1 + A_{12}\xi_2 + A_{13}\xi_3)x_1' + (A_{21}\xi_1 + A_{22}\xi_2 + A_{23}\xi_3)x_2' + (A_{31}\xi_1 + A_{32}\xi_2 + A_{33}\xi_3)x_3' = 0.$$

令

$$\begin{cases}\sigma\xi_1' = A_{11}\xi_1 + A_{12}\xi_2 + A_{13}\xi_3,\\ \sigma\xi_2' = A_{21}\xi_1 + A_{22}\xi_2 + A_{23}\xi_3,\\ \sigma\xi_3' = A_{31}\xi_1 + A_{32}\xi_2 + A_{33}\xi_3,\end{cases} \quad (4.36)$$

则得 $\xi' \cdot x' = 0$.

由上面的推导可知,点坐标变换(坐标系 Ω 到坐标系 Ω')

$$\rho x' = x(a_{ki}), \quad \rho|a_{ki}|\neq 0 \quad (4.37)$$

诱导出直线坐标变换

$$\sigma\xi' = \xi(A_{ki}), \quad \sigma|A_{ki}|\neq 0; \quad (4.38)$$

点坐标变换的逆变换(坐标系 Ω' 到坐标系 Ω)

$$\rho' x = x'(A_{ik}), \quad \rho' |A_{ik}| \neq 0 \tag{4.39}$$

诱导出直线坐标变换

$$\sigma' \xi = \xi'(a_{ik}), \quad \sigma' |a_{ik}| \neq 0. \tag{4.40}$$

从以上讨论可知,射影平面上点的坐标变换同时实现了直线的坐标变换. 同样,射影平面上直线的坐标变换也会实现了点的坐标变换.

4.3 射影平面上的点坐标系与直线坐标系

在射影平面 P^2 上给出一个点坐标系的基础点 $d_1(1,0,0), d_2(0,1,0), d_3(0,0,1)$,它们构成一个坐标三点形,其三边是

$$\delta_1 = d_2 \times d_3 = (0,1,0) \times (0,0,1) = [1,0,0],$$
$$\delta_2 = d_3 \times d_1 = (0,0,1) \times (1,0,0) = [0,1,0],$$
$$\delta_3 = d_1 \times d_2 = (1,0,0) \times (0,1,0) = [0,0,1].$$

同样,在射影平面 P^2 上给出一个直线坐标系的基础直线 $\delta_1[1,0,0], \delta_2[0,1,0], \delta_3[0,0,1]$,它们构成一个坐标三线形,其顶点是

$$d_1 = \delta_2 \times \delta_3 = [0,1,0] \times [0,0,1] = (1,0,0),$$
$$d_2 = \delta_3 \times \delta_2 = [0,0,1] \times [1,0,0] = (0,1,0),$$
$$d_3 = \delta_1 \times \delta_2 = [1,0,0] \times [0,1,0] = (0,0,1).$$

由此可见,当我们在射影平面 P^2 上选取一个点坐标系时,同时就有一个相应的直线坐标系,反过来也是如此,而它们的基础点和基础直线恰是同一个坐标三点(线)形的三个顶点和三条边(图 1-19).

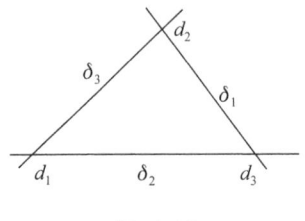

图 1-19

习 题 1.4

1. 给出点 $x(-1,-1,1), y(-1,0,-2)$ 和解析点 $z^*(1,-2,-4)$,求解析点 x^*, y^*,使得 $z^* = x^* + y^*$.

2. 在直线 ξ 上取点 $y=(5,-7,-1), z=(1,-2,1)$ 作为基础点,点 $u=(-1,1,1)$ 作为单位点,建立射影坐标系,试求点 $x=(1,1,-5)$ 的齐次和非齐次射影坐标.

3. 在一线束中取直线 $\xi=[1,2,-3], \eta=[2,3,-6]$ 为基础直线,取 $\zeta=[4,-1,-12]$ 为单位直线,建立线射影坐标系,试求 $\varphi=[0,1,0]$ 的齐次和非齐次射影坐标.

4. 设有以 $y(1,0), z(0,1), u(1,1)$ 为参考点的一维射影坐标系,求坐标变换,使这三个

点的坐标分别变为 $y(1,0), z(1,1), u(1,0)$.

5. 求坐标变换,使四个点的坐标 $x(1,2,1), y(-1,1,1), z(2,-1,0), u(1,1,1)$ 分别变为 $x(1,2,1), y(-1,1,1), z(2,-1,0), u(1,1,1)$.

6. 设在射影平面 P^2 上某两个射影坐标系有相同的坐标三点形,而单位点不同,求射影平面 P^2 上同一点 x 在这两个坐标系下的坐标 (x_1', x_2', x_3') 与 $(\bar{x}_1, \bar{x}_2, \bar{x}_3)$ 的关系式.

习 题 一

1. 试证:拓广的欧氏平面上一组直线互相平行的充分必要条件是它们过同一个无穷远点.

2. 试证:拓广的欧氏平面上不同的平行线组过不同的无穷远点.

3. 求两直线 $a_1x_1 + a_2x_2 + a_3x_3 = 0$ 和 $b_1x_1 + b_2x_2 + b_3x_3 = 0$ 的交点与直线 $c_1x_1 + c_2x_2 + c_3x_3 = 0$ 上的无穷远点的连线方程与坐标.

4. 写出射影平面上下列方程的齐次坐标方程,然后求它们与无穷远直线的交点:

(1) 椭圆 $\dfrac{x^2}{a^2} + \dfrac{y^2}{b^2} = 1$; (2) 虚椭圆 $\dfrac{x^2}{a^2} + \dfrac{y^2}{b^2} = -1$; (3) 双曲线 $\dfrac{x^2}{a^2} - \dfrac{y^2}{b^2} = 1$.

5. 给出四点形 $abcd$,令 $f = (b \times c) \times (a \times d), g = (c \times a) \times (b \times d), h = (a \times b) \times (c \times d)$,求证: $(b \times c) \times (h \times g), (c \times a) \times (f \times h), (a \times b) \times (g \times f)$ 三点共线.

6. 设 h, k 为不在三点形 abc 的边上的两相异点,直线 $a \times h, b \times h, c \times h$ 分别交直线 $b \times c, c \times a, a \times b$ 于点 l, m, n,又直线 $k \times l, k \times m, k \times n$ 分别交直线 $m \times n, n \times l, l \times m$ 于点 l', m', n',求证: $a \times l', b \times m', c \times n'$ 三直线共点.

7. 写出下述叙述的对偶叙述,并画出对偶图形:

已知三点形 abc 和不在三点形任何边上的任一点 x,求作三点形每一顶点与点 x 的连线 $a \times x, b \times x, c \times x$.

8. 如果点 $x(1,1,0), y(2,1,1), z(0,1,0)$ 取做射影坐标系的三点基础点,而 $u(1,2,1)$ 为单位点,试求点 $e(1,1,1)$ 在这个坐标系下的齐次射影坐标和方程.

9. 在一条直线上取三点 $(1,-1,2), (3,2,1)$ 和 $(0,-1,1)$ 作为参考点(其中 $(0,-1,1)$ 为单位点)建立射影坐标系,试求点 $(5,2,3)$ 的齐次射影坐标. 若三点 $(1,1,0), (-1,2,-3)$ 和 $(1,-3,4)$ 是第二个坐标系的参考点(其中 $(1,-3,4)$ 为单位点),试求这两个坐标系下的坐标变换式.

10. 试求由
$$\begin{cases} \sigma\xi_1' = 2\xi_1 - 3\xi_2 + \xi_3, \\ \sigma\xi_2' = 4\xi_1 + 2\xi_2 - 6\xi_3, \\ \sigma\xi_3' = \xi_1 + \xi_2 + 3\xi_3 \end{cases}$$
诱导出的点坐标变换式,并求这个变换的逆变换.

第二章 射影变换

本章从讨论一般的变换入手,本着从一般到特殊的方法,逐步深入讨论一维、二维射影变换及其特殊情形,让读者对各种射影变换的性质及各种变换之间的关系有一个系统的理解.

§2.1 射影变换

一、变换的概念

1. 映射

定义 1.1 设有集合 S 和 S'. 如果借助于某一规则或规律 Φ,对于 S 的每一个元素 x,必有 S' 的唯一一个元素 x' 与之对应,则这种对应叫做 S 到 S' 内的**映射**,并用 Φ 表示这样的映射,记做

$$x' = x\Phi \quad \text{或} \quad \Phi: x \to x',$$

其中 x' 叫做映射 Φ 下 x 的**像**,x 叫做 x' 的**原像**. 如果 S' 的每一个元素 x' 至少是 S 内一个元素 x 的像,则 Φ 叫做 S 到 S' **上的映射**(**满射**). 如果 S 到 S' 上的映射 Φ,使得 S' 的每一个元素恰有唯一的原像,则 Φ 叫做 S 到 S' 上的**一一映射**. 在 S 到 S' 上的一一映射 Φ 下,S' 到 S 上的映射(像与原像互换)叫做映射 Φ 的**逆映射**,记做 Φ^{-1}. 若 $x' = x\Phi$,则 $x = x'\Phi^{-1}$. 或者写成:若 $x' = \Phi(x)$,则 $x = \Phi^{-1}(x')$.

如果有集合 S 到 S' 上的一个映射 Φ,使得 $x' = x\Phi$,其中 $x \in S, x' \in S'$,又有集合 S' 到 S'' 上的一个映射 Φ',使得 $x'' = x'\Phi'$,其中 $x' \in S', x'' \in S''$,则由 S 到 S'' 上的使 $x \to x''$ 的对应也是一个映射,以 Φ'' 表示. 我们把 Φ'' 叫做 Φ 乘以 Φ' 之积,记做 $\Phi'' = \Phi\Phi'$. 这时,$x\Phi'' = x(\Phi\Phi') = (x\Phi)\Phi' = x'\Phi' = x''$.

映射的乘法不一定满足交换律,但映射的乘法一定满足结合律. 设有集合 S 到 S' 上的一个映射 Φ,集合 S' 到 S'' 上的一个映射 Φ',集合 S'' 到 S''' 上的一个映射 Φ'',即

$$x' = x\Phi, \quad x'' = x'\Phi', \quad x''' = x''\Phi'',$$

则有
$$\Phi\Phi'\Phi'' = (\Phi\Phi')\Phi'' = \Phi(\Phi'\Phi'') \quad (图 2\text{-}1).$$

集合 S 到自身上的映射 Φ，如果使每一个元素的像为它自己，这样的映射 Φ 叫做**恒等映射**，以 I 表示. 如果 Φ 是 S 到自身上的一一映射，则其逆映射 Φ^{-1} 也是 S 到自身上的一一映射，且有
$$\Phi^{-1}\Phi = \Phi\Phi^{-1} = I.$$

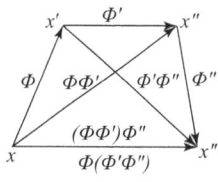

图 2-1

集合 S 到自身上的一一映射，也叫做集合 S 到自身上的**一一变换**，简称为**变换**.

2. 群和变换群

先介绍代数学中群的概念.

定义 1.2 对于一个非空集合 $G=\{a,b,c,\cdots\}$，给定一个运算法则（这里叫做乘法），如果满足下列条件，则 G 叫做一个**群**：

(1) (封闭性) 对于 $a,b \in G$，必存在 $c \in G$，使得 $ab=c$. 这时 c 叫做 a 乘以 b 之积.

(2) (结合律) 对于 $a,b,c \in G$，有 $(ab)c=a(bc)$.

(3) (存在左单位元) 存在元素 $e \in G$，使得对于任何 $a \in G$，有 $ea=a$. 这时 e 叫做 G 的**左单位元**.

(4) (存在左逆元) 对于任何元 $a \in G$，必存在元素 $a^{-1} \in G$，使得 $a^{-1}a=e$. 这时 a^{-1} 叫做 a 的**左逆元**.

注 对于群 G 及任何 $a \in G$，可以证明：

(1) 若 $ea=a$，则有 $ae=a$（这时 e 称为 G 的**右单位元**）. 也就是说，群 G 的左单位元等于右单位元，因而它们统称为**单位元**.

(2) 若 $a^{-1}a=e$，则有 $aa^{-1}=e$（这时 a^{-1} 称为 a 的**右逆元**）. 所以说，a 的左逆元等于 a 的右逆元，因而它们统称为 a 的**逆元**.

群 G 的元素对于乘法一般是不可交换的. 如果群 G 的任何两元素对于乘法都是可交换的，则群 G 叫做**交换群**或 **Abel 群**.

设集合 H 是 G 的子集，且 H 对于群 G 的运算也满足群的定义的全部条件，则 H 叫做 G 的**子群**.

如果以一个集合（到自身上）的某些变换为元素，那么所构成的群叫做**变换群**.

变换是一种特殊的映射，根据前面所述，映射的乘法满足结合律，因此变换的乘积也必定满足结合律. 同时，对于变换集合 $\{\Phi\}$ 中任一变换 Φ，若有逆元 Φ^{-1}，则 $\Phi^{-1}\Phi=I$. 因此，对于给定的变换集合 $\{\Phi\}$ 来说，只要证明 $\{\Phi\}$ 中每一个元素的逆元属于 $\{\Phi\}$，且对乘法具有封闭性，则 $\{\Phi\}$ 便构成变换群.

二、一维射影映射

1. 一维射影映射的定义

定义 1.3 设 ξ 和 ξ' 是任意两条直线(相异或重合),直线 ξ 到 ξ' 上有一个映射 Φ. 如果在直线 ξ 和 ξ' 上各有一个射影坐标系,使得直线 ξ 上坐标为 (λ_1,λ_2) 的点 x 在映射 Φ 下的像点 x' 在直线 ξ' 上的坐标为 (λ_1',λ_2'),且满足

$$\begin{cases} \rho \lambda_1' = \lambda_1, \\ \rho \lambda_2' = \lambda_2, \end{cases} \rho \neq 0, \tag{1.1}$$

那么映射 Φ 叫做直线 ξ 到 ξ' 上的**射影映射**(也称为**一维射影映射**),其中点 x, x' 叫做射影映射 Φ 的一对**对应点**,记做 $\Phi: \xi(x) \barwedge \xi'(x')$ 或 $\Phi: \xi \barwedge \xi'$.

若 $\xi \sim \xi'$,则映射 Φ 叫做直线 ξ 到自身上的**射影变换**,或叫做直线 ξ 上的射影变换.

由定义可以立即得出如下两个结论:

结论 1 直线 ξ 到 ξ' 上的射影映射 Φ 是一一映射.

结论 2 直线 ξ 到 ξ' 上的射影映射 Φ 的逆映射 Φ^{-1} 是直线 ξ' 到 ξ 上的射影映射.

进一步可证明下面的结论成立:

结论 3 存在直线 ξ 到 ξ' 上的一个射影映射 Φ,把直线 ξ 上的任意相异三点 y, z, u 分别映射到直线 ξ' 上的任意相异三点 y', z', u',即 $\Phi: y \to y', z \to z', u \to u'$.

证明 我们在直线 ξ 和 ξ' 上分别以 y, z, u 和 y', z', u' 为参考点建立射影坐标系,把两坐标系分别记做 Ω 和 Ω'. 对于直线 ξ 上异于 y, z, u 的点 x,如果其坐标为 (λ_1, λ_2),即

$$x = \lambda_1 y^* + \lambda_2 z^* \quad (u^* = y^* + z^*, \lambda_1 \neq 0, \lambda_2 \neq 0),$$

由于直线 ξ' 上的点与有序实数对的类成一一对应,所以在直线 ξ' 上有唯一异于 y', z', u' 的点 x' 以类 $[(\lambda_1, \lambda_2)]$ 为射影坐标. 这个类的任意成员为 $(\rho\lambda_1, \rho\lambda_2)(\rho \neq 0)$,即点 x 和 x' 的射影坐标同属于一个有序实数对的类 $[(\lambda_1, \lambda_2)]$,所以

$$\begin{cases} \rho \lambda_1' = \lambda_1, \\ \rho \lambda_2' = \lambda_2, \end{cases} \rho \neq 0.$$

这说明,存在直线 ξ 到 ξ' 上的映射 Φ,使得在 Φ 下,直线 ξ 上异于 y, z, u 的点 x 的坐标与其在直线 ξ' 上异于 y', z', u' 的像点 x' 的坐标满足 (1.1) 式. 故 Φ 是一个射影映射.

再由在直线 ξ 和 ξ' 上建立坐标系的方法可知,y 和 y' 的射影坐标同为 $(1,0)$,所以 $\Phi: y \to y'$. 同理,$\Phi: z \to z', u \to u'$. 于是定理得证.

2. 一维射影映射的表达式

上面的结论 3 中给出了特定的射影坐标系下射影映射的表达式,即取定射影映射的三对对应点分别作为直线 ξ 和 ξ' 上射影坐标系的参考点,然后对其他的对应点来说,它们的射影坐标满足关系式 (1.1). 下面来讨论在一般射影坐标系下射影映射的表达式.

§2.1 射影变换

设直线 ξ 到 ξ' 上的射影映射 Φ 的任意一对对应点为 x 和 $x' = \Phi(x)$. 点 x 和 x' 分别在已知射影坐标系 Ω 和 Ω' 的射影坐标是 (λ_1, λ_2) 和 (λ_1', λ_2'). 由射影映射的定义可知在直线 ξ 和 ξ' 上必各存在一个射影坐标系 Ω_1 和 Ω_1'，使得点 x 和 x' 在这两坐标系下的坐标分别 $(\bar{\lambda}_1, \bar{\lambda}_2)$ 和 $(\bar{\lambda}_1', \bar{\lambda}_2')$，并且有关系

$$\begin{cases} \bar{\rho}\bar{\lambda}_1' = \bar{\lambda}_1, \\ \bar{\rho}\bar{\lambda}_2' = \bar{\lambda}_2. \end{cases} \tag{1.2}$$

这样一来，在直线 ξ 上有两个坐标系 Ω 和 Ω_1，同一个点 x 的坐标依次为 (λ_1, λ_2) 和 $(\bar{\lambda}_1, \bar{\lambda}_2)$. 根据 §1.4 中的一维射影坐标变换式 (4.8)，从坐标系 Ω 到 Ω_1 的坐标变换式为

$$\begin{cases} \sigma\bar{\lambda}_1 = a_{11}\lambda_1 + a_{12}\lambda_2, \\ \sigma\bar{\lambda}_2 = a_{21}\lambda_1 + a_{22}\lambda_2, \end{cases} \sigma\begin{vmatrix} a_{11} & a_{12} \\ a_{21} & a_{22} \end{vmatrix} \neq 0. \tag{1.3}$$

同样，在直线上 ξ' 也有两个坐标系 Ω' 和 Ω_1'，同一个点 x' 的坐标分别为 (λ_1', λ_2') 和 $(\bar{\lambda}_1', \bar{\lambda}_2')$，那么从坐标系 Ω_1' 到 Ω' 的坐标变换式为

$$\begin{cases} \sigma'\lambda_1' = b_{11}\bar{\lambda}_1' + b_{12}\bar{\lambda}_2', \\ \sigma'\lambda_2' = b_{21}\bar{\lambda}_1' + b_{22}\bar{\lambda}_2', \end{cases} \sigma'\begin{vmatrix} b_{11} & b_{12} \\ b_{21} & b_{22} \end{vmatrix} \neq 0. \tag{1.4}$$

将 (1.3) 式代入 (1.2) 式，再代入 (1.4) 式，并把代入过程中出现的非零常数都归并为一个，记做 ρ，便得

$$\Phi: \begin{cases} \rho\lambda_1' = (b_{11}a_{11} + b_{12}a_{21})\lambda_1 + (b_{11}a_{12} + b_{12}a_{22})\lambda_2, \\ \rho\lambda_2' = (b_{21}a_{11} + b_{22}a_{21})\lambda_1 + (b_{21}a_{12} + b_{22}a_{22})\lambda_2. \end{cases}$$

上式可写做

$$\Phi: \begin{cases} \rho\lambda_1' = c_{11}\lambda_1 + c_{12}\lambda_2, \\ \rho\lambda_2' = c_{21}\lambda_1 + c_{22}\lambda_2, \end{cases} \tag{1.5}$$

其中 $\begin{bmatrix} c_{11} & c_{12} \\ c_{21} & c_{22} \end{bmatrix} = \begin{bmatrix} b_{11} & b_{12} \\ b_{21} & b_{22} \end{bmatrix} \begin{bmatrix} a_{11} & a_{12} \\ a_{21} & a_{22} \end{bmatrix} = \begin{bmatrix} b_{11}a_{11} + b_{12}a_{21} & b_{11}a_{12} + b_{12}a_{22} \\ b_{21}a_{11} + b_{22}a_{21} & b_{21}a_{12} + b_{22}a_{22} \end{bmatrix}$.

因为 $|c_{ik}| = |b_{ik}| \cdot |a_{ik}|$，而 $|b_{ik}| \neq 0$，$|a_{ik}| \neq 0$，故 $|c_{ik}| \neq 0$. 因此 (1.5) 式又可以写做

$$\Phi: \rho\lambda_i' = \sum_{k=1}^{2} c_{ik}\lambda_k, \quad \rho|c_{ik}| \neq 0, \ i = 1, 2, \tag{1.6}$$

或者

$$\Phi: (\rho\lambda_1', \rho\lambda_2') = (\lambda_1, \lambda_2)(c_{ki}), \quad \rho|c_{ki}| \neq 0, \tag{1.7}$$

再或者

$$\Phi: \rho\begin{bmatrix} \lambda_1' \\ \lambda_2' \end{bmatrix} = (c_{ik})\begin{bmatrix} \lambda_1 \\ \lambda_2 \end{bmatrix}, \quad \rho|c_{ik}| \neq 0. \tag{1.8}$$

反之，使直线 ξ 上的点 $x(\lambda_1, \lambda_2)$ 映射到直线 ξ' 上的点 $x'(\lambda_1', \lambda_2')$，且满足关系式

第二章 射影变换

$$\begin{cases} \rho\lambda_1' = c_{11}\lambda_1 + c_{12}\lambda_2, \\ \rho\lambda_2' = c_{21}\lambda_1 + c_{22}\lambda_2, \end{cases} \quad \rho|c_{ik}| \neq 0 \tag{1.9}$$

的映射 Φ 必是直线 ξ 到 ξ' 上的射影映射. 事实上, 只要我们在直线 ξ 上再取一个射影坐标系, 使原来的点 (λ_1, λ_2) 在新坐标系下的坐标 $(\bar{\lambda}_1, \bar{\lambda}_2)$ 满足关系

$$\begin{cases} \bar{\rho}\bar{\lambda}_1 = c_{11}\lambda_1 + c_{12}\lambda_2, \\ \bar{\rho}\bar{\lambda}_2 = c_{21}\lambda_1 + c_{22}\lambda_2, \end{cases} \quad \bar{\rho}|c_{ik}| \neq 0,$$

那么在 Φ 下的任意一对对应点 $x(\bar{\lambda}_1, \bar{\lambda}_2)$ 和 $x'(\lambda_1', \lambda_2')$ 有关系式

$$\begin{cases} \rho'\lambda_1' = \bar{\lambda}_1, \\ \rho'\lambda_2' = \bar{\lambda}_2, \end{cases} \quad \rho' \neq 0.$$

故 Φ 是直线 ξ 到 ξ' 上的射影映射.

上面所得到的 (1.5) 式是任意两坐标系下射影映射的齐次坐标表达式. 如取点 x 和 x' 的非齐次坐标 $\lambda = \dfrac{\lambda_1}{\lambda_2}$ 和 $\lambda' = \dfrac{\lambda_1'}{\lambda_2'}$, 则由 (1.5) 式可得射影映射的非齐次坐标表达式

$$\lambda' = \frac{c_{11}\lambda + c_{12}}{c_{21}\lambda + c_{22}}, \quad \begin{vmatrix} c_{11} & c_{12} \\ c_{21} & c_{22} \end{vmatrix} \neq 0. \tag{1.10}$$

从以上讨论可知, 一维射影映射对应着二阶非奇异矩阵; 反之, 二阶非奇异矩阵也对应着一维射影映射. 也就是说, 可以用一个二阶非奇异矩阵来表示一个一维射影映射. 所以我们通常将一维射影映射 (1.9) 记为

$$x' = x\Phi, \quad \Phi = \begin{bmatrix} c_{11} & c_{12} \\ c_{21} & c_{22} \end{bmatrix}, \quad |\Phi| \neq 0.$$

因此, 从代数学的角度看, 讨论一维射影映射实质上就是讨论二阶非奇异矩阵.

3. 确定一维射影映射的条件

定理 1.1 一维射影映射由相异的三对对应点唯一确定.

证明 设直线 ξ 上相异三点 $(\lambda_1, \lambda_2), (\mu_1, \mu_2), (\nu_1, \nu_2)$ 分别与直线 ξ' 上相异三点 $(\lambda_1', \lambda_2'), (\mu_1', \mu_2'), (\nu_1', \nu_2')$ 对应. 分别以三对对应点的坐标代入一维射影映射表达式 (1.5), 并令对应的 ρ 值分别为 ρ_1, ρ_2, ρ_3 (均异于零), 则有

$$\begin{aligned} \rho_1\lambda_1' &= c_{11}\lambda_1 + c_{12}\lambda_2, & \rho_1\lambda_2' &= c_{21}\lambda_1 + c_{22}\lambda_2; \\ \rho_2\mu_1' &= c_{11}\mu_1 + c_{12}\mu_2, & \rho_2\mu_2' &= c_{21}\mu_1 + c_{22}\mu_2; \\ \rho_3\nu_1' &= c_{11}\nu_1 + c_{12}\nu_2, & \rho_3\nu_2' &= c_{21}\nu_1 + c_{22}\nu_2. \end{aligned} \tag{1.11}$$

这是以 ρ_i 和 $c_{ik}(i,k=1,2)$ 为元的齐次线性方程组, 由左边三方程消去 c_{11}, c_{12}, 得

$$\begin{vmatrix} \rho_1\lambda_1' & \lambda_1 & \lambda_2 \\ \rho_2\mu_1' & \mu_1 & \mu_2 \\ \rho_3\nu_1' & \nu_1 & \nu_2 \end{vmatrix} = 0,$$

展开后得
$$\rho_1 \lambda_1' D_1 + \rho_2 \mu_1' D_2 + \rho_3 \nu_1' D_3 = 0, \tag{1.12}$$

其中
$$D_1 = \begin{vmatrix} \mu_1 & \mu_2 \\ \nu_1 & \nu_2 \end{vmatrix}, \quad D_2 = \begin{vmatrix} \nu_1 & \nu_2 \\ \lambda_1 & \lambda_2 \end{vmatrix}, \quad D_3 = \begin{vmatrix} \lambda_1 & \lambda_2 \\ \mu_1 & \mu_2 \end{vmatrix}.$$

由于 $(\lambda_1, \lambda_2), (\mu_1, \mu_2), (\nu_1, \nu_2)$ 是 ξ 上相异三点，故 D_1, D_2, D_3 都不为零。同理，由右边三方程消去 c_{21}, c_{22}，再展开得

$$\rho_1 \lambda_2' D_1 + \rho_2 \mu_2' D_2 + \rho_3 \nu_2' D_3 = 0. \tag{1.13}$$

由 (1.12), (1.13) 两式解得
$$\rho_1 : \rho_2 : \rho_3 = D_1' D_2 D_3 : D_1 D_2' D_3 : D_1 D_2 D_3', \tag{1.14}$$

其中
$$D_1' = \begin{vmatrix} \mu_1' & \mu_2' \\ \nu_1' & \nu_2' \end{vmatrix}, \quad D_2' = \begin{vmatrix} \nu_1' & \nu_2' \\ \lambda_1' & \lambda_2' \end{vmatrix}, \quad D_3' = \begin{vmatrix} \lambda_1' & \lambda_2' \\ \mu_1' & \mu_2' \end{vmatrix}.$$

又由于 $(\lambda_1', \lambda_2'), (\mu_1', \mu_2'), (\nu_1', \nu_2')$ 是 ξ' 上相异三点，故 D_1', D_2', D_3' 均不为零。于是可得方程 (1.12) 和 (1.13) 的所有非零解：

$$\rho_1 = \sigma D_1' D_2 D_3, \quad \rho_2 = \sigma D_1 D_2' D_3, \quad \rho_3 = \sigma D_1 D_2 D_3', \quad \sigma \neq 0.$$

解得的 ρ_1, ρ_2, ρ_3 无一为零。

给出 σ 的一个值，可得 ρ_1, ρ_2, ρ_3 的一组解，于是由 (1.11) 式分别可得 $c_{11}, c_{12}, c_{21}, c_{22}$ 的一组解。给出不同的 σ 值可得出不同的一组解，但各组解均成比例。

现在来证明得出的解满足 $|c_{ik}| \neq 0$。用反证法。设 $|c_{ik}| = 0$，由于依 (1.11) 式解得 $c_{11}, c_{12}, c_{21}, c_{22}$ 不能同时为零，故至少有一个不为零。不妨令 $c_{22} \neq 0$，又由于

$$|c_{ik}| = c_{11} c_{22} - c_{12} c_{21} = 0,$$

可令 $\dfrac{c_{12}}{c_{22}} = \dfrac{c_{11}}{c_{21}} = k$，则有 $c_{12} = k c_{22}, c_{11} = k c_{21}$。代入 (1.11) 式，得

$$\rho_1 \lambda_1' = c_{11} \lambda_1 + c_{12} \lambda_2 = k c_{21} \lambda_1 + k c_{22} \lambda_2 = k(c_{21} \lambda_1 + c_{22} \lambda_2) = k \rho_1 \lambda_2'.$$

即 $\lambda_1' = k \lambda_2'$。由此得出点 (λ_1', λ_2') 就是 $(k \lambda_2', \lambda_2')$。因为 $k \lambda_2', \lambda_2'$ 不全为零，则 λ_2' 不为零，故此点即 $(k, 1)$。同理，(μ_1', μ_2') 也是 $(k, 1)$。这与所设矛盾，故 $|c_{ik}| \neq 0$。于是定理得证。

4. 射影变换群

首先我们来证明结论：两个射影映射的乘积仍是射影映射。

事实上，若 Φ_1 是直线 ξ 到 ξ' 上的射影映射，Φ_2 是直线 ξ' 到 ξ'' 上的射影映射，那么 $\Phi_1 \Phi_2$ 是直线 ξ 到 ξ'' 上的映射，且有

$$x' = x \Phi_1, \quad \Phi_1 = \begin{bmatrix} a_{11} & a_{12} \\ a_{21} & a_{22} \end{bmatrix}, \quad |\Phi_1| \neq 0,$$

第二章 射影变换

$$x'' = x'\Phi_2, \quad \Phi_2 = \begin{bmatrix} b_{11} & b_{12} \\ b_{21} & b_{22} \end{bmatrix}, \quad |\Phi_2| \neq 0,$$

故得

$$x'' = x(\Phi_1\Phi_2) = x\begin{bmatrix} a_{11} & a_{12} \\ a_{21} & a_{22} \end{bmatrix}\begin{bmatrix} b_{11} & b_{12} \\ b_{21} & b_{22} \end{bmatrix}$$

$$= x\begin{bmatrix} a_{11}b_{11} + a_{12}b_{21} & a_{11}b_{12} + a_{12}b_{22} \\ a_{21}b_{11} + a_{22}b_{21} & a_{21}b_{12} + a_{22}b_{22} \end{bmatrix}.$$

令 $\Phi = \begin{bmatrix} a_{11}b_{11} + a_{12}b_{21} & a_{11}b_{12} + a_{12}b_{22} \\ a_{21}b_{11} + a_{22}b_{21} & a_{21}b_{12} + a_{22}b_{22} \end{bmatrix}$，则 $x'' = x\Phi$，且 $|\Phi| = |\Phi_1| \cdot |\Phi_2| \neq 0$. 故 $\Phi = \Phi_1\Phi_2$ 也是直线 ξ 到 ξ'' 上的射影映射.

若 $\xi \sim \xi' \sim \xi''$，这时 Φ_1, Φ_2 和 Φ 都是直线 ξ 到自身上的射影变换. 所以直线 ξ 上的射影变换 Φ_1, Φ_2 的积 $\Phi_1\Phi_2$ 也是直线 ξ 上的射影变换.

显然，如果 Φ 是直线 ξ 上的射影变换，那么 Φ 的逆变换也是直线 ξ 上的射影变换. 因此直线 ξ 上所有的射影变换组成的集合构成一个群，叫做直线 ξ 上的**射影变换群**（也称为**一维射影变换群**）.

对偶地，我们可以讨论线束到线束上的射影映射和线束到自身上的射影变换.

三、二维射影映射

射影平面 P^2 到射影平面 P'^2 上的射影映射是直线 ξ 到直线 ξ' 上的射影映射的推广，讨论方式和步骤是相类似的.

1. 二维射影映射的定义

定义 1.4 设 P^2 和 P'^2 是任意两个射影平面（相异或重合），在射影平面 P^2 到 P'^2 上有一个点映射 Ψ. 如果在射影平面 P^2 和 P'^2 上各有一个射影坐标系，使得射影平面 P^2 上射影坐标为 (x_1, x_2, x_3) 的点 x 在映射 Ψ 下的像点 $x' = \Psi(x)$ 在射影平面 P'^2 上的射影坐标为 (x_1', x_2', x_3')，且满足条件

$$\rho x_i' = x_i, \quad \rho \neq 0, \ i = 1, 2, 3,$$

那么映射 Ψ 叫做射影平面 P^2 到 P'^2 上的**直射映射**（也称为**二维射影映射**）.

若射影平面 P^2 与 P'^2 为同一平面，则直射映射 Ψ 叫做射影平面 P^2（到自身）上的**射影变换**或**直射变换**，简称为**直射**.

类似于一维射影映射，由上面的定义容易可以得到下面的结论：

结论 1 射影平面 P^2 到 P'^2 上的直射映射是一一映射.

结论 2 射影平面 P^2 到 P'^2 上的直射映射 Ψ 的逆映射 Ψ^{-1} 是射影平面 P'^2 到 P^2 上的

直射映射.

结论 3 存在射影平面 P^2 到 P'^2 上的一个直射映射 Ψ,把射影平面 P^2 上无三点共线的任意相异四点 y,z,u,v 分别映射到射影平面 P'^2 上无三点共线的任意相异四点 y',z',u',v',即 $\Psi: y \to y', z \to z', u \to u', v \to v'$.

2. 二维射影映射(直射映射)的表达式

设射影平面 P^2 到 P'^2 上的直射映射 Ψ 的任意一对对应点为 x 和 $x' = \Psi(x)$,点 x 和 x' 在射影平面 P^2 和 P'^2 上坐标系 Ω 和 Ω' 下的射影坐标分别为 x_i 和 $x'_i (i=1,2,3)$. 由定义知射影平面 P^2 和 P'^2 上必各存在一个坐标系 Ω_1 和 Ω'_1,使得点 x 和 x' 在此两坐标系下的射影坐标分别为 $\overline{x}_i$ 和 $\overline{x}'_i$,并且有关系

$$\overline{\rho}\, \overline{x}'_i = \overline{x}_i, \quad \overline{\rho} \neq 0, \ i=1,2,3.$$

由于点 x 在射影平面 P^2 上两个坐标系 Ω 和 Ω_1 下的射影坐标 x_i 和 $\overline{x}_i\ (i=1,2,3)$ 有关系

$$\rho_1 \overline{x}_i = \sum_{k=1}^{3} a_{ik} x_k, \quad \rho_1 |a_{ik}| \neq 0,\ i=1,2,3,$$

点 x' 在射影平面 P'^2 上两个坐标系 Ω' 和 Ω'_1 下的射影坐标 $\overline{x}'_i$ 和 $x'_i (i=1,2,3)$ 有关系

$$\rho_2 x'_i = \sum_{k=1}^{3} b_{ik} \overline{x}'_k, \quad \rho_2 |b_{ik}| \neq 0,\ i=1,2,3,$$

所以有

$$\rho x'_i = \sum_{j=1}^{3} b_{ij} \left(\sum_{k=1}^{3} a_{ik} x_k \right) = \sum_{k=1}^{3} c_{ik} x_k, \quad i=1,2,3,$$

其中 $|c_{ik}| = |b_{ik}| \cdot |a_{ik}| \neq 0$,即

$$\Psi: \rho x'_i = \sum_{k=1}^{3} c_{ik} x_k, \quad \rho |c_{ik}| \neq 0,\ i=1,2,3 \tag{1.15}$$

或

$$\Psi: \begin{cases} \rho x'_1 = c_{11} x_1 + c_{12} x_2 + c_{13} x_3, \\ \rho x'_2 = c_{21} x_1 + c_{22} x_2 + c_{23} x_3, \\ \rho x'_3 = c_{31} x_1 + c_{32} x_2 + c_{33} x_3, \end{cases} \quad \rho |c_{ik}| \neq 0,$$

也可写成

$$\Psi: \rho x' = x(c_{ki}), \quad \rho |c_{ik}| \neq 0$$

或

$$\Psi: \rho \begin{bmatrix} x'_1 \\ x'_2 \\ x'_3 \end{bmatrix} = (c_{ik}) \begin{bmatrix} x_1 \\ x_2 \\ x_3 \end{bmatrix}, \quad \rho |c_{ik}| \neq 0.$$

第二章 射影变换

以上说明了射影平面 P^2 到 P'^2 上的直射映射 Ψ 下一对对应点 x 和 $x'=\Psi(x)$ 各自在一般射影坐标系下的坐标 x_i 与 x_i' $(i=1,2,3)$ 满足关系式(1.15)。

反之，假设射影平面 P^2 上的点 x 到射影平面 P'^2 上的点 x' 的映射 Ψ，使得 x 与 x' 的射影坐标 x_i 与 x_i' $(i=1,2,3)$ 满足关系式(1.15)，那么这样的映射 Ψ 是射影平面 P^2 到 P'^2 上的直射映射。事实上，只要在射影平面 P^2 上再取一个射影坐标系，使点 x 在两个坐标系下的坐标 x_i 与 $\overline{x}_i$ $(i=1,2,3)$ 具有关系

$$\rho_1 \overline{x}_i = \sum_{k=1}^{3} c_{ik} x_k, \quad \rho_1 |c_{ik}| \neq 0, \; i=1,2,3.$$

由于 $|c_{ik}| \neq 0$，所以选取这样的坐标系是可能的。这样一来，Ψ 的表达式为

$$\Psi: \rho' x_i' = \overline{x}_i, \quad \rho' \neq 0, \; i=1,2,3.$$

由直射映射的定义可知，Ψ 是射影平面 P^2 到 P'^2 上的一个直射映射。

在上面的变换式(1.15)中习惯上用 a_{ik} 代替 c_{ik}，写做

$$\Psi: \rho x_i' = \sum_{k=1}^{3} a_{ik} x_k, \quad \rho |a_{ik}| \neq 0, \; i=1,2,3. \tag{1.16}$$

这就是直射映射 Ψ 的表达式，它也可写做

$$\Psi: \begin{cases} \rho x_1' = a_{11} x_1 + a_{12} x_2 + a_{13} x_3, \\ \rho x_2' = a_{21} x_1 + a_{22} x_2 + a_{23} x_3, \quad \rho |a_{ik}| \neq 0. \\ \rho x_3' = a_{31} x_1 + a_{32} x_2 + a_{33} x_3, \end{cases} \tag{1.17}$$

在(1.17)式中，令 $x=\dfrac{x_1}{x_3}, y=\dfrac{x_2}{x_3}, x'=\dfrac{x_1'}{x_3'}, y'=\dfrac{x_2'}{x_3'}$，再以第三个方程左右两边分别去除第一、二个方程的左右两边，就得到直射映射 Ψ 的非齐次坐标表达式

$$\Psi: \begin{cases} x' = \dfrac{a_{11} x + a_{12} y + a_{13}}{a_{31} x + a_{32} y + a_{33}}, \\ y' = \dfrac{a_{21} x + a_{22} y + a_{23}}{a_{31} x + a_{32} y + a_{33}}, \end{cases} |a_{ik}| \neq 0. \tag{1.18}$$

对偶地，我们可以得到射影平面 P^2 到 P'^2 上关于直线的直射映射和射影平面 P^2 到自身上关于直线的直射变换及其表达式。

从以上讨论可知，二维射影映射对应着三阶非奇异矩阵；反之，三阶非奇异矩阵也对应着二维射影映射。所以说，可以用一个三阶非奇异矩阵来表示一个二维射影映射，于是我们通常将直射映射(1.17)写成如下形式：

$$x' = x\Phi, \quad \Phi = \begin{bmatrix} a_{11} & a_{12} & a_{13} \\ a_{21} & a_{22} & a_{23} \\ a_{31} & a_{32} & a_{33} \end{bmatrix}, \; |\Phi| \neq 0.$$

因此，从代数学的角度看，讨论二维射影映射实质上就是讨论三阶非奇异矩阵.

从 §1.4 及本节可以看出，点的射影变换表达式与点的坐标变换式是一样的，点的坐标变换式是指同一个点在两个不同的坐标系下的坐标之间的关系式，点的射影变换表达式是指一个点与它在射影变换下的像点对于同一坐标系的坐标之间的关系式. 在解析几何里我们知道，点的变换表达式与点的坐标变换式是一致的. 如果设想把原像点连同所在的坐标系实行该变换，使其原像点和像点重合，这时点在原坐标系和新坐标系下坐标之间的关系式，也就相同于点变换的表达式. 在这里的道理是一样的.

在讲坐标变换式时，我们曾经由点坐标的坐标变换导出直线坐标的坐标变换. 同样的道理，我们可以从射影平面 P^2 上的点到射影平面 P'^2 上的点的直射映射，导出射影平面 P^2 上的直线到射影平面 P'^2 上的直线的直射映射，其变换表达式和坐标变换式是一致的. 为了节省篇幅，我们不再进行推导，直接叙述如下：

若射影平面 P^2 上的点 x 到射影平面 P'^2 上的点 x' 的直射映射 Ψ 的表达式为

$$\rho x'_i = \sum_{k=1}^{3} a_{ik} x_k, \quad \rho|a_{ik}| \neq 0, \ i=1,2,3, \tag{1.19}$$

则它可导出射影平面 P^2 上的直线 ξ 到射影平面 P'^2 上的直线 ξ' 的直射映射

$$\sigma \xi'_i = \sum_{k=1}^{3} A_{ik} \xi_k, \quad \sigma|A_{ik}| \neq 0, \ i=1,2,3, \tag{1.20}$$

其中 A_{ik} 是 $|a_{ik}|$ 中元素 a_{ik} 的代数余子式. 直射映射 Ψ 的逆映射 Ψ^{-1} 对于点的表达式为

$$\rho' x_i = \sum_{k=1}^{3} A_{ki} x'_k, \quad \rho'|A_{ki}| \neq 0, \ i=1,2,3, \tag{1.21}$$

它可导出射影平面 P'^2 上的直线 ξ' 到射影平面 P^2 上的直线 ξ 的直射映射

$$\sigma' \xi_i = \sum_{k=1}^{3} a_{ki} \xi'_k, \quad \sigma'|a_{ki}| \neq 0, \ i=1,2,3. \tag{1.22}$$

3. 确定二维射影映射（直射映射）的条件

定理 1.2 直射映射由无三点共线的相异四对对应点唯一确定.

证明 设射影平面 P^2 到 P'^2 上的直射映射 Ψ 下无三点共线的相异四对对应点是

$$x \to x', \quad y \to y', \quad z \to z', \quad u \to u',$$

并设直射映射 $\Psi: x \to x'$ 的表达式为

$$\rho x'_i = \sum_{k=1}^{3} a_{ik} x_k, \quad \rho|a_{ik}| \neq 0, \ i=1,2,3. \tag{1.23}$$

将每对对应点的坐标代入上式，并分别以 $\rho_1, \rho_2, \rho_3, \rho_4$ 为对应于 x, y, z, u 的 ρ 值，结果得到 12 个线性方程：

第二章 射影变换

$$\rho_1 x_i' = \sum_{k=1}^{3} a_{ik} x_k, \quad \rho_2 y_i' = \sum_{k=1}^{3} a_{ik} y_k,$$
$$\rho_3 z_i' = \sum_{k=1}^{3} a_{ik} z_k, \quad \rho_4 u_i' = \sum_{k=1}^{3} a_{ik} u_k,$$
$$\rho_1 \rho_2 \rho_3 \rho_4 \neq 0, \quad i = 1, 2, 3.$$
(1.24)

这是含 13 个元 $\rho_j (j=1,2,3,4)$ 和 $a_{ik}(i,k=1,2,3)$ 的齐次线性方程组.

在方程组(1.24)中取号码同为 i ($i=1,2,3$) 的四个方程组,消去 $a_{ik}(k=1,2,3)$,得到

$$\begin{vmatrix} \rho_1 x_i' & x_1 & x_2 & x_3 \\ \rho_2 y_i' & y_1 & y_2 & y_3 \\ \rho_3 z_i' & z_1 & z_2 & z_3 \\ \rho_4 u_i' & u_1 & u_2 & u_3 \end{vmatrix} = 0, \quad i = 1, 2, 3. \tag{1.25}$$

令 $D_1 = |y,z,u|, D_2 = -|x,z,u|, D_3 = |x,y,u|, D_4 = -|x,y,z|$. 因 x,y,z,u 无三点共线,故 D_1, D_2, D_3, D_4 均不为零. (1.25)式展开得

$$\rho_1 x_i' D_1 + \rho_2 y_i' D_2 + \rho_3 z_i' D_3 + \rho_4 u_i' D_4 = 0, \quad i = 1, 2, 3. \tag{1.26}$$

这是以 $\rho_j (j=1,2,3,4)$ 为元的齐次线性方程组.

令 $D_1' = |y',z',u'|, D_2' = -|x',z',u'|, D_3' = |x',y',u'|, D_4' = -|x',y',z'|$. 因 x', y', z', u' 无三点共线,故 D_1', D_2', D_3', D_4' 均不为零. 于是方程组(1.26)的所有非零解可由下列式子给出:

$$\rho_1 = \sigma D_1' D_2 D_3 D_4, \quad \rho_2 = \sigma D_1 D_2' D_3 D_4, \quad \rho_3 = \sigma D_1 D_2 D_3' D_4, \quad \rho_4 = \sigma D_1 D_2 D_3 D_4',$$

式中 σ 为任意常数,且 $\sigma \neq 0$. 任意指定 σ 的值,则得出 $\rho_1, \rho_2, \rho_3, \rho_4$ 的一组解,且无一为零. 对于(1.24)式中任意 i 值,有四个方程,含三个元 a_{i1}, a_{i2}, a_{i3}. 由于这四个方程不是独立的,但因 $D_i \neq 0$ ($i=1,2,3,4$),故可任取其中三个方程解得 a_{i1}, a_{i2}, a_{i3} 的一组非零解. 遍取 $i=1,2,3$,得出 $a_{ik}(i,k=1,2,3)$. 若取 σ 的不同值,例如取另一个 σ 值为 $\sigma' = \tau\sigma$ ($\tau \neq 0$),则解得的每个 a_{ik} 值也是原来的值乘以 τ,因而关系式(1.23)不变. 故此四对对应点确定唯一的射影映射 Ψ.

现在来证明 $|a_{ik}| \neq 0$. 我们采用反证法. 设 $|a_{ik}| = 0$,由于 (a_{ik}) 是非零矩阵,则 (a_{ik}) 的秩为 1 或 2. 若 (a_{ik}) 的秩等于 2,即有一个二阶子式不为零,不妨设 $\begin{vmatrix} a_{11} & a_{12} \\ a_{21} & a_{22} \end{vmatrix} \neq 0$,则必存在实常数 p 和 q,使得

$$a_{3i} = pa_{1i} + qa_{2i}, \quad i = 1, 2, 3. \tag{1.27}$$

将(1.27)式代入方程组(1.24)中含 ρ_1 的第三个方程,得出

$$\rho_1 x_3' = a_{31} x_1 + a_{32} x_2 + a_{33} x_3$$
$$= (pa_{11} + qa_{21})x_1 + (pa_{12} + qa_{22})x_2 + (pa_{13} + qa_{23})x_3$$

$$= p(a_{11}x_1 + a_{12}x_2 + a_{13}x_3) + q(a_{21}x_1 + a_{22}x_2 + a_{23}x_3)$$
$$= \rho_1 p x_1' + \rho_1 q x_2',$$

故 $x_3' = p x_1' + q x_2'$. 同理 $y_3' = p y_1' + q y_2'$, $z_3' = p z_1' + q z_2'$. 由此, $|x',y',z'| = 0$, 即 x',y',z' 三点共线, 与所设矛盾.

若 (a_{ik}) 的秩等于 1, 即至少有一个元素不为零, 而所有二阶子式都等于零, 则 (a_{ik}) 诸行成比例. 不妨设 $a_{11} \neq 0$, 于是可令

$$a_{21} = p a_{11}, \quad a_{22} = p a_{12}, \quad a_{23} = p a_{13}, \quad a_{31} = q a_{11}, \quad a_{32} = q a_{12}, \quad a_{33} = q a_{13},$$

则 x' 的坐标为 $(x_1', x_2', x_3') = (1, p, q)$. 同理 y' 的坐标也为 $(1, p, q)$. 这与所设矛盾. 因此 (a_{ik}) 必为非异的, 即 $|a_{ik}| \neq 0$ 成立. 所以 Ψ 为直射映射.

4. 二维射影变换群

设射影平面 P^2 到自身上的所有直射变换组成的集合为 P_2. 为了方便讨论, 在射影平面 P^2 上给出一个二维射影坐标系, 则对于射影平面 P^2 上的每一个直射变换 $\Psi: x(x_1, x_2, x_3) \to x'(x_1', x_2', x_3')$, 即可由 (1.17) 式确定一个三阶非异矩阵 (a_{ik}); 反之, 每一个三阶非异矩阵 (a_{ik}) 可通过 (1.17) 式来确定一个射影平面 P^2 上的直射变换 Ψ. 也就是说, 直射变换 Ψ 和三阶非异矩阵 (a_{ik}) 一一对应. 因为任一三阶非异矩阵必有逆矩阵而且逆矩阵也是三阶非异矩阵, 所以任一直射变换必有逆变换, 而且也是直射变换. 又因两个三阶非异矩阵之积也是三阶非异矩阵, 故两直射变换之积也是直射变换, 即 P_2 对于乘法是封闭的. 因此, P_2 是一个群. 我们把群 P_2 叫做**直射变换群**或**二维射影变换群**.

5. 二维射影映射 (直射映射) 的性质

定理 1.3 直射映射把共线点变为共线点, 而且共线点的原像也是共线点. 换句话说, 直射映射保持点和直线的结合关系不变.

证明 设直射映射 Ψ 的表达式为 (1.16) 式, 则对于任意的三对对应点 $x \to x', y \to y', z \to z'$, 有

$$x' = x\Psi, \quad y' = y\Psi, \quad z' = z\Psi, \quad \Psi = \begin{bmatrix} a_{11} & a_{12} & a_{13} \\ a_{21} & a_{22} & a_{23} \\ a_{31} & a_{32} & a_{33} \end{bmatrix}, |\Psi| \neq 0.$$

于是有

$$|\rho_1 x', \rho_2 y', \rho_3 z'| = |x\Psi, y\Psi, z\Psi|$$
$$= \begin{vmatrix} a_{11}x_1 + a_{12}x_2 + a_{13}x_3 & a_{21}x_1 + a_{22}x_2 + a_{23}x_3 & a_{31}x_1 + a_{32}x_2 + a_{33}x_3 \\ a_{11}y_1 + a_{12}y_2 + a_{13}y_3 & a_{21}y_1 + a_{22}y_2 + a_{23}y_3 & a_{31}y_1 + a_{32}y_2 + a_{33}y_3 \\ a_{11}z_1 + a_{12}z_2 + a_{13}z_3 & a_{21}z_1 + a_{22}z_2 + a_{23}z_3 & a_{31}z_1 + a_{32}z_2 + a_{33}z_3 \end{vmatrix}$$

第二章 射影变换

$$= \begin{vmatrix} x_1 & x_2 & x_3 \\ y_1 & y_2 & y_3 \\ z_1 & z_2 & z_3 \end{vmatrix} \cdot \begin{vmatrix} a_{11} & a_{12} & a_{13} \\ a_{21} & a_{22} & a_{23} \\ a_{31} & a_{32} & a_{33} \end{vmatrix} = |x,y,z| \cdot |\Psi|.$$

若 x,y,z 三点共线,则 $|x,y,z|=0$,从而 $|x',y',z'|=0$. 反之,若 x',y',z' 三点共线,则 $|x',y',z'|=0$. 因 $|\Psi|\neq 0$,故 $|x,y,z|=0$. 于是定理得证.

有了直射映射把共线点变为共线点,对偶地可得直射映射把共点线变为共点线. 同时也就可以证得直射映射把三点形、四点形等仍变为三点形、四点形等.

6. 由二维射影映射诱导出的一维射影映射

上面讲到直射映射保持点与直线的结合关系,由于直射映射使射影平面 P^2 中直线 ξ 上的点映射到射影平面 P'^2 的直线 ξ' 上,因此我们就得到一个直线 ξ 上的点到直线 ξ' 上的点的映射. 我们把这个映射叫做由直射映射 Ψ 导出的直线 ξ 到 ξ' 上的映射. 对偶地,我们还可得到由直射映射 Ψ 导出的线束 x 到线束 x' 上的映射. 对于这两个由二维射影映射导出的一维映射,我们有如下定理:

定理 1.4 射影平面 P^2 到 P'^2 上的直射映射 Ψ 把射影平面 P^2 上的直线 ξ(点 x)映射到射影平面 P'^2 上的直线 ξ'(点 x'),由此导出的直线 ξ 到 ξ' 上(线束 x 到 x' 上)的映射 Φ 是一个一维射影映射. 直线 ξ 到 ξ' 上(线束 x 到 x' 上)的一维射影映射都可由射影平面 P^2 到 P'^2 上的直射映射(不唯一)导出.

证明 设 y,z,u 为直线 ξ 上相异三点,它们在直射映射 Ψ 下的像点分别是直线 ξ' 上的相异三点 y',z',u',又设 v 是射影平面 P^2 上不在直线 ξ 上的任一点,w 为直线 $u \times v$ 上异于 u,v 的任一点,于是 $v'=\Psi(v)$ 和 $w'=\Psi(w)$ 是射影平面 P'^2 上的相异两点,且与 u' 共线,但不在直线 ξ' 上(图 2-2).

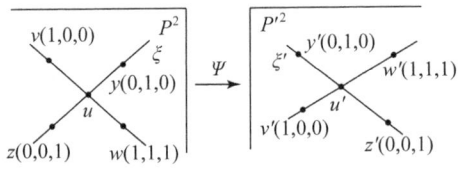

图 2-2

现在把 v,y,z,w 和 v',y',z',w' 分别作为射影平面 P^2 和 P'^2 上的射影坐标系的参考点,令这些参考点的射影坐标分别为

$v(1,0,0), y(0,1,0), z(0,0,1), w(1,1,1); v'(1,0,0), y'(0,1,0), z'(0,0,1), w'(1,1,1)$.

这时直射映射 Ψ 是

$$\rho x'_i = x_i, \quad \rho \neq 0, \ i=1,2,3,$$

即它使得 $(x_1,x_2,x_3) = (\rho x'_1, \rho x'_2, \rho x'_3)$. 若 $x \in \xi$,则 $x_1 = 0$(由于直线 ξ 上点 y,z 的第一个坐

标分量为 0),且 $x' \in \xi'$,亦有 $x_1'=0$ (由于直线 ξ' 上点 y', z' 的第一个坐标分量均为 0). 所以有 $(0, x_2, x_3) = (0, \rho x_2', \rho x_3')$. 因 $(x_2, x_3), (\rho x_2', \rho x_3')$ 分别是点 x, x' 关于直线 ξ, ξ' 上以 y, z, u 三点和 y', z', u' 三点为参考点的坐标系的坐标,且有 $\rho x_2' = x_2, \rho x_3' = x_3$,故 Ψ 导出的直线 ξ 到 ξ' 上的映射 Φ 是一维射影映射:

$$\Phi: \rho x_i' = x_i, \quad \rho \neq 0, i = 2, 3.$$

现在来证明定理的第二部分:设 Φ 是射影平面 P^2 上的直线 ξ 到射影平面 P'^2 上的直线 ξ' 上的一个一维射影映射,y, z, u 是直线 ξ 上的相异三点,它们在直线 ξ' 上的像点分别是 y', z', u'. 在射影平面 P^2 上取不在直线 ξ 上的任一点 v,在直线 $u \times v$ 上任取异于 u, v 的一点 w,在射影平面 P'^2 上取不在直线 ξ' 上的任取一点 v',在直线 $u' \times v'$ 上任取异于 u', v' 的一点 w',则唯一存在一个射影平面 P^2 到 P'^2 上的直射映射(二维射影映射)Ψ,把射影平面 P^2 上无三点共线的四点 v, y, z, w 分别映射到射影平面 P'^2 上无三点共线的四点 v', y', z', w'. 但由于 v, w 和 v', w' 选取的任意性,所以这样的直射映射 Ψ 不是唯一的. 由定理的前一部分证明知,Ψ 导出一个直线 ξ 到 ξ' 的一维射影映射 Φ',它把点 y, z, u 分别映射到点 y', z', u'. 由于三对对应点唯一确定一个一维射影映射,故 $\Phi' = \Phi$. 这就证明了定理的第二部分.

关于 Ψ 导出线束 x 到 x' 的一维射影映射 Φ 的证明,可以对偶地得到.

习 题 2.1

1. 下列变换组成的集合是否构成群?

(1) $\begin{cases} \rho x_1' = ax_1 - bx_2, \\ \rho x_2' = bx_1 + ax_2 \end{cases}$ (a, b 是参数,$a^2 + b^2 \neq 0$);

(2) $\begin{cases} \rho x_1' = x_1 + kx_2, \\ \rho x_2' = x_2 \end{cases}$ (k 是参数);

(3) $\begin{cases} \rho x_1' = ax_1, \\ \rho x_2' = bx_2 \end{cases}$ (a, b 是参数,$ab \neq 0$).

2. 设 **R** 是全体实数组成的集合,举出集合 **R** 上的两个不可交换的变换的例子,再举出两个可以交换的变换的例子.

3. 确定所有实数组成的集合 **R** 上的变换 $\Phi: x = ax + b, a \neq 0$,使得 $\Phi^2 = I$.

4. 设射影映射 Φ 把直线 ξ 上射影坐标为 $(1, 0), (-1, 1), (2, 1)$ 的三个点依次变为直线 ξ' 上射影坐标为 $(0, 1), (1, 2), (4, 1)$ 的三个点,求 Φ 的表达式.

5. 确定满足下列非齐次坐标变换的直线 ξ 到 ξ' 上点的射影映射表达式:

(1) 0, 1, 2 变为 0, 4, 3;   (2) 0, 1, 2 变为 2, 1, 3;   (3) 0, 1, ∞ 变为 1, ∞, 0.

6. 叙述直线 ξ 到 ξ' 上点的射影映射定义的对偶定义.

7. 设直线 ξ 上的一点 $[x]$ 在一个一维射影坐标系下的坐标为 (λ_1, λ_2),试证明:在直线

ξ 上总可以再取一个一维射影坐标系，使得点 $[x]$ 的坐标为 $(\bar{\lambda}_1, \bar{\lambda}_2)$，而且满足关系式

$$\begin{cases} \bar{\lambda}_1 = c_{11}\lambda_1 + c_{12}\lambda_2, \\ \bar{\lambda}_2 = c_{21}\lambda_1 + c_{22}\lambda_2, \end{cases} \begin{vmatrix} c_{11} & c_{12} \\ c_{21} & c_{22} \end{vmatrix} \neq 0 \ (c_{ik}(i,k=1,2) \text{ 为已知数}).$$

8. 求一个直射变换表达式，使得点 $(1,0,1),(0,1,1),(1,1,1),(0,0,1)$ 分别变为点 $(1,0,0),(0,1,0),(0,0,1),(1,1,1)$.

9. 试证：使三个基础点 $(1,0,0),(0,1,0),(0,0,1)$ 与单位点 $(1,1,1)$ 分别变为无三点共线的四点 $P_1(\alpha_1,\alpha_2,\alpha_3), P_2(\beta_1,\beta_2,\beta_3), P_3(\gamma_1,\gamma_2,\gamma_3), P_4(\delta_1,\delta_2,\delta_3)$ 的直射映射有且只有一个.

10. 设直射映射 Ψ 把直线 $\xi[\xi_1,\xi_2,\xi_3]$ 变为直线 $\xi'[\xi'_1,\xi'_2,\xi'_3]$：

$$\begin{cases} \rho\xi'_1 = 2\xi_1 - 3\xi_2 + \xi_3, \\ \rho\xi'_2 = 4\xi_1 + 2\xi_2 - 6\xi_3, \quad (\rho \neq 0), \\ \rho\xi'_3 = \xi_1 + 2\xi_2 + 3\xi_3 \end{cases}$$

求 $\Psi: x \to x'$ 和它的逆映射 $\Psi^{-1}: x' \to x$.

§2.2 交 比

一、交比的概念

我们在讨论一维射影映射中知道，对于射影直线 ξ 上任何相异三点，总能通过射影变换把它映射为直线 ξ 上任意选定的相异三点。所以一直线上的任意三点不可能构成射影变换下的不变量。但是共线的四个相异点，通过射影变换却有保持不变的量，这就是交比。

1. 交比的定义

定义 2.1 设 y,z,u,v 为直线 ξ 上相异四点，则存在不为零的实数 $\lambda_1, \lambda_2, \mu_1, \mu_2$，使得

$$u = \lambda_1 y + \lambda_2 z, \quad v = \mu_1 y + \mu_2 z. \tag{2.1}$$

$\dfrac{\mu_1}{\mu_2}$ 与 $\dfrac{\lambda_1}{\lambda_2}$ 的比 $\dfrac{\mu_1}{\mu_2} : \dfrac{\lambda_1}{\lambda_2}$ 叫做共线四点 y,z,u,v 的**交比**（又叫做**交叉比**、**复比**或**非调和比**），记做 $R(y,z;u,v)$，即

$$R(y,z;u,v) = \dfrac{\mu_1}{\mu_2} : \dfrac{\lambda_1}{\lambda_2} = \dfrac{\mu_1 \lambda_2}{\mu_2 \lambda_1}, \tag{2.2}$$

其中 y 和 z 叫做**基础点对**，u 和 v 叫做**分点对**.

对偶地，设 η,ζ,φ,ψ 为在线束 a 中的相异四直线，则存在不为零的实数 $\lambda_1,\lambda_2,\mu_1,\mu_2$，使得

$$\varphi = \lambda_1 \eta + \lambda_2 \zeta, \quad \psi = \mu_1 \eta + \mu_2 \zeta,$$

那么 $\dfrac{\mu_1}{\mu_2} : \dfrac{\lambda_1}{\lambda_2} = \dfrac{\mu_1 \lambda_2}{\mu_2 \lambda_1}$ 叫做共点四直线 $\eta, \zeta, \varphi, \psi$ 的**交比**.

2. 交比与所取点的代表的关系

在上面的定义中,我们所取的 y, z 和 u, v 都是任意的成员,那么交比与所取的代表是否有关呢?

首先来证明上面定义的交比与点 $[u], [v]$ 所取的代表无关. 我们把点 $[u]$ 的代表 u 换成 $u' = \sigma u$ 时,则 $u' = \lambda_1' y + \lambda_2' z = \sigma u = \sigma \lambda_1 y + \sigma \lambda_2 z$,可知 $\lambda_1' = \sigma \lambda_1, \lambda_2' = \sigma \lambda_2$. 于是
$$\dfrac{\lambda_1'}{\lambda_2'} = \dfrac{\lambda_1}{\lambda_2}.$$

同样,把点 $[v]$ 的代表换成 $v' = \delta v$ 时,则 $v' = \mu_1' y + \mu_2' z = \delta v = \delta \mu_1 y + \delta \mu_2 z$,可知 $\mu_1' = \delta \mu_1, \mu_2' = \delta \mu_2$. 于是
$$\dfrac{\mu_1'}{\mu_2'} = \dfrac{\mu_1}{\mu_2}, \quad \text{所以} \quad \dfrac{\mu_1'}{\mu_2'} : \dfrac{\lambda_1'}{\lambda_2'} = \dfrac{\mu_1}{\mu_2} : \dfrac{\lambda_1}{\lambda_2}.$$

由此得知,四点 $y, z, u = \lambda_1 y + \lambda_2 z, v = \mu_1 y + \mu_2 z$ 的交比与点 $[u], [v]$ 所取的代表无关.

其次来证明交比与点 $[y], [z]$ 所取的代表也无关. 把点 $[y], [z]$ 的代表换成 $\bar{y} = \tau y, \bar{z} = \omega z$ 时,有
$$u = \bar{\lambda}_1 \bar{y} + \bar{\lambda}_2 \bar{z} = \bar{\lambda}_1 \tau y + \bar{\lambda}_2 \omega z = \lambda_1 y + \lambda_2 z,$$
$$v = \bar{\mu}_1 \bar{y} + \bar{\mu}_2 \bar{z} = \bar{\mu}_1 \tau y + \bar{\mu}_2 \omega z = \mu_1 y + \mu_2 z,$$
于是 $\lambda_1 = \bar{\lambda}_1 \tau, \lambda_2 = \bar{\lambda}_2 \omega, \mu_1 = \bar{\mu}_1 \tau, \mu_2 = \bar{\mu}_2 \omega$,所以
$$\dfrac{\bar{\mu}_1}{\bar{\mu}_2} : \dfrac{\bar{\lambda}_1}{\bar{\lambda}_2} = \dfrac{\mu_1}{\mu_2} : \dfrac{\lambda_1}{\lambda_2}.$$

由此得知,四点 $y, z, u = \lambda_1 y + \lambda_2 z, v = \mu_1 y + \mu_2 z$ 的交比也与点 $[y], [z]$ 所取的代表无关. 因此以后在关于交比的问题中取点 x 的代表就不用加"*"了.

3. 交比与所取的射影坐标系的关系

交比与所取的射影坐标系又有无关系呢?要讨论这个问题,只需取不同射影坐标系来观察四点 y, z, u, v 的坐标的变化就行了.

设射影平面 P^2 上任一点 x 在两个射影坐标系 Ω_1, Ω_2 下的坐标分别为 x_i 和 x_i' ($i = 1, 2, 3$),并且有关系
$$\rho x_i' = \sum_{k=1}^{3} a_{ik} x_k, \quad |a_{ik}| \neq 0, \, i = 1, 2, 3.$$

若 y, z, u, v 四点在这两个坐标系下的坐标分别为 y_i 与 y_i', z_i 与 z_i', u_i 与 u_i', v_i 与 v_i' ($i = 1, 2, 3$),并且设在坐标系 Ω_1 下 $u = \lambda_1 y + \lambda_2 z, v = \mu_1 y + \mu_2 z$,即 y, z, u, v 四点在坐标系 Ω_1 下的交

比为 $\frac{\mu_1 \lambda_2}{\mu_2 \lambda_1}$,则有

$$\rho_1 y'_i = \sum_{k=1}^{3} a_{ik} y_k, \quad \rho_2 z'_i = \sum_{k=1}^{3} a_{ik} z_k,$$

$$\rho_3 u'_i = \sum_{k=1}^{3} a_{ik} u_k = \sum_{k=1}^{3} a_{ik}(\lambda_1 y_k + \lambda_2 z_k)$$

$$= \lambda_1 \sum_{k=1}^{3} a_{ik} y_k + \lambda_2 \sum_{k=1}^{3} a_{ik} z_k = \lambda_1 \rho_1 y'_i + \lambda_2 \rho_2 z'_i,$$

$$\rho_4 v'_i = \sum_{k=1}^{3} a_{ik} v_k = \sum_{k=1}^{3} a_{ik}(\mu_1 y_k + \mu_2 z_k)$$

$$= \mu_1 \sum_{k=1}^{3} a_{ik} y_k + \mu_2 \sum_{k=1}^{3} a_{ik} z_k = \mu_1 \rho_1 y'_i + \mu_2 \rho_2 z'_i.$$

因此,y,z,u,v 四点在坐标系 Ω_2 下分别为 $y',z',u' = \lambda_1 \frac{\rho_1}{\rho_3} y' + \lambda_2 \frac{\rho_2}{\rho_3} z',\ v' = \mu_1 \frac{\rho_1}{\rho_4} y' + \mu_2 \frac{\rho_2}{\rho_4} z'$,故它们的交比也是

$$\left(\mu_1 \frac{\rho_1}{\rho_4} \middle/ \mu_2 \frac{\rho_2}{\rho_4} \right) : \left(\lambda_1 \frac{\rho_1}{\rho_3} \middle/ \lambda_2 \frac{\rho_2}{\rho_3} \right) = \frac{\mu_1 \lambda_2}{\mu_2 \lambda_1}.$$

所以交比与所取的射影坐标系也无关.

我们在上面定义的共线四点的交比,既与点所选取的代表无关,又与点所放置的射影坐标系无关,这就说明它只与这四个点在直线上的相互位置有关,因此它是具有几何意义的量.

二、配景定理

定理 2.1(配景定理) 如果一条不过线束中心 a 的直线 ξ 与线束中的相异直线 $\eta,\zeta,\varphi,\psi,\cdots$ 分别交于点 $y,z,u,v,\cdots$(图 2-3),那么对于其中任意四条直线 η,ζ,φ,ψ 与其对应的交点 y,z,u,v,有

$$R(y,z;u,v) = R(\eta,\zeta;\varphi,\psi).$$

证明 由于相异四点 y,z,u,v 共线 ξ,故可令 $u = \lambda_1 y + \lambda_2 z, v = \mu_1 y + \mu_2 z$(实数 $\lambda_1, \lambda_2, \mu_1, \mu_2$ 均不为零).根据交比定义有

$$R(y,z;u,v) = \frac{\mu_1 \lambda_2}{\mu_2 \lambda_1}.$$

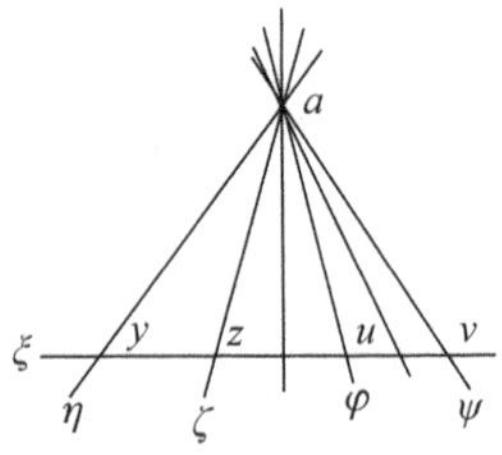

图 2-3

由于 $\eta = a \times y, \zeta = a \times z$,因此

$$\varphi = a \times u = a \times (\lambda_1 y + \lambda_2 z) = \lambda_1 (a \times y) + \lambda_2 (a \times z) = \lambda_1 \eta + \lambda_2 \zeta,$$

$$\psi = a \times v = a \times (\mu_1 y + \mu_2 z) = \mu_1 (a \times y) + \mu_2 (a \times z) = \mu_1 \eta + \mu_2 \zeta,$$

从而由交比定义得
$$R(\eta,\zeta;\varphi,\psi) = \frac{\mu_1\lambda_2}{\mu_2\lambda_1}.$$
故
$$R(y,z;u,v) = R(\eta,\zeta;\varphi,\psi).$$

这里点列 $\xi(y,z,u,v,\cdots)$ 与线束 $a(\eta,\zeta,\varphi,\psi,\cdots)$ 的对应关系叫做**成配景对应**,也叫做**异素透视对应**,记为
$$\xi(y,z,u,v,\cdots) \overline{\wedge} a(\eta,\zeta,\varphi,\psi,\cdots).$$
故上述定理可叙述为:成配景对应的点列与线束的交比相等.

三、交比的性质

在直线 ξ 上给定相异四点 y,z,u,v,当四点的相互位置变动时,相应的交比值也会发生改变.现在就来讨论这种变化的规律.

设共线的相异四点为 $y,z,u=\lambda_1 y+\lambda_2 z,v=\mu_1 y+\mu_2 z$,其交比为
$$R(y,z;u,v) = \frac{\mu_1}{\mu_2} : \frac{\lambda_1}{\lambda_2} = \frac{\mu_1\lambda_2}{\mu_2\lambda_1} \triangleq \alpha. \tag{2.3}$$

(1) 两对点同时对换:

若四点为 $z,y,v=\mu_2 z+\mu_1 y,u=\lambda_2 z+\lambda_1 y$,则
$$R(z,y;v,u) = \frac{\lambda_2}{\lambda_1} : \frac{\mu_2}{\mu_1} = \frac{\mu_1\lambda_2}{\mu_2\lambda_1} = \alpha. \tag{2.4}$$

若四点为 $u=\lambda_1 y+\lambda_2 z,v=\mu_1 y+\mu_2 z,y,z$,由前两式解出 y,z,得
$$y = \frac{\mu_2}{\Delta}u - \frac{\lambda_2}{\Delta}v, \quad z = \frac{-\mu_1}{\Delta}u + \frac{\lambda_1}{\Delta}v,$$
其中的 $\Delta = \lambda_1\mu_2 - \lambda_2\mu_1$(因 u,v 相异,故 $\Delta \neq 0$),于是
$$R(u,v;y,z) = \left(\frac{-\mu_1}{\Delta} \bigg/ \frac{\lambda_1}{\Delta}\right) : \left(\frac{\mu_2}{\Delta} \bigg/ \left(-\frac{\lambda_2}{\Delta}\right)\right) = \frac{\mu_1\lambda_2}{\mu_2\lambda_1} = \alpha. \tag{2.5}$$

所以,把两对点同时对换,其交比不变.

(2) 前后两对点中的一对点对换:

若四点为 $z,y,u=\lambda_2 z+\lambda_1 y,v=\mu_2 z+\mu_1 y$,则
$$R(y,z;v,u) = \frac{\lambda_1}{\lambda_2} : \frac{\mu_1}{\mu_2} = \frac{\lambda_1\mu_2}{\lambda_2\mu_1} = \frac{1}{\alpha}. \tag{2.6}$$

若四点为 $y,z,v=\mu_1 y+\mu_2 z,u=\lambda_1 y+\lambda_2 z$,则
$$R(y,z;v,u) = \frac{\lambda_1}{\lambda_2} : \frac{\mu_1}{\mu_2} = \frac{\lambda_1\mu_2}{\lambda_2\mu_1} = \frac{1}{\alpha}. \tag{2.7}$$

所以,把前后两对点中的一对点对换,其交比变为原来交比的倒数.

第二章 射影变换

(3) 中间或两边两点对换：

若四点为 $y, u=\lambda_1 y+\lambda_2 z, z, v=\mu_1 y+\mu_2 z$，可知

$$z=\frac{-\lambda_1}{\lambda_2}y+\frac{1}{\lambda_2}u, \quad v=\mu_1 y+\mu_2\left(\frac{-\lambda_1}{\lambda_2}y+\frac{1}{\lambda_2}u\right)=\frac{\lambda_2\mu_1-\lambda_1\mu_2}{\lambda_2}y+\frac{\mu_2}{\lambda_2}u,$$

于是

$$R(y,u;z,v)=\left(\frac{\lambda_2\mu_1-\lambda_1\mu_2}{\lambda_2}\bigg/\frac{\mu_2}{\lambda_2}\right):\left(\frac{-\lambda_1}{\lambda_2}\bigg/\frac{1}{\lambda_2}\right)$$

$$=\frac{\lambda_2\mu_1-\lambda_1\mu_2}{\mu_2}:\frac{-\lambda_1}{1}=\frac{\lambda_1\mu_2-\lambda_2\mu_1}{\lambda_1\mu_2}$$

$$=1-\frac{\lambda_2\mu_1}{\lambda_1\mu_2}=1-\alpha. \tag{2.8}$$

若四点为 $v=\mu_1 y+\mu_2 z, z, u=\lambda_1 y+\lambda_2 z, y$，也可得交比 $R(v,z;u,y)=1-\alpha$。
所以，把中间或两边两点对换，其交比为 $1-\alpha$。

综合以上所述，在直线上四个相异点有 $4!=24$ 种不同的排列，于是有

(1) $R(y,z;u,v)=R(u,v;y,z)=R(z,y;v,u)=R(v,u;z,y)=\alpha$;

(2) $R(y,z;v,u)=R(v,u;y,z)=R(z,y;u,v)=R(u,v;z,y)=\dfrac{1}{\alpha}$;

(3) $R(y,u;z,v)=R(z,v;y,u)=R(u,y;v,z)=R(v,z;u,y)=1-\alpha$;

(4) $R(y,u;v,z)=R(v,z;y,u)=R(u,y;z,v)=R(z,v;u,y)=\dfrac{1}{1-\alpha}$;

(5) $R(y,v;z,u)=R(z,u;y,v)=R(v,y;u,z)=R(u,z;v,y)=1-\dfrac{1}{\alpha}$;

(6) $R(y,v;u,z)=R(u,z;y,v)=R(v,y;z,u)=R(z,u;v,y)=\dfrac{\alpha}{\alpha-1}$。

上面六组交比值在一般情况下是互不相等的，但在特殊情况下也可能相等。现在来分析出现交比值相等的各种情况：

(1) 如果 $\alpha=\dfrac{1}{\alpha}$，那么 $\alpha=\pm 1$；

(2) 如果 $\alpha=1-\alpha$，那么 $\alpha=\dfrac{1}{2}$；

(3) 如果 $\alpha=\dfrac{1}{1-\alpha}$，那么 $\alpha^2-\alpha+1=0$；

(4) 如果 $\alpha=\dfrac{\alpha-1}{\alpha}$，那么 $\alpha^2-\alpha+1=0$；

(5) 如果 $\alpha=\dfrac{\alpha}{\alpha-1}$，那么 $\alpha^2-2\alpha=0$。

上面五种情况又可归并为以下三种情况：

(1) $\alpha=1$，这时六组交比值分别是 $1,1,0,\infty,0,\infty$；
    $\alpha=0$，这时六组交比值分别是 $0,\infty,1,1,0,\infty$.

(2) $\alpha=-1$，这时六组交比值分别是 $-1,-1,2,\frac{1}{2},2,\frac{1}{2}$；
    $\alpha=\frac{1}{2}$，这时六组交比值分别是 $\frac{1}{2},2,\frac{1}{2},2,-1,-1$；
    $\alpha=2$，这时六组交比值分别是 $2,\frac{1}{2},-1,-1,\frac{1}{2},2$.

(3) $\alpha^2-\alpha+1=0$，则 $\alpha=\frac{1\pm i\sqrt{3}}{2}$，这时六组交比值含有虚数．由于我们只讨论直线上的实点，对这种情况就不进行讨论了．因此在只讨论直线上的实点时，只有在前面两种情况下才有可能使得六组交比值出现等值结果．

对偶地，对于线束中相异四直线也有类似的性质．

四、交比与一维射影坐标

1. 共线相异四点的交比与一维射影坐标的关系

在直线 ξ 上取相异的三点 y,z,u 作为一个一维射影坐标系的参考点，并取定代表为 y,z,u，使得 $u=y+z$，则对于直线 ξ 上任一其他点 v 在这个坐标系下的坐标 (λ_1,λ_2)，应有
$$v=\lambda_1 y+\lambda_2 z.$$
这样一来，直线 ξ 上四点 $y,z,u=y+z,v=\lambda_1 y+\lambda_2 z$ 的交比为
$$R(y,z;u,v)=\frac{\lambda_1}{\lambda_2}:\frac{1}{1}=\frac{\lambda_1}{\lambda_2}. \tag{2.9}$$
这个交比值就是以 y,z,u 为参考点的一维射影坐标系下点 v 的非齐次坐标．由于点 v 的非齐次坐标是唯一的，而相异四点的交比 $R(y,z;u,v)$ 也是唯一的，因此可以用点 v 的坐标来表示交比；反之，也可以用交比来表示点的非齐次坐标．

2. 直线上有两点相重合时四点的交比

前面所说的交比都是指共线相异四点的交比．由于直线上所有点都有确定它的坐标，因此利用交比与坐标之间的对应关系，可以对直线上有两点相重合的四点的交比做出规定：

(1) 由于点 u 的坐标是 $(1,1)$，即 $u=y+z$，所以规定
$$R(y,z;u,u)=\frac{1}{1}=1.$$
根据交比的性质应有 $R(y,z;u,u)=R(u,u;y,z)$，再把字母进行改换，则有
$$R(y,y;u,v)=R(u,v;y,y)=1. \tag{2.10}$$

于是对共线四点中,若第一点与第二点重合,或者第三点与第四点重合,则这四点的交比规定为 1.

(2) 由于点 y 的坐标是 $(1,0)$,即 $y=y+0z$,所以规定

$$R(y,z;u,y) = R(u,y;y,z) = \frac{1}{0} = \infty. \tag{2.11}$$

于是对共线四点中,若第一点与第四点重合,或者第二点与第三点重合,则这四点的交比规定为 ∞.

(3) 由于点 z 的坐标是 $(0,1)$,即 $z=0y+z$,所以规定

$$R(y,z;u,z) = R(z,y;z,u) = \frac{0}{1} = 0. \tag{2.12}$$

于是对共线四点中,若第二点与第四点重合,或者第一点与第三点重合,则这四点的交比规定为 0.

3. 交比的坐标表达式

前面我们讲到可以用点的坐标来表示交比,那是指当取其中三点 y,z,u 为一维射影坐标系的参数点,且第四点 v 的坐标是 (λ_1,λ_2) 时,就有 $R(y,z;u,v)=\dfrac{\lambda_1}{\lambda_2}$.

现在来讨论在一般的射影坐标系下四点 y,z,u,v 的交比. 设直线 ξ 上有一个射影坐标系,直线 ξ 上的四点 y,z,u,v 在这个坐标系下的坐标分别是 $y(y_1,y_2), z(z_1,z_2), u(u_1,u_2), v(v_1,v_2)$,我们来求 $R(y,z;u,v)$.

设给定的这个坐标系的基础点为 $[p],[q]$,它们的代表取为 p,q,则有

$$y = y_1 p + y_2 q, \quad z = z_1 p + z_2 q, \quad u = u_1 p + u_2 q, \quad v = v_1 p + v_2 q. \tag{2.13}$$

若 $y \sim z$,由 (2.10) 式知 $R(y,z;u,v)=1$,问题就解决了,所以设 $y \not\sim z$. 于是从 (2.13) 中的前两式解得

$$p = \frac{z_2}{\delta}y - \frac{y_2}{\delta}z, \quad q = \frac{-z_1}{\delta}y + \frac{y_1}{\delta}z, \tag{2.14}$$

其中 $\delta = \begin{vmatrix} y_1 & y_2 \\ z_1 & z_2 \end{vmatrix} \neq 0$,从而

$$u = u_1 p + u_2 q = u_1 \left(\frac{z_2}{\delta}y - \frac{y_2}{\delta}z\right) + u_2 \left(\frac{-z_1}{\delta}y + \frac{y_1}{\delta}z\right)$$

$$= \frac{1}{\delta}(u_1 z_2 - u_2 z_1)y + \frac{1}{\delta}(-u_1 y_2 + u_2 y_1)z$$

$$= \frac{-1}{\delta}\begin{vmatrix} z_1 & z_2 \\ u_1 & u_2 \end{vmatrix}y + \frac{1}{\delta}\begin{vmatrix} y_1 & y_2 \\ u_1 & u_2 \end{vmatrix}z.$$

同理可得

$$v = \frac{-1}{\delta}\begin{vmatrix} z_1 & z_2 \\ v_1 & v_2 \end{vmatrix} y + \frac{1}{\delta}\begin{vmatrix} y_1 & y_2 \\ v_1 & v_2 \end{vmatrix} z.$$

根据交比的定义,有

$$R(y,z;u,v) = \frac{\dfrac{-1}{\delta}\begin{vmatrix} z_1 & z_2 \\ v_1 & v_2 \end{vmatrix}}{\dfrac{1}{\delta}\begin{vmatrix} y_1 & y_2 \\ v_1 & v_2 \end{vmatrix}} : \frac{\dfrac{-1}{\delta}\begin{vmatrix} z_1 & z_2 \\ u_1 & u_2 \end{vmatrix}}{\dfrac{1}{\delta}\begin{vmatrix} y_1 & y_2 \\ u_1 & u_2 \end{vmatrix}} = \frac{\begin{vmatrix} y_1 & y_2 \\ u_1 & u_2 \end{vmatrix} \cdot \begin{vmatrix} z_1 & z_2 \\ v_1 & v_2 \end{vmatrix}}{\begin{vmatrix} z_1 & z_2 \\ u_1 & u_2 \end{vmatrix} \cdot \begin{vmatrix} y_1 & y_2 \\ v_1 & v_2 \end{vmatrix}}, \tag{2.15}$$

可简写成

$$R(y,z;u,v) = \frac{|y,u| \cdot |z,v|}{|z,u| \cdot |y,v|}. \tag{2.16}$$

如果用 $\bar{x} = \dfrac{x_1}{x_2}$ 表示点 x 的非齐次坐标,那么(2.16)式可以写成

$$R(y,z;u,v) = \frac{(\bar{u}-\bar{y})(\bar{v}-\bar{z})}{(\bar{u}-\bar{z})(\bar{v}-\bar{y})}. \tag{2.17}$$

这样一来,我们引入的交比就可用笛卡儿直角坐标和有向线段来解释. 例如,用 $\overline{yu}$ 表示从点 y 到点 u 的有向线段,则 $\overline{yu} = \bar{u} - \bar{y}$,这里 $\bar{y}, \bar{u}$ 是直线上点 y, u 在笛卡儿直角坐标系下的坐标,于是可得

$$R(y,z;u,v) = \frac{\overline{yu} \cdot \overline{zv}}{\overline{zu} \cdot \overline{yv}}, \tag{2.18}$$

从而可以推得:在欧氏平面里,共点 a 的四条直线 $\eta, \zeta, \varphi, \psi$ 的交比为

$$R(\eta,\zeta;\varphi,\psi) = \frac{\sin(\eta,\varphi) \cdot \sin(\zeta,\psi)}{\sin(\zeta,\varphi) \cdot \sin(\eta,\psi)}, \tag{2.19}$$

这里 (η,φ) 表示以点 a 为顶点,η 为始边,φ 为终边的有向角,其余类推. 这个结论的证明留给读者作为练习.

五、交比与射影映射

在本节的开始我们提出交比是射影映射下的不变量,现在来证明这一结论.

定理 2.2 直线 ξ 到 ξ' 上的一一映射是射影映射的充分必要条件是它保持对应点的交比不变.

证明 必要性 设直线 ξ 上的相异四点为 $y, z, u = \lambda_1 y + \lambda_2 z, v = \mu_1 y + \mu_2 z$,则其交比为

$$R(y,z;u,v) = \frac{\lambda_2 \mu_1}{\lambda_1 \mu_2}.$$

又设直线 ξ 到 ξ' 上的射影映射 Φ 把直线 ξ 上相异的点 y, z, u, v 分别变为直线 ξ' 上相异的点

y', z', u', v'，即

$$y' = y\Phi, \quad z' = z\Phi, \quad u' = u\Phi, \quad v' = v\Phi,$$

则
$$u' = u\Phi = (\lambda_1 y + \lambda_2 z)\Phi = \lambda_1 y\Phi + \lambda_2 z\Phi = \lambda_1 y' + \lambda_2 z'.$$

同理可得 $v' = \mu_1 y' + \mu_2 z'$. 所以

$$R(y', z'; u', v') = \frac{\lambda_2 \mu_1}{\lambda_1 \mu_2} = R(y, z; u, v).$$

充分性 设给定的一一映射 Φ 使直线 ξ 上的相异三点 y, z, u 对应于直线 ξ' 上的相异三点 y', z', u'，因而在直线 ξ 与 ξ' 上可分别取 y, z, u 与 y', z', u' 为参考点建立一维射影坐标系，即取它们的坐标分别为

$$y(1,0), \ z(0,1), \ u(1,1); \quad y'(1,0), \ z'(0,1), \ u'(1,1).$$

又设直线 ξ 上其他任一点 v 的坐标为 (λ_1, λ_2)，它的对应点 v' 的坐标为 (λ_1', λ_2')，则有

$$u = y + z, \quad v = \lambda_1 y + \lambda_2 z, \quad u' = y' + z', \quad v' = \lambda_1' y' + \lambda_2' z',$$

其中 $\lambda_1, \lambda_2, \lambda_1', \lambda_2'$ 均不为零. 于是得

$$R(y, z; u, v) = \frac{\lambda_1}{\lambda_2}, \quad R(y', z'; u', v') = \frac{\lambda_1'}{\lambda_2'}.$$

已知 $R(y, z; u, v) = R(y', z'; u', v')$，故有 $\dfrac{\lambda_1}{\lambda_2} = \dfrac{\lambda_1'}{\lambda_2'}$ 即 $\dfrac{\lambda_1}{\lambda_1'} = \dfrac{\lambda_2}{\lambda_2'} = \tau$ $(\tau \neq 0)$，即

$$\begin{cases} \tau \lambda_1' = \lambda_1, \\ \tau \lambda_2' = \lambda_2. \end{cases}$$

所以，Φ 是一维射影映射.

这一定理首先由瑞士数学家 Steiner 提出来，后来德国几何学家 Von Staudt 发现定理中的条件太强了，他指出："保持调和点列"（调和点列的概念见后面）的一一映射为一维射影映射的充分必要条件. 这个结论以后要用到，但它的证明在这里就不介绍了.

六、用交比解释的几个概念

1. 调和共轭点对和调和共轭直线对

定义 2.2 若直线 ξ 上相异四点 $y, z, u = \lambda_1 y + \lambda_2 z, v = \mu_1 y + \mu_2 z$ 的交比为

$$R(y, z; u, v) = \frac{\lambda_2 \mu_1}{\lambda_1 \mu_2} = -1, \tag{2.20}$$

则把这样的共线四点叫做**调和点列**或**调和点集**，其中称点 v 是点 y, z, u 的**第四调和点**，或者称点 v 是点 u 关于点 y, z 的**调和共轭点**；称点对 u, v 为点对 y, z 的**调和共轭点对**，或者称点对 u, v **调和分隔**点对 y, z.

由于从 $R(y, z; u, v) = -1$ 可导出 $R(u, v; y, z) = -1$，所以点对 u, v 调和分隔点对 y, z

时,点对 y,z 也调和分隔点对 u,v. 因此可以说点对 u,v 和点 y,z 对互为调和共轭点对.

当 $R(y,z;u,v)=\alpha=-1$ 时,由于 y,z,u,v 四个点的排列不同,还有交比为 $1-\alpha=2$, $\frac{\alpha-1}{\alpha}=2, \frac{1}{1-\alpha}=\frac{1}{2}, \frac{\alpha}{\alpha-1}=\frac{1}{2}$ 的情况,所以,当四个点的交比等于 2 或 $\frac{1}{2}$ 时,只要适当安排四点的顺序,可使其中两点调和分隔其余两点.

对偶地,当共点的相异四直线 $\eta,\zeta,\varphi=\lambda_1\eta+\lambda_2\zeta,\psi=\mu_1\eta+\mu_2\zeta$ 的交比为

$$R(\eta,\zeta;\varphi,\psi)=\frac{\mu_1\lambda_2}{\mu_2\lambda_1}=-1 \tag{2.21}$$

时,这四条直线叫做**调和线束**或**调和直线集**,其中直线 ψ 叫做 η,ζ,φ 的**第四调和直线**;直线对 φ,ψ 叫做直线对 η,ζ 的**调和共轭直线对**,或者说直线对 φ,ψ 调和分隔直线对 η,ζ.

调和点列和调和线束统称为射影平面上的**调和形**.

2. 分隔和区间

我们知道射影直线是封闭的,对于它上面的相异三点,不可能断定哪个点在其余两点之间,所以"……在……之间"这个术语对于射影直线没有意义. 要建立射影直线上点的顺序关系,必须做出新的解释. 为此,先来证明一个关于交比的公式:设 y,z,u,v,w 是直线 ξ 上的相异五点,那么有

$$R(y,z;u,v) \cdot R(y,z;v,w) = R(y,z;u,w). \tag{2.22}$$

事实上,它的证明只要应用交比的坐标表达式即得:

$$R(y,z;u,v) \cdot R(y,z;v,w) = \frac{|y,u| \cdot |z,v|}{|z,u| \cdot |y,v|} \cdot \frac{|y,v| \cdot |z,w|}{|z,v| \cdot |y,w|} = \frac{|y,u| \cdot |z,w|}{|z,u| \cdot |y,w|} = R(y,z;u,w).$$

现在可以这样来规定直线 ξ 上两个不同的点 y,z 把该直线上其余的点所分成的两个区间(每个区间都不包含点 y,z):

设 u,v 是直线 ξ 上的两个异于 y,z 的点,规定:

(1) 当 $R(y,z;u,v)<0$ 时,u 和 v 属于不同的区间(图 2-4(a)),并且 y,z 和 u,v 称为**分隔点对**,记做 $y,z \div u,v$.

(2) 当 $R(y,z;u,v)>0$ 时,u 和 v 属于同一区间(图 2-4(b)),并且 y,z 和 u,v 称为**不分隔点对**,记做 $y,z \dot{-} u,v$.

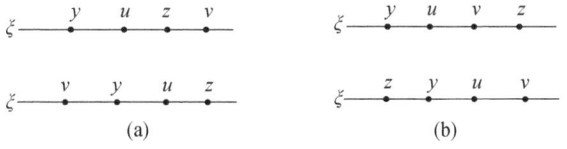

图 2-4

根据上述规定,因为 u,v 都不同于 y,z,故交比 $R(y,z;u,v)$ 不可能为零或无穷大,可知

必有一个确定的符号：或是正，或是负，必居其一，因而 y,z 或是分隔 u,v，或是不分隔 u,v，这两者必有而且只有一种关系．

这样规定的区间具有如下**性质**：

(1) 反身性：由于 $R(y,z;u,u)=1>0$，所以 u 和 u 自身是属于同一个区间．

(2) 对称性：若 $R(y,z;u,v)>0$，则

$$R(y,z;v,u) = \frac{1}{R(y,z;u,v)} > 0.$$

所以，若点 u 和 v 属于同一区间，则点 v 和 u 也属于同一区间．

(3) 传递性：若 $R(y,z;u,v)>0, R(y,z;v,w)>0$，则由公式(2.22)知，$R(y,z;u,w)>0$．所以，若点 u 和 v 属于同一个区间，点 v 和 w 属于同一个区间，则点 u 和 w 也属于同一个区间．

在直线 ξ 上取相异三点 y,z,u 作为坐标系的参考点，那么由性质(1),(2)可以推知，在包含着点 u 的那个区间的所有点 v，使得 $R(y,z;u,v)>0$；而在另一个区间的所有点 v，使得 $R(y,z;u,v)<0$．也就是说，坐标系的基础点 y,z 把直线 ξ 上所有其余的点分为两个区间，在包含着单位点 u 的那个区间里，所有点的非齐次坐标都是正数；而在另一个区间里，所有点的非齐次坐标都是负数．

"分隔"这个概念是用交比来定义的，而交比在射影映射下是不变的，所以"分隔"也具有射影不变性，它的作用是可以刻画出射影直线上点的顺序关系．

对偶地，容易给出线束中相互分隔的直线对的定义，这方面的工作建议读者自己完成．

例 1 证明 $x(1,4,1),y(0,1,1),z(2,3,-3)$ 三点共线，并求点 w，使得 $R(x,y;z,w)=-4$．

解 因 $\begin{vmatrix} 1 & 4 & 1 \\ 0 & 1 & 1 \\ 2 & 3 & -3 \end{vmatrix} = 0$，故 x,y,z 三点共线．

令 $z=\lambda_1 x+\lambda_2 y$，则

$$(2,3,-3) = \lambda_1(1,4,1)+\lambda_2(0,1,1), \quad 求得 \quad \lambda_1=2, \quad \lambda_2=-5.$$

再令 $w=\mu_1 x+\mu_2 y$，可知

$$R(x,y;z,w) = \frac{\mu_1 \lambda_2}{\mu_2 \lambda_1} = -4,$$

于是

$$\frac{\mu_1 \cdot (-5)}{\mu_2 \cdot 2} = -4, \quad 即 \quad \frac{\mu_1}{\mu_2} = \frac{8}{5}.$$

令 $\mu_1=8, \mu_2=5$，并设点 w 的绝对坐标为 (x_1,x_2,x_3)，则有

$$(x_1,x_2,x_3) = 8(1,4,1)+5(0,1,1) = (8,37,13).$$

由此得出 $w=(8,37,13)$．

§2.2 交比

例2 证明：若共线相异四点 $p_i(i=1,2,3,4)$ 的非齐次坐标为 $x_i(i=1,2,3,4)$，则 p_1,p_2,p_3,p_4 为调和共轭点列的充分必要条件是 $(x_1+x_2)(x_3+x_4)=2(x_1x_2+x_3x_4)$.

证明 必要性 由 p_1,p_2,p_3,p_4 为调和共轭点列知 $R(p_1,p_2;p_3,p_4)=-1$，因而

$$R(p_1,p_2;p_3,p_4)=\frac{\overline{p_1p_3}\cdot\overline{p_2p_4}}{\overline{p_2p_3}\cdot\overline{p_1p_4}}=\frac{(x_3-x_1)(x_4-x_2)}{(x_3-x_2)(x_4-x_1)}=-1,$$

即
$$(x_3-x_1)(x_4-x_2)+(x_3-x_2)(x_4-x_1)=0.$$

将上式展开并整理得 $(x_1+x_2)(x_3+x_4)=2(x_1x_2+x_3x_4)$.

充分性 可以由必要性的证明从后往前逆推得到.

例3 设 M 是已知圆内定弦 PQ 的中点(图2-5)，过点 M 作两条任意弦 AB 和 CD. 若弦 AD 和 BC 分别交弦 PQ 于点 T 和 S，求证：$MS=MT$.

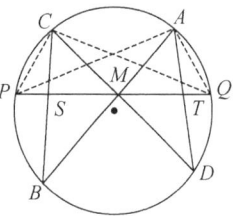

图 2-5

证明 连接 PA,PC,QA,QC，则

$$R(P,T;M,Q)=R(AP,AT;AM,AQ)=\frac{\sin\angle PAB\cdot\sin\angle DAQ}{\sin\angle DAB\cdot\sin\angle PAQ},$$

$$R(P,M;S,Q)=R(CP,CM;CS,CQ)=\frac{\sin\angle PCB\cdot\sin\angle DCQ}{\sin\angle DCB\cdot\sin\angle PCQ}.$$

由于 $\angle PAB=\angle PCB,\angle DAQ=\angle DCQ,\angle DAB=\angle DCB,\angle PAQ=\angle PCQ$，因此这些等式中角的正弦函数值对应相等，从而

$$R(P,T;M,Q)=R(P,M;S,Q),$$

即 $\dfrac{\overline{PM}\cdot\overline{TQ}}{\overline{TM}\cdot\overline{PQ}}=\dfrac{\overline{PS}\cdot\overline{MQ}}{\overline{MS}\cdot\overline{PQ}}$. 因为 $\overline{PM}=\overline{MQ}$，可知 $\dfrac{\overline{TQ}}{\overline{TM}}=\dfrac{\overline{PS}}{\overline{MS}}$. 而

$$\overline{TQ}=\overline{TM}+\overline{MQ},\quad \overline{PS}=\overline{PM}+\overline{MS},$$

代入上式便得

$$\frac{\overline{TM}+\overline{MQ}}{\overline{TM}}=\frac{\overline{PM}+\overline{MS}}{\overline{MS}},\quad 即\quad \frac{\overline{MQ}}{\overline{TM}}=\frac{\overline{PM}}{\overline{MS}}.$$

由于 $\overline{MQ}=\overline{PM}$，所以 $\overline{TM}=\overline{MS}$，即 $TM=MS$.

习 题 2.2

1. 证明 $a(2,1,-1),b(1,-1,1),c(1,0,0),d(1,5,-5)$ 四点共线，并求交比 $R(a,b;c,d)$ 及这四点的交比的其他可能值.

2. 设直线 ξ 上三点 y,z,u 的齐次射影坐标分别为 $y(2,1),z(1,2),u(-1,1)$，求直线 ξ 上点 v 的坐标，使得 $R(y,z;u,v)=2$.

3. 已知直线 ξ 上四点 x,y,z,w 的非齐次射影坐标分别为 $x(0),y(5),z(2),w(3)$，试求这四点交比的所有可能值.

4. 试证：欧氏平面上共点的四相异直线 η,ζ,φ,ψ 的交比为

$$R(\eta,\zeta;\varphi,\psi) = \frac{\sin(\eta,\varphi)\cdot\sin(\zeta,\varphi)}{\sin(\zeta,\psi)\cdot\sin(\eta,\psi)}.$$

5. 试证：$y+\lambda z$ 关于 y,z 的调和共轭点是 $y-\lambda z$.

6. 判断下列点对哪些是分隔的？哪些是不分隔的？

(1) $(1,0),(0,1)$ 和 $(1,1),(1,2)$；

(2) $(1,0),(0,1)$ 和 $(3,2),(2,-5)$；

(3) $(3,2),(2,4)$ 和 $(-1,1),(1,3)$；

(4) $(3,1),(1,2)$ 和 $(2,1),(0,1)$.

7. 设 $R(A,B;C,D)=-1$，试证：$\dfrac{1}{CD}=\dfrac{1}{2}\left(\dfrac{1}{CA}+\dfrac{1}{CB}\right)$.

§2.3 透视映射

透视映射是一种很简单但又是最基本的射影映射，一般的非透视的射影映射都可以用透视映射来表示.

一、透视映射的定义

定义 3.1 设 Φ 是射影平面 P^2 上直线 ξ 到 ξ' 上的一个映射. 若 Φ 下的每一对对应点的连线过不在直线 ξ 与 ξ' 上的一个定点 a（图 2-6），则这样的映射 Φ 叫做以 a 为中心的直线 ξ 到 ξ' 上的**透视映射**（简称**透视**），其中点 a 叫做**透视中心**. 这时以直线 ξ 和 ξ' 为底的两个点列 $\xi(y)$ 和 $\xi'(y')$ 叫做**透视点列**，记做

$$\xi(y)\overset{a}{\barwedge}\xi'(y') \tag{3.1}$$

或

$$\xi(y,z,u,\cdots)\overset{a}{\barwedge}\xi'(y',z',u',\cdots). \tag{3.2}$$

以后在不要求指明中心时，可将(3.1)式简记为 $\xi(y)\barwedge\xi'(y')$.

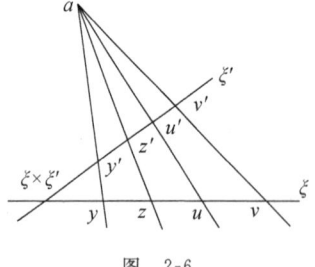

图 2-6

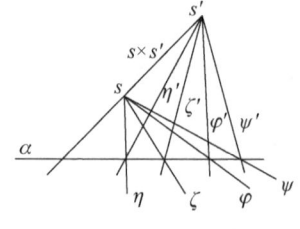

图 2-7

对偶地,可以定义射影平面 P^2 上线束 s 到 s' 的透视映射如下:

定义 3.2 设 Φ 是射影平面 P^2 上线束 s 到 s' 的一个映射.若在 Φ 下的每一对对应直线的交点在一条不过点 s 和 s' 的直线 a 上(图 2-7),则这样的映射 Φ 叫做以 a 为轴的线束 s 到 s' 上的**透视映射**,其中直线 a 叫做**透视轴**.这时线束 $s(\eta)$ 和 $s'(\eta')$ 叫做**透视线束**,记做

$$s(\eta) \stackrel{a}{\barwedge} s'(\eta') \tag{3.3}$$

或

$$s(\eta, \zeta, \varphi, \cdots) \stackrel{a}{\barwedge} s'(\eta', \zeta', \varphi', \cdots). \tag{3.4}$$

从透视映射的定义,可以得出如下结论:

结论 1 透视映射的逆映射也是透视映射,即:若 $\Phi: \xi(y, z, u, \cdots) \stackrel{a}{\barwedge} \xi'(y', z', u', \cdots)$,则

$$\Phi^{-1}: \xi'(y', z', u', \cdots) \stackrel{a}{\barwedge} \xi(y, z, u, \cdots).$$

结论 2 透视映射保持交比不变,即:若 $\Phi: \xi(y, z, u, v, \cdots) \stackrel{a}{\barwedge} \xi'(y', z', u', v', \cdots)$,则

$$R(y, z; u, v) = R(y', z'; u', v').$$

事实上,设 $\eta = y \times y'$, $\zeta = z \times z'$, $\varphi = u \times u'$, $\psi = v \times v'$,则

$$R(y, z; u, v) = R(\eta, \zeta; \varphi, \psi) = R(y', z'; u', v').$$

于是可以得到下面的结论:

结论 3 透视映射是射影映射,即:若 $\Phi: \xi(y, z, u, v, \cdots) \stackrel{a}{\barwedge} \xi'(y', z', u', v', \cdots)$,则

$$\xi(y, z, u, v, \cdots) \bar{\wedge} \xi'(y', z', u', v', \cdots).$$

结论 4 两透视映射的积是一个射影映射.

事实上,设两透视映射为

$$\Phi_1: \xi(y, z, u, v, \cdots) \bar{\barwedge} \xi'(y', z', u', v', \cdots),$$
$$\Phi_2: \xi'(y', z', u', v', \cdots) \bar{\barwedge} \xi''(y'', z'', u'', v'', \cdots),$$

则有 $R(y, z; u, v) = R(y', z'; u', v')$, $R(y', z'; u', v') = R(y'', z''; u'', v'')$.
故 $R(y, z; u, v) = R(y'', z''; u'', v'')$,从而有

$$\xi(y, z, u, v, \cdots) \bar{\wedge} \xi''(y'', z'', u'', v'', \cdots),$$

而这一直线 ξ 到 ξ'' 上的射影映射就是 $\Phi_1 \Phi_2$.

利用上述证明方法,还可以推得下面的结论:

结论 5 若干次透视映射之积是一个射影映射.

上面五个结论是利用点列来叙述和证明的,对偶地可以得到关于线束的类似结论,建议读者自己完成.

二、构成透视映射的条件

定理 3.1 直线 ξ 到 ξ' 上的射影映射为透视映射的充分必要条件是这两条直线的交点

$\xi \times \xi'$ 映射到自身.

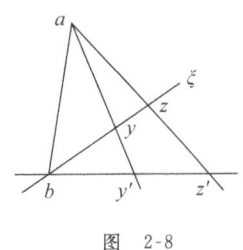

图 2-8

证明 **必要性** 根据定义即可直接得到.

充分性 设 Φ 是直线 ξ 到 ξ' 上的任意一个射影映射,且使得 $b = \xi \times \xi'$ 映射到其自身: $b = \Phi(b)$. 设 y, z 是直线 ξ 上任意两个相异点,它们在 Φ 下的像点分别是 $y' = \Phi(y), z' = \Phi(z)$. 我们得到一个点 $a = (y \times y') \times (z \times z')$ (图 2-8). 设 Φ' 是一个以点 a 为中心的直线 ξ 到 ξ' 上的透视映射,则 Φ' 使得直线 ξ 上的三点 y, z, b 分别映射到直线 ξ' 上的三点 y', z', b'. 这样一来, Φ' 与 Φ 就有三对相同的对应点. 根据三对对应点确定唯一的一维射影映射, 知 $\Phi' = \Phi$. 所以 Φ 是直线 ξ 到 ξ' 上的透视映射.

这个定理的对偶定理是:

定理 3.2 线束 s 到 s' 上的射影映射为透视映射的充分必要条件是这两线束中心的连线 $s \times s'$ 映射到自身.

三、透视映射与射影映射

我们在 §1.1 中直观介绍了射影几何的研究对象,在那里曾提到"若干次中心投影构成所谓的射影变换". 现在我们知道, 直线到直线上的中心投影也就是直线到直线上的透视映射, 因此透视映射是构成射影映射(变换)的基本因素. 关于透视映射与射影映射的关系有如下定理:

定理 3.3 直线 ξ 到 ξ' 上的非透视射影映射可分解为两个(点列的)透视映射之积.

证明 设 $\Phi: \xi(x, y, z, \cdots) \barwedge \xi'(x', y', z', \cdots)$, 且 $\xi \times \xi'$ 为非自对应点, 即 Φ 为非透视射影映射(图 2-9).

设 $\xi_0 = x \times z', y_0 = (y \times y') \times \xi_0, g_1 = (y \times y') \times (z \times z'), g_2 = (x \times x') \times (y_0 \times y')$, 则有如下两个透视映射:

$$\Phi_1: \xi(x, y, z, \cdots) \stackrel{g_1}{\barwedge} \xi_0(x, y_0, z', \cdots),$$

$$\Phi_2: \xi_0(x, y_0, z', \cdots) \stackrel{g_2}{\barwedge} \xi'(x', y', z', \cdots).$$

故 $\Phi_1 \Phi_2: \xi(x, y, z, \cdots) \barwedge \xi'(x', y', z', \cdots)$. 再由三对对应点确定唯一的一维射影映射知 $\Phi = \Phi_1 \Phi_2$.

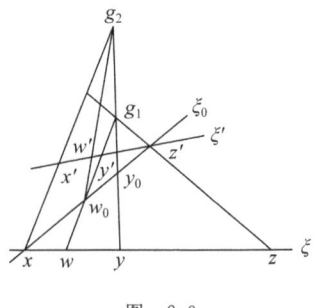

图 2-9

这个定理的对偶定理是:

定理 3.4 线束 s 到 s' 上的非透视射影映射可分解为两个(线束的)透视映射之积.

例 1 已知直线 ξ 到 ξ' 上的非透视射影映射的三对对应点为 x 和 x', y 和 y', z 和 z', 求作直线 ξ 上异于点 x, y, z 的任一点 w 的对应点 w'.

解 如图 2-9 所示，作直线 $\xi_0 = x \times z'$，作点 $g_1 = (y \times y') \times (z \times z')$，$g_2 = (x \times x') \times (y \times y')$；作直线 $w \times g_1$，作点 w_0，使 $w_0 = (w \times g_1) \times \xi_0$；再作点 w'，使 $w' = (w_0 \times g_2) \times \xi'$，则 w' 即为所求. 事实上，

$$\xi(x,y,z,w,\cdots) \stackrel{g_1}{\barwedge} \xi_0(x,y_0,z',w_0,\cdots) \stackrel{g_2}{\barwedge} \xi'(x',y',z',w',\cdots),$$

所以 $\xi(x,y,z,w,\cdots) \bar{\wedge} \xi'(x',y',z',w',\cdots)$，即 w' 为点 w 的射影对应点.

例 2 若一动三点形每边过一定点，此三定点共线且有两个顶点分别沿一直线移动，求证：第三个顶点的轨迹为一条直线.

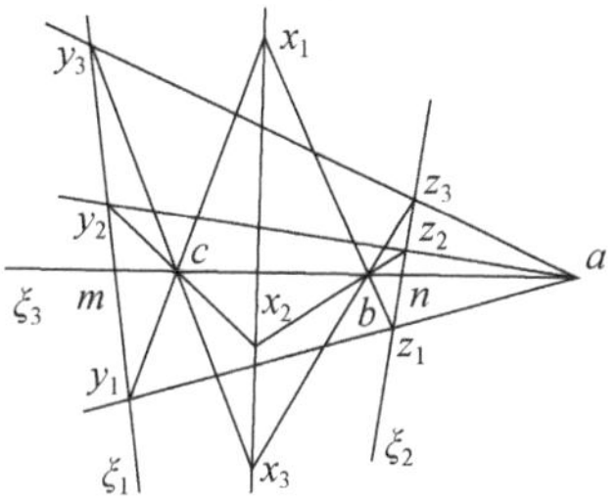

证明 设 ξ_1,ξ_2 为直线，a,b,c 为定直线 ξ_3 上的三定点，直线 ξ_1,ξ_2 分别交直线 ξ_3 于点 m,n，三点形 $x_i y_i z_i$ $(i=1,2,\cdots)$ 的顶点 y_i 在直线 ξ_1 上，顶点 z_i 在直线 ξ_2 上，且直线 $y_i \times z_i$ 过点 a，直线 $z_i \times x_i$ 过点 b，直线 $y_i \times x_i$ 过点 c（图 2-10）. 因

$$\xi_1(y_1,y_2,y_3,m,\cdots) \stackrel{a}{\barwedge} \xi_2(z_1,z_2,z_3,n,\cdots),$$

故
$$R(y_1,y_2;y_3,m) = R(z_1,z_2;z_3,n).$$

由于点列 ξ_1,ξ_2 分别与线束 c,b 成配景对应，则交比相等，即

$$R(y_1,y_2;y_3,m) = R(c \times y_1, c \times y_2; c \times y_3, c \times m),$$
$$R(z_1,z_2;z_3,n) = R(b \times z_1, b \times z_2; b \times z_3, b \times n).$$

故
$$R(c \times y_1, c \times y_2; c \times y_3, c \times m) = R(b \times z_1, b \times z_2; b \times z_3, b \times n).$$

于是
$$c(c \times y_1, c \times y_2; c \times y_3, c \times m) \bar{\wedge} b(b \times z_1, b \times z_2; b \times z_3, b \times n).$$

由于点 m,n,b,c 都在直线 ξ_3 上，即 $c \times m \sim b \times n$ 为自对应直线，因此线束 b 与线束 c 成透视映射，从而对应直线的交点 $x_i (i=1,2,\cdots)$ 在一条直线上，即定理得证.

图 2-10

四、Pappus 定理

现在来介绍一个古老的定理——Pappus 定理. 这一定理是公元前 3 世纪由古希腊数学家 Pappus 发现的. 该定理最初被理解为欧氏定理，但由于其内容只涉及点线的结合问题，因而它属于射影几何范畴. 这个定理提供了点共线的一种依据.

定理 3.5（Pappus 定理） 设直线 $\xi \not\sim \xi'$，x,y,z 是直线 ξ 上相异三点，x',y',z' 是直线 ξ' 上相异三点（图 2-11），那么 $a = (y \times z') \times (y' \times z)$，$b = (z \times x') \times (z' \times x)$，$c = (x \times y') \times (x' \times y)$ 三点共线.

证明 **方法 1** 如图 2-11 所示，记 $u = (x' \times y) \times (x \times z')$，$v = (x' \times z) \times (y \times z')$，$\zeta = (x' \times y)$，$\zeta' = (y \times z')$，再令 $w = \xi \times \xi'$.

假设 x,y,z,x',y',z' 六点中有一点与点 w 重合，例如 $x = w$，这

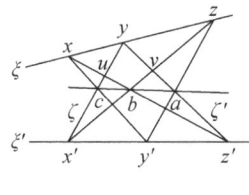

图 2-11

第二章 射影变换

时 a,b,c 三点中 $b=x', c=x'$，显然有 a,b,c 三点共线．其他情况类似可得 a,b,c 三点共线．

假设 x,y,z,x',y',z' 六点无一点与点 w 重合，这时有

$$\zeta(x',c,u,y,\cdots) \overset{x}{\barwedge} \xi'(x',y',z',w,\cdots) \overset{z}{\barwedge} \zeta'(v,a,z',y,\cdots), \tag{3.5}$$

所以

$$\zeta(x',c,u,y,\cdots) \barwedge \zeta'(v,a,z',y,\cdots). \tag{3.6}$$

这个射影映射使得 $y=\zeta\times\zeta'$ 映射到它自身，故它是一个透视映射，其中心是两对对应点 x',v 和 u,z' 连线的交点 b．所以，对应点 c,a 的连线必过中心 b，即 a,b,c 三点共线．

方法2 令 $d_1=\xi\times\xi'$，取 $d_2\in\xi'$，$d_3\in\xi$（图 2-12）．以 $d_1d_2d_3$ 为坐标三点形，并任取不在 $d_1d_2d_3$ 任一边上的点 e 为单位点建立射影坐标系．因此可设 x,y,z,x',y',z' 各点的坐标为

$$x(p,0,1),\quad y(q,0,1),\quad z(r,0,1),\quad x'(p',1,0),\quad y'(q',1,0),\quad z'(r',1,0),$$

此处 p,q,r 相异，p',q',r' 也相异．分别计算点 a,b,c 的坐标如下：

$$x\times y' = [-1,q',p],\quad x'\times y = [1,-p',-q],$$
$$y\times z' = [-1,r',q],\quad y'\times z = [1,-q',-r],$$
$$z\times x' = [-1,p',r],\quad z'\times x = [1,-r',-p],$$

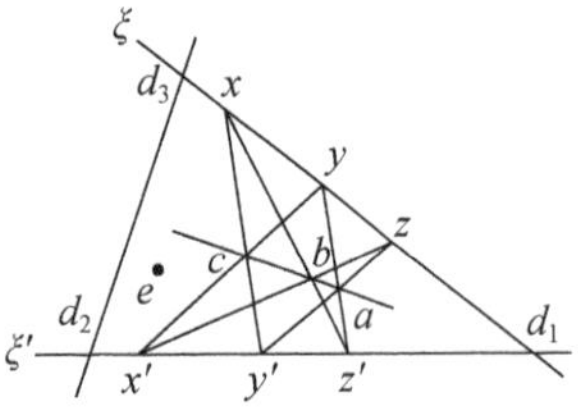

得出

$$a = (qq'-rr',q-r,q'-r'),$$
$$b = (rr'-pp',r-p,r'-q'),$$
$$c = (pp'-qq',p-q,p'-q').$$

故 $a+b+c=0$，即 a,b,c 线性相关，从而 a,b,c 三点共线．

图 2-12

定理 3.5 中点 a,b,c 所在的这条直线叫做给出的两点组 x,y,z 和 x',y',z' 的 **Pappus 线**．

Pappus 定理是 Pascal 定理（见 §3.3）的特殊情形，所以有时也叫做 Pascal 定理．这条定理在射影几何中有重要地位．

Pappus 定理的图中有 9 个点和 9 条直线，在每条直线上有 3 个点，过每个点有 3 条直线，这是射影几何中又一个著名的构形．如果从 9 条直线中任取无公共点的两条直线，则其上含有 9 个点中的 6 个点，那么其余 3 点必在一条直线上，这一直线就是前面 6 个点的某顺序下的 Pappus 线．

还应注意的是，两组点并没有指定什么特殊的次序，也就是说，可以任意加以规定．定理中指定了两点组为 $\begin{pmatrix} x & y & z \\ x' & y' & z' \end{pmatrix}$，就得到一条 Pappus 线，我们可改变其中一组点的排列顺序，例如 $\begin{pmatrix} x & y & z \\ x' & z' & y' \end{pmatrix}$，则可依定理得出另一条 Pappus 线．由此可知，改变两直线上相异三

点的顺序,可构成不同的 Pappus 线共 6 条.因此,在这个图形中对原有 9 个点和 9 条直线来说,共有 $6 \times 9 = 54$ 条直线,它们都可以是其中 6 点的 Pappus 线,并且有规律地分布着.这些规律建议读者自己研究.

例 3 若两个三点形 xyz 和 $x'y'z'$ 中无一个顶点在另一三点形的边上,且三点形 xyz 和 $x'y'z'$ 有透视中心 u,三点形 xyz 和 $y'z'x'$ 有透视中心 v,证明:三点形 xyz 和 $z'x'y'$ 亦有透视中心.

证明 **方法 1** 由题设可知,两个三点组 $\begin{pmatrix} x & x' & u \\ y & z' & v \end{pmatrix}$ 分别在

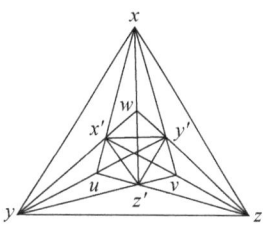

图 2-13

两直线上(图 2-13),故有一 Pappus 线,此直线过下列三点:
$$z = (x' \times v) \times (z' \times u), \quad y' = (x \times v) \times (y \times u),$$
$$w = (x \times z') \times (y \times x').$$
由此知 z, y', w 三点共线,所以 $x \times z', y \times x', z \times y'$ 三直线共点 w.

方法 2 以 xyz 为坐标三点形,x, y, z 三点的坐标分别为
$$x(1,0,0), \quad y(0,1,0), \quad z(0,0,1).$$
取不在三点形 xyz 三边上的任意一点 e 为单位点,建立射影坐标系.设 x', y', z' 三点的坐标分别为
$$x'(x'_1, x'_2, x'_3), \quad y'(y'_1, y'_2, y'_3), \quad z'(z'_1, z'_2, z'_3).$$
由此可以计算出过点 u 的三条直线的坐标分别为
$$x \times x' = [0, -x'_3, x'_2], \quad y \times y' = [y'_3, 0, -y'_1], \quad z \times z' = [-z'_2, z'_1, 0].$$
此三条直线共点 u 的充分必要条件是
$$|x \times x', y \times y', z \times z'| = \begin{vmatrix} 0 & -x'_3 & x'_2 \\ y'_3 & 0 & -y'_1 \\ -z'_2 & z'_1 & 0 \end{vmatrix} = 0,$$
即
$$x'_2 y'_3 z'_1 = x'_3 y'_1 z'_2. \tag{3.7}$$
同理,过点 v 的三条直线的坐标分别为
$$x \times y' = [0, -y'_3, y'_2], \quad y \times z' = [z'_3, 0, -z'_1], \quad z \times x' = [-x'_2, x'_1, 0].$$
此三条直线共点 v 的充分必要条件为
$$x'_1 y'_2 z'_3 = x'_2 y'_3 z'_1. \tag{3.8}$$
由 (3.7),(3.8) 两式得
$$x'_3 y'_1 z'_2 = x'_1 y'_2 z'_3. \tag{3.9}$$
三条直线 $x \times z', y \times x', z \times y'$ 的坐标分别为
$$x \times z' = [0, -z'_3, z'_2], \quad y \times x' = [x'_3, 0, -x'_1], \quad z \times y' = [-y'_2, y'_1, 0].$$

因为 $|x\times z', y\times x', z\times y'| = x_3'y_1'z_2' - x_1'y_2'z_3'$，而由 (3.9) 式知 $x_3'y_1'z_2' - x_1'y_2'z_3' = 0$，故直线 $x\times z', y\times x', z\times y'$ 相交于一点 w，即三点形 xyz 和 $z'x'y'$ 有透视中心 w。

五、完全四点形与完全四线形

定义 3.3 射影平面 P^2 无三点共线的四点 a,b,c,d 及其中每两点连成的直线（共六条）所组成的图形叫做**完全四点形**（图 2-14）。这四个点叫做完全四点形的**顶点**；六条直线叫做完全四点形的**边**；不过同一顶点的两条边叫做**对边**；六条边分成三对对边，即 $a\times b$ 与 $c\times d$, $a\times c$ 与 $b\times d$, $a\times d$ 与 $b\times c$，每一对对边的交点叫做**对边点**，即 $n=(a\times b)\times(c\times d)$, $m=(a\times d)\times(b\times c)$, $l=(a\times c)\times(b\times d)$ 为对边点；连接对边点的直线 $m\times n$, $n\times l$, $l\times m$ 叫做**对边线**；以对边点为顶点的三点形 lmn 叫做**对边三点形**。

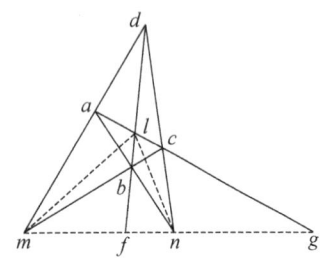

图 2-14

对偶地，我们有如下完全四线形的定义：

定义 3.4 射影平面 P^2 上无三线共点的四直线 $\alpha,\beta,\gamma,\delta$ 及其中每两条直线的交点（共六个）所组成的图形叫做**完全四线形**（图 2-15）。这四条直线叫做完全四线形的**边**；六个点叫做完全四线形的**顶点**；不在同一条边上的两个顶点叫做**对顶点**；六个顶点分成三对，即 $\alpha\times\beta$ 与 $\gamma\times\delta$, $\alpha\times\gamma$ 与 $\beta\times\delta$, $\alpha\times\delta$ 与 $\beta\times\gamma$，每一对对顶点的连线叫做**对顶线**，即 $\xi=(\alpha\times\gamma)\times(\beta\times\delta)$, $\eta=(\alpha\times\beta)\times(\gamma\times\delta)$, $\zeta=(\alpha\times\delta)\times(\beta\times\gamma)$ 为对顶线；三条对顶线所组成的三线形 $\xi\eta\zeta$ 叫做**对顶三线形**。

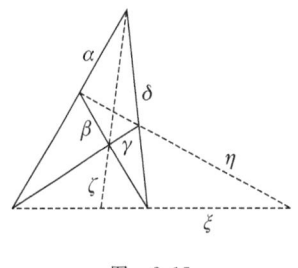

图 2-15

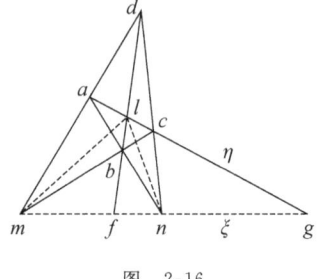

图 2-16

完全四点形具有以下调和性质：

定理 3.6 在完全四点形的每条对边线上的两个对边点（如 m 和 n）和这条对边线与过第三个对边点（如 l）的一对对边的两个交点（如 f,g）组成调和点列（图 2-16）。

证明 设 l,m,n 是完全四点形 $abcd$ 的对边点（图 2-16），令 $\xi=m\times n$, $\eta=a\times c$, $f=(b\times d)\times\xi$, $g=\eta\times\xi$。我们只需证明 m,n,f,g 组成调和点列即可。为此考查直线 ξ 上四个点 m,n,f,g 的交比。

§2.3 透视映射

因为 $\xi(m,n,f,g) \stackrel{d}{\barwedge} \eta(a,c,l,g) \stackrel{d}{\barwedge} \xi(n,m,f,g)$，所以
$$\xi(m,n,f,g) \barwedge \xi(n,m,f,g), \tag{3.10}$$
从而
$$R(m,n;f,g) = R(n,m;f,g) = \frac{1}{R(m,n;f,g)}. \tag{3.11}$$

这里 $R(m,n;f,g) \neq 0$，否则 $m \sim f$，于是 a,b,c,d 四点共线，与完全四点形的定义矛盾. 因此，由上式得 $R(m,n;f,g) = \pm 1$. 可是 $R(m,n;f,g) \neq 1$（否则 $f \sim g$，也导 a,b,c,d 四点共线），所以必有
$$R(m,n;f,g) = -1, \tag{3.12}$$
即 m,n,f,g 组成调和点列.

由定理 3.6 容易得出如下推论：

推论 1 在完全四点形的每条边上的两个顶点（如 a,c）和其上的对边点（如 l）以及这条边与过另两个对边点（如 m,n）的对边线的交点（如 g）组成调和点列.

推论 2 完全四点形的两条对边被过这两对边交点的两条对边线调和分隔.

对偶地，可以得到完全四线形的一些调和性质，建议读者自己完成.

例 4 已知直线 ξ 上的 y,z,u 三点，求作第四调和点.

解 作法如下：

(1) 过点 y 任作两直线 η,ζ（图 2-17），再过点 u 任作一直线 φ 与前面的两直线分别相交于点 w,t.

(2) 连接 z,t，记点 $s=(y \times w) \times (z \times t)$；连接 z,w，记点 $r=(z \times w) \times (y \times t)$.

(3) 设直线 $s \times r$ 交直线 ξ 于点 v，则点 v 即为所求.

证明留给读者完成.

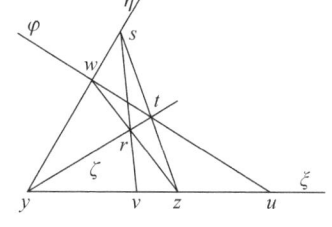

图 2-17

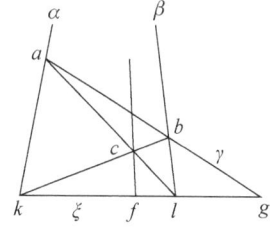

图 2-18

例 5 已知射影平面 P^2 上相异两直线 α,β 及不在直线 α,β 上的一点 f. 由于某种原因，直线 α 和 β 的交点不能达到. 试从点 f 引一条直线，使之过 α 和 β 的交点（图 2-18）.

解 作法如下：过点 f 任作一直线 ξ，设 $k=\xi \times \alpha$，$l=\xi \times \beta$；再作点 k,l,f 的第四调和点

第二章 射影变换

g（其作法如例 3），并过点 g 任作一直线 γ，设 $a=\gamma\times\alpha, b=\gamma\times\beta, c=(a\times l)\times(b\times k)$，那么 $f\times c$ 便是所求直线.

证明留给读者完成.

六、直线（线束）上的射影变换

射影变换是一种特殊的射影映射，因此它必然具有自身的特殊性.下面我们来讨论这种特殊性.

1. 透视映射与射影变换

定理 3.7 直线 ξ 上的射影变换总可以表示为两个或三个透视映射之积.

证明 设 $\Phi: \xi(x,y,z,\cdots)\barwedge\xi(x',y',z',\cdots)$（图 2-19）. 在射影平面 P^2 上任取一条异于直线 ξ 的直线 ξ_1，并取不在直线 ξ 和 ξ_1 上的任一点 a；以点 a 为透视中心，作直线 ξ 到 ξ_1 上的透视映射

$$\Phi_1: \xi(x,y,z,\cdots)\overset{a}{\barwedge}\xi_1(x_1,y_1,z_1,\cdots),$$

于是有

$$\Phi': \xi_1(x_1,y_1,z_1,\cdots)\barwedge\xi(x',y',z',\cdots).$$

所以 $\Phi=\Phi_1\Phi'$.

若 Φ' 是透视映射（图 2-19(a)），则已得出 Φ 是两个透视影射之积.

若 Φ' 为非透视射影映射，由定理 3.3 知，Φ' 可表示为两个透视映射之积 $\Phi_2\Phi_3$（图 2-19(b)），其中

$$\Phi_2: \xi_1(x_1,y_1,z_1,\cdots)\overset{a'}{\barwedge}\xi_2(x',y_2,z_1,\cdots),$$

$$\Phi_3: \xi_2(x,y_2,z_1,\cdots)\overset{a''}{\barwedge}\xi(x',y',z',\cdots).$$

故有 $\Phi=\Phi_1\Phi_2\Phi_3$.

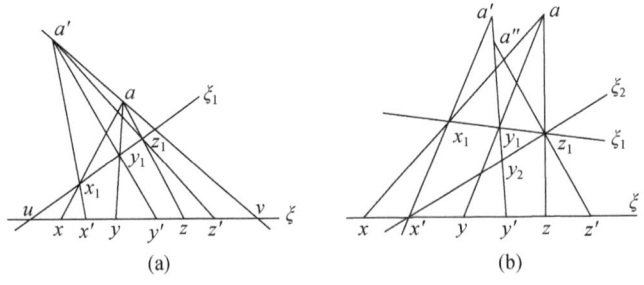

图 2-19

定理 3.7 的对偶定理如下：

定理 3.8 线束上的射影变换总可以表示为两个或三个线束上的透视映射之积.

2. 射影变换的类型

设 Φ 是直线 ξ 上的射影变换,一般来说,直线 ξ 上的一个点 x 与它的像点 $x'=\Phi(x)$ 是不同的. 若 $x'=\Phi(x)\sim x$,我们就把这样的点 x 叫做射影变换 Φ 下的**不动点**或**二重点**.

从定理 3.7 的证明中看出,图 2-19(a)中的 u 和 v 是自对应点,即不动点或二重点. 二重点是射影变换中的特殊点,根据它可以对射影变换进行分类. 我们知道,一维射影变换由三对对应点唯一确定,若有三个二重点,那么这个变换便是恒等变换. 因此,非恒等的一维射影变换只能有两个二重点或一个二重点,或者没有二重点. 现在我们根据变换的表达式来讨论. 直线 ξ 到自身上的射影变换的表达式和直线 ξ 到 ξ' 上的射影映射表达式是一致的,即

$$\Phi: \begin{cases} \rho\lambda_1' = a_{11}\lambda_1 + a_{12}\lambda_2, \\ \rho\lambda_2' = a_{21}\lambda_1 + a_{22}\lambda_2, \end{cases} \rho\begin{vmatrix} a_{11} & a_{12} \\ a_{21} & a_{22} \end{vmatrix} \neq 0, \tag{3.13}$$

只是点 $x(\lambda_1,\lambda_2)$ 和它的对应点 $x'(\lambda_1',\lambda_2')$ 在同一直线 ξ 上而已.

在射影变换 Φ 下,假设 $x(\lambda_1,\lambda_2)$ 是二重点,即点 (λ_1,λ_2) 在 Φ 下的像点为 $(\rho\lambda_1,\rho\lambda_2)$,代入 (3.13)式即得

$$\begin{cases} \rho\lambda_1 = a_{11}\lambda_1 + a_{12}\lambda_2, \\ \rho\lambda_2 = a_{21}\lambda_1 + a_{22}\lambda_2, \end{cases} \rho\begin{vmatrix} a_{11} & a_{12} \\ a_{21} & a_{22} \end{vmatrix} \neq 0,$$

即

$$\begin{cases} (a_{11}-\rho)\lambda_1 + a_{12}\lambda_2 = 0, \\ a_{21}\lambda_1 + (a_{22}-\rho)\lambda_2 = 0, \end{cases} \rho\begin{vmatrix} a_{11} & a_{12} \\ a_{21} & a_{22} \end{vmatrix} \neq 0. \tag{3.14}$$

于是 Φ 存在二重点 (λ_1,λ_2)——即方程组(3.14)有非零解的充分必要条件是

$$\begin{vmatrix} a_{11}-\rho & a_{12} \\ a_{21} & a_{22}-\rho \end{vmatrix} = 0. \tag{3.15}$$

上式展开得 $(a_{11}-\rho)(a_{22}-\rho)-a_{12}a_{21}=0$,即

$$\rho^2 - (a_{11}+a_{22})\rho + a_{11}a_{22} - a_{12}a_{21} = 0. \tag{3.16}$$

这是关于 ρ 的二次方程.

同时,如果从(3.14)式消去 ρ,即得到

$$a_{21}\lambda_1^2 + (a_{22}-a_{11})\lambda_1\lambda_2 - a_{12}\lambda_2^2 = 0.$$

若 $\lambda_2 \neq 0$,此式可化为关于 $\frac{\lambda_1}{\lambda_2}$ 的二次方程

$$a_{12}\left(\frac{\lambda_1}{\lambda_2}\right)^2 + (a_{22}-a_{11})\frac{\lambda_1}{\lambda_2} - a_{12} = 0. \tag{3.17}$$

方程(3.17)和方程(3.16)的判别式都是

$$\Delta = (a_{11}-a_{22})^2 + 4a_{12}a_{21}, \tag{3.18}$$

故可按照 Δ 的值来判定二重点的个数. 若 $\Phi \neq I$,可按二重点的个数把直线 ξ 上的射影变换分类如下:

第二章 射影变换

(1) 当 $\Delta<0$ 时,Φ 没有实的二重点,这样的射影变换 Φ 叫做**椭圆型射影变换**;
(2) 当 $\Delta>0$ 时,Φ 有两个不同的二重点,这样的射影变换 Φ 叫做**双曲型射影变换**;
(3) 当 $\Delta=0$ 时,Φ 只有一个二重点,这样的射影变换 Φ 叫做**抛物型射影变换**.

关于二重点的问题也可用非齐次坐标来讨论. 令 $\dfrac{\lambda_1}{\lambda_2}=\lambda,\dfrac{\lambda_1'}{\lambda_2'}=\lambda'$,由(3.13)式得到

$$\lambda'=\frac{a_{11}\lambda+a_{12}}{a_{21}\lambda+a_{22}}, \quad \begin{vmatrix} a_{11} & a_{12} \\ a_{21} & a_{22} \end{vmatrix} \neq 0. \tag{3.19}$$

若 $\lambda=\lambda'$,那么 λ 便是二重点的坐标,由此可以导出

$$a_{21}\lambda^2+(a_{22}-a_{11})\lambda-a_{12}=0,$$

其判别式 Δ 与方程(3.16),(3.17)的判别式一致.

3. 射影变换的作图

我们知道,直线 ξ 上的射影变换 Φ 由相异的三对对应点唯一确定. 因此,给出三对对应点可以作出其他任一点的对应点. 若三对对应点有一对重合时,设已知二重点 v 及两对非重的对应点 x,x' 和 y,y',则可按如下方法作出直线 ξ 上任一点 z 的对应点 z':

(1) 过二重点 v 任作一直线 $\xi_0 \not\sim \xi$,在直线 ξ_0 上任取异于点 v 的两点 x_0,y_0;
(2) 作点 $g=(x\times x_0)\times(y\times y_0),g'=(x'\times x_0)\times(y'\times y_0)$;
(3) 作点 $z_0=\xi_0\times(g\times z),z'=\xi\times(g'\times z_0)$,则点 z' 即为所求的点(图 2-20(a)).

事实上,由于

$$\Phi_1:\xi(v,x,y,z,\cdots)\overset{g}{\barwedge}\xi_0(v,x_0,y_0,z_0,\cdots),$$

$$\Phi_2:\xi_0(v,x_0,y_0,z_0,\cdots)\overset{g'}{\barwedge}\xi(v,x',y',z',\cdots),$$

故 $\Phi=\Phi_1\Phi_2:\xi(v,x,y,z,\cdots)\barwedge\xi(v,x',y',z',\cdots)$. 所以 $z'=\Phi(z)$.

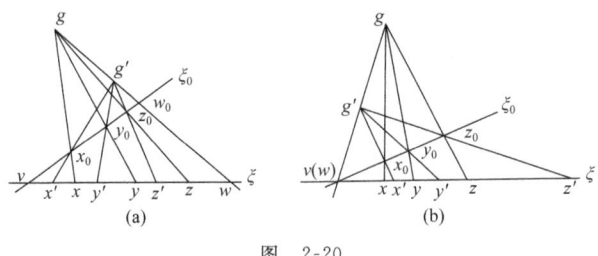

图 2-20

由作图知,$w=(g\times g')\times\xi$ 也是 Φ 的一个二重点.

当 $w\not\sim v$ 时(图 2-20(a)),Φ 有两个二重点 v,w,故 Φ 是双曲型射影变换.

当 $w\sim v$ 时(图 2-20(b)),Φ 只有一个二重点 $v\sim w$,故 Φ 是抛物型射影变换.

类似地,可讨论有两对重合点的作图情况,建议读者自己完成(见习题 2.3 第 8 题).

对于给出三对非重合对应点的情况,可根据定理 3.7 的证明,将其分解为两个或三个透视映射之积,进而作出任一点的对应点.

从上面作图得知,定理 3.7 可以叙述为:

定理 3.9 直线 ξ 上的双曲型射影变换和抛物型射影变换均可表示为两个透视映射之积.

定理 3.10 直线 ξ 上的椭圆型射影变换可表示为三个透视映射之积.

证明 用反证法.由于直线上的射影变换可表示为两个或三个透视映射之积,故设直线 ξ 上的椭圆型射影变换表示为两个透视映射之积:$\Phi=\Phi_1\Phi_2$,其中

$$\Phi_1: \xi \overline{\overline{\wedge}} \xi_0, \quad \Phi_2: \xi_0 \overline{\overline{\wedge}} \xi.$$

于是 $\xi\times\xi_0$ 为 Φ_1 的二重点,也是 Φ_2 的二重点,从而也是 $\Phi=\Phi_1\Phi_2$ 的二重点.这与 Φ 是椭圆型射影变换矛盾.由此可知,椭圆型射影变换一定能表示为三个透视映射之积.

4. 双曲型射影变换的性质

定理 3.11 设 u,v 是直线 ξ 上的双曲型射影变换 Φ 的两个二重点,则对于直线 ξ 上异于 u,v 的任一点 x,总有

$$R(u,v;x,\Phi(x)) = k, \tag{3.20}$$

其中 k 是一个与 Φ 有关,而与点 x 选取无关的实常数.

证明 设直线 ξ 上任意两个异于点 u,v 的点 x,y 的像点分别是 x',y'.由于 Φ 保持交比不变,所以

$$R(u,v;x,y) = R(u,v;x',y'), \quad 即 \quad \frac{|u,x|\cdot|v,y|}{|v,x|\cdot|u,y|} = \frac{|u,x'|\cdot|v,y'|}{|v,x'|\cdot|u,y'|},$$

从而

$$\frac{|u,x|\cdot|v,x'|}{|v,x|\cdot|u,x'|} = \frac{|u,y|\cdot|v,y'|}{|v,y|\cdot|u,y'|}, \quad 即 \quad R(u,v;x,x') = R(u,v;y,y') = k.$$

由 x,y 的任意性得知定理的结论成立.

定理 3.11 中的实常数 k 叫做双曲型射影变换 Φ 的**特征不变量**.

习 题 2.3

1. 不用对偶原理,直接证明如下结论:若线束 x 到 x' 上的射影映射使得两线束的公共直线 $x\times x'$ 映射到自身,则这个射影映射是线束 x 到 x' 的透视映射.

2. 写出 Pappus 定理的对偶定理,并直接证明它(不用对偶原理).

第二章 射影变换

3. 试分解射影变换 $\xi(x,y,z,t,\cdots) \bar{\wedge} \xi(z,t,x,y,\cdots)$ 为透视映射之积.

4. 试求直线 ξ 上的射影变换 $\Phi: \begin{cases} \rho\lambda_1' = 2\lambda_1 + 5\lambda_2, \\ \rho\lambda_2' = 2\lambda_1 - \lambda_2 \end{cases}$ 的二重点.

5. 求证:直线 ξ 上一个射影变换 Φ 把相异点 a,b,c,d 分别变为点 b,a,c,d 的充分必要条件是 $R(a,b;c,d) = -1$.

6. 试求直线 ξ 上一个抛物型射影变换 Φ 的表达式,使得已知点 $(2,1)$ 是 Φ 的一个二重点,而且 Φ 把点 $(2,3)$ 变为点 $(1,0)$.

7. 作出图 2-20(a),(b) 的对偶图形.

8. 给出直线 ξ 上的双曲型射影变换 Φ 的两个二重点 u,v 和一对对应点 x,x',用直尺作出直线 ξ 上任意一点 y 的对应点.

§2.4 对 合 变 换

对合变换是直线 ξ 上的一种特殊的一维射影变换,它是一维射影变换中最基本的变换,对研究射影变换起到重要的作用.

一、对合的定义

如果 Φ 是直线 ξ 上的射影变换,x 是直线 ξ 上的任一点,它的对应点为 $x' = \Phi(x)$,那么可能出现两种情况:若 $x' \sim x$,则 Φ 是恒等变换;若 $x' \not\sim x$,则 $\Phi \neq I$. 在后一种情况中,一般来说应有 $x'' = \Phi(x') \not\sim x$,但也有可能 $x'' = \Phi(x') \sim x$,即 $\Phi(\Phi(x)) = x$,或者说是 $\Phi^2 = I$. 本节就来讨论直线 ξ 上这种特殊的射影变换——对合变换.

定义 4.1 如果直线 ξ 上的射影变换 Φ 不是恒等变换:$\Phi \neq I$,但它的平方却是恒等变换:$\Phi^2 = I$,则这种射影变换 Φ 叫做直线 ξ 上的**对合变换**(简称**对合**).

显然,在欧氏几何中,欧氏直线上的中心对称变换、欧氏平面上的中心对称和轴对称变换都属于对合变换.

现在来看几个射影几何中对合变换的例子. 例如,对于直线 ξ 上的变换

$$\Phi_1: \begin{cases} \lambda_1' = -\lambda_1, \\ \lambda_2' = \lambda_2, \end{cases}$$

因为 $\begin{vmatrix} -1 & 0 \\ 0 & 1 \end{vmatrix} = -1 \neq 0$,所以 Φ_1 是直线 ξ 上的射影变换,而且 $\Phi \neq I$. 但是

$$\Phi_1^2 = \begin{bmatrix} -1 & 0 \\ 0 & 1 \end{bmatrix}\begin{bmatrix} -1 & 0 \\ 0 & 1 \end{bmatrix} = \begin{bmatrix} 1 & 0 \\ 0 & 1 \end{bmatrix} = I.$$

因此 Φ_1 是直线 ξ 上的一个对合变换. 同样 $\Phi_2:\begin{cases}\lambda_1'=\lambda_1,\\ \lambda_2'=-\lambda_2\end{cases}$ 也是直线 ξ 上的一个对合变换. 但是 $\Phi_3:\begin{cases}\lambda_1'=-\lambda_1,\\ \lambda_2'=-\lambda_2\end{cases}$ 却不是对合变换,而是恒等变换.

由对合变换的定义可得到如下结论:

结论 1 直线 ξ 上任意一个对合变换 Φ 的逆变换 Φ^{-1} 就是其本身.

事实上,$\Phi=\Phi I=\Phi(\Phi\Phi^{-1})=(\Phi\Phi)\Phi^{-1}=I\Phi^{-1}=\Phi^{-1}$.

因为由 $\Phi^2=I$ 便有 $\Phi=\Phi^{-1}$,反之亦成立,故上面对合变换的定义也可叙述为:如果直线 ξ 上的射影变换 $\Phi\neq I$,且 $\Phi=\Phi^{-1}$,则 Φ 叫做直线 ξ 上的对合变换.

结论 2 直线 ξ 上的任意一个对合变换 Φ 与恒等变换 I 组成的集合 $\{\Phi,I\}$ 构成一个群,它是一个交换群.

二、对合变换的确定

1. 对合变换的表达式

定理 4.1 设直线 ξ 上的射影变换表达式为

$$\Phi:\begin{cases}\rho\lambda_1'=a_{11}\lambda_1+a_{12}\lambda_2,\\ \rho\lambda_2'=a_{21}\lambda_1+a_{22}\lambda_2,\end{cases}\quad \rho\begin{vmatrix}a_{11}&a_{12}\\ a_{21}&a_{22}\end{vmatrix}\neq 0, \tag{4.1}$$

则 Φ 为对合变换的充分必要条件是

$$a_{11}+a_{22}=0. \tag{4.2}$$

证明 由于 $\Phi=\begin{bmatrix}a_{11}&a_{12}\\ a_{21}&a_{22}\end{bmatrix}$,因此

$$\Phi^2=\begin{bmatrix}a_{11}&a_{12}\\ a_{21}&a_{22}\end{bmatrix}^2=\begin{bmatrix}a_{11}^2+a_{12}a_{21}&a_{11}a_{12}+a_{12}a_{22}\\ a_{11}a_{21}+a_{21}a_{22}&a_{12}a_{21}+a_{22}^2\end{bmatrix}.$$

若 $\Phi^2=I$,则有

$$a_{11}^2+a_{12}a_{21}=a_{12}a_{21}+a_{22}^2, \tag{4.3}$$

$$a_{11}a_{21}+a_{21}a_{22}=a_{11}a_{12}+a_{12}a_{22}=0. \tag{4.4}$$

由(4.3)式得 $a_{11}^2=a_{22}^2$,从而

$$(a_{11}-a_{22})(a_{11}+a_{22})=0.$$

由(4.4)式得

$$a_{21}(a_{11}+a_{22})=a_{12}(a_{11}+a_{22})=0.$$

必要性 设 Φ 为对合变换. 若 $a_{11}+a_{22}\neq 0$,则必有 $a_{11}-a_{22}=0$,即 $a_{11}=a_{22}$,同时可以推得 $a_{21}=a_{12}=0$. 这时 $\Phi=I$,与 Φ 为对合变换矛盾. 因此,若 Φ 为对合变换,则必有

$$a_{11}+a_{22}=0.$$

第二章 射影变换

充分性 若 $a_{11}+a_{22}=0$，则 $a_{11}=-a_{22}$．代入(4.3),(4.4)两式都成立，故有

$$\Phi^2 = \begin{bmatrix} k & 0 \\ 0 & k \end{bmatrix}, \quad \text{其中 } k \text{ 为实常数.}$$

上式中 $k\neq 0$，否则 Φ 为零矩阵．对于直线 ξ 上任一点 x，有

$$\Phi^2(x) = x\begin{bmatrix} k & 0 \\ 0 & k \end{bmatrix} = kx \sim x,$$

故 Φ 为对合变换．

从上面的定理可知，对合变换 Φ 的表达式为

$$\Phi: \begin{cases} \rho\lambda'_1 = a_{11}\lambda_1 + a_{12}\lambda_2, \\ \rho\lambda'_2 = a_{21}\lambda_1 - a_{11}\lambda_2, \end{cases} \quad \rho\begin{vmatrix} a_{11} & a_{12} \\ a_{21} & -a_{11} \end{vmatrix} \neq 0. \tag{4.5}$$

2. 对合变换中的对应点

定理 4.2 对合变换 Φ 交换每对对应点，即：若 $\Phi: x \to x'$，则 $\Phi: x' \to x$．

证明 由于对合变换 Φ 具有性质 $\Phi=\Phi^{-1}$，所以对于对合变换 Φ 下的任一对对应点 x, $x'=\Phi(x)$，总有 $x=\Phi^{-1}(x')$，即 $x=\Phi(x')$，也就是

$$\Phi: x \to x', x' \to x.$$

故对合变换交换每对对应点．

定理 4.3 如果直线 ξ 上的射影变换 Φ 交换一对非重合的对应点，即直线在 ξ 上存在两个不同的点 u,v，使得 $\Phi(u)=v, \Phi(v)=u$，那么 Φ 是直线 ξ 上的对合变换．

证明 由 u,v 是不同的点；$\Phi(u)=v \not\sim u$，知 $\Phi \neq I$．设 w 是直线 ξ 上任一点，且 $\Phi(w)=w'$．这样一来，在变换 Φ 下，直线 ξ 上 u,v,w,w' 四点分别变为 $v,u,w',\Phi(w')$ 四点．根据射影变换保持共线四点的交比不变，并运用交比的性质，有

$$R(u,v;w,w') = R(v,u;w',\Phi(w')) = R(u,v;\Phi(w'),w'),$$

于是
$$w = \Phi(w') = \Phi(\Phi(w)) = \Phi^2(w).$$

由 w 的任意性，即得 $\Phi^2 = I$．故 Φ 为直线 ξ 上的对合变换．

3. 对合变换的确定

定理 4.4 两对对应点唯一确定直线 ξ 上的一个对合变换．

证明 下面就两对对应点中至少有一对非重合的情况进行证明，至于两对对应点都重合的情况由本节定理 4.7 给出．

设在直线 ξ 上给定相异三点 x,y,u，再在直线 ξ 上取点 v，满足 $v \not\sim x,y$．只要证明在直线 ξ 上恰有一个对合变换 Φ，使得 $y=\Phi(x), v=\Phi(u)$ 即可．

我们知道，必存在唯一确定的射影变换 Φ，使得点 x,y,u 分别变为点 y,x,v．在变换 Φ 下交换了一对对应点 x,y，即 $y=\Phi(x), x=\Phi(y)$，所以由定理 4.3 知，Φ 是对合变换．这就证

明了存在性.

再证唯一性. 若还有一个对合变换 Φ', 使得 $y=\Phi'(x), v=\Phi'(u)$, 这样 Φ' 也使得点 x,y,u 分别变为点 y,x,v, 于是变换 Φ' 和 Φ 有三对相同的对应点. 所以 $\Phi'=\Phi$, 即变换 Φ 是唯一的.

三、对合变换与射影变换

定理 4.5 直线 ξ 上非对合变换的任意一个射影变换 Φ 可表示为两个对合变换之积.

证明 若 $\Phi=I$, 则对于任意一个对合变换 Φ_1, 都有
$$\Phi_1\Phi_1 = I = \Phi.$$
故定理成立.

若 $\Phi \neq I$, 且 Φ 也不是对合变换, 则直线 ξ 上至少有一点 a, 它既不是二重点, 也不与它的像点 a' 成彼此对应, 即 $a'=\Phi(a) \not\sim a$, 且 $a''=\Phi(a') \not\sim a, a'$. 令 $a_1=\Phi(a'')$, 那么
$$\Phi: \xi(a, a', a'', \cdots) \bar{\wedge} \xi(a', a'', a_1, \cdots). \tag{4.6}$$

我们可以在直线 ξ 上用三对对应点确定一个射影变换:
$$\Phi_1: \xi(a, a', a'', \cdots) \bar{\wedge} \xi(a'', a', a, \cdots). \tag{4.7}$$

因为 a, a'' 成彼此对应, 所以 Φ_1 是对合变换.

由于 $a'=\Phi(a)$, 而且 $a'=\Phi_1(a')$, 所以有
$$a' = \Phi_1(\Phi(a)) = \Phi_1\Phi(a).$$
又由 $a''=\Phi(a')$, 而且 $a=\Phi_1(a'')$, 有
$$a = \Phi_1(\Phi(a')) = \Phi_1\Phi(a'),$$
即 $\Phi_1\Phi$ 使得 a, a' 也成彼此对应, 所以 $\Phi_1\Phi$ 也是一个对合变换. 设这个对合变换为 Φ_2, 即 $\Phi_2=\Phi_1\Phi$, 那么
$$\Phi_2: \xi(a'', a', a, \cdots) \bar{\wedge} \xi(a', a'', a_1, \cdots). \tag{4.8}$$
由此得到 $\Phi=\Phi_1\Phi_2$.

综上可知, 射影变换 Φ 必可表示为两对合变换之积.

四、对合变换的类型

类似于讨论射影变换类型的问题, 我们也从对合变换的二重点入手讨论其类型, 不过要注意对合变换的二重点与射影变换的二重点有所不同.

直线 ξ 上的射影变换
$$\Phi: \begin{cases} \rho\lambda_1' = a_{11}\lambda_1 + a_{12}\lambda_2, \\ \rho\lambda_2' = a_{21}\lambda_1 + a_{22}\lambda_2, \end{cases} \rho \begin{vmatrix} a_{11} & a_{12} \\ a_{21} & a_{22} \end{vmatrix} \neq 0 \tag{4.9}$$
为对合变换的条件是 $a_{11}+a_{22}=0$, 把它代入判别式(3.15)则有
$$\Delta = (a_{11}-a_{22})^2 + 4a_{12}a_{21} = 4a_{11}^2 + 4a_{12}a_{21}$$

第二章 射影变换

$$=-4a_{11}a_{22}+4a_{12}a_{21}=-4(a_{11}a_{22}-a_{12}a_{21})$$
$$=-4\begin{vmatrix} a_{11} & a_{12} \\ a_{21} & a_{22} \end{vmatrix}=-4|a_{ik}|\neq 0. \tag{4.10}$$

这就是说,若 Φ 是对合变换,则 $\Delta\neq 0$ (所以直线 ξ 上没有抛物型的对合变换). 因此,我们有如下关于对合变换的分类:

(1) 当 $\Delta>0$, 即 $|a_{ik}|<0$ 时, Φ 有两个二重点,这样的对合变换 Φ 叫做**双曲型对合变换**;

(2) 当 $\Delta<0$, 即 $|a_{ik}|>0$ 时, Φ 没有二重点,这样的对合变换 Φ 叫做**椭圆型对合交换**.

前面在 §2.3 中的定理 3.11 讲到,双曲型射影变换中有两个二重点 u,v, 且对于直线 ξ 上异于 u,v 的任意点 x, 总有

$$R(u,v;x,\Phi(x))=k. \tag{4.11}$$

那么在对合变换下这个常数 k 有何特色性呢？ 对此我们有如下定理:

定理 4.6 直线 ξ 上的双曲型对合变换 Φ 的两个二重点 u,v 调和分隔其他每对对应点.

证明 设 u,v 是双曲型对合变换 Φ 的两个二重点, x 是直线 ξ 上异于 u,v 的任意点. 由于 Φ 使得点 $u,v,x,\Phi(x)$ 分别变为点 $u,v,\Phi(x),x$, 所以

$$R(u,v;x,\Phi(x))=R(u,v;\Phi(x),x)=\frac{1}{R(u,v;x,\Phi(x))}.$$

于是 $[R(u,v;x,\Phi(x))]^2=1$, 即 $R(u,v;x,\Phi(x))=\pm 1$. 若 $R(u,v;x,\Phi(x))=1$, 则 $x\sim\Phi(x)$, 因而变换 Φ 下有 u,v,x 三个二重点,即 $\Phi=I$. 但 Φ 为对合变换,即 $\Phi\neq I$, 所以

$$R(u,v;x,\Phi(x))=-1. \tag{4.12}$$

故定理得证.

根据这个定理,可以得到下面的定理:

定理 4.7 直线 ξ 上的双曲型对合变换 Φ 由它的两个二重点完全确定.

事实上,由于给出了直线 ξ 上的双曲型对合变换 Φ 的两个二重点 u,v, 对于直线 ξ 上异于 u,v 的任意点 x, 直线 ξ 上三点 u,v,x 的第四调和点 x' 就是唯一确定的. 由定理 4.6 知 x' 就是点 x 在对合变换 Φ 下的像点: $x'=\Phi(x)$, 故对合变换 Φ 被完全确定.

例 1 试证: 直线 ξ 上的双曲型对合变换的任意两对对应点互相不分隔.

证明 设 y,z 和 u,v 是双曲型对合变换的任意两对对应点,而 m,n 为二重点,那么由 (4.12)式知

$$R(m,n;y,z)=-1, \quad R(m,n;u,v)=-1.$$

以 m,n 为基础点,任选一单位点,在直线 ξ 上建立射影坐标系. 如果在此坐标系下有

$$y=\lambda_1 m+\lambda_2 n, \quad u=\mu_1 m+\mu_2 n,$$

则有 $z=\lambda_1 m-\lambda_2 n, v=\mu_1 m-\mu_2 n$. 于是

$$R(y,z;u,v)=\frac{|y,u|\cdot|z,v|}{|z,u|\cdot|y,v|}=\frac{\begin{vmatrix}\lambda_1&\lambda_2\\\mu_1&\mu_2\end{vmatrix}\cdot\begin{vmatrix}\lambda_1&-\lambda_2\\\mu_1&-\mu_2\end{vmatrix}}{\begin{vmatrix}\lambda_1&-\lambda_2\\\mu_1&\mu_2\end{vmatrix}\cdot\begin{vmatrix}\lambda_1&\lambda_2\\\mu_1&-\mu_2\end{vmatrix}}=\frac{(\lambda_1\mu_2-\lambda_2\mu_1)^2}{(\lambda_1\mu_2+\lambda_2\mu_1)^2}>0.$$

所以 $y,z\overline{\wedge}u,v$.

例 2 设直线 ξ 上有相异四点 y,z,u,v，且 $y,z\overline{\wedge}u,v$，试证：由 y,z 和 u,v 两对对应点所确定的对合变换 Φ 是双曲型的.

证明 在直线 ξ 上以 y,z,u 为参考点建立射影坐标系，它们的坐标依次是 $(1,0),(0,1),(1,1)$. 设点 v 的坐标为 (v_1,v_2). 由 $y,z\overline{\wedge}u,v$ 应有 $R(y,z;u,v)=\frac{v_1}{v_2}>0$，因此 v_1,v_2 的符号相同. 再利用两对彼此对应的点对 $(1,0),(0,1)$ 和 $(1,1),(v_1,v_2)$ 确定直线 ξ 上的对合变换 Φ 的表达式：

$$\begin{cases}\rho\lambda'_1=v_1\lambda_2,\\\rho\lambda'_2=v_2\lambda_1.\end{cases}$$

因为 $\Delta=-4|a_{ik}|=-4\begin{vmatrix}0&v_1\\v_2&0\end{vmatrix}=4v_1v_2>0$，所以对合变换 Φ 是双曲型的.

五、Desargues 对合定理

定理 4.8（Desargues 对合定理） 在射影平面上任意不过完全四点形顶点的一条直线与完全四点形三组对边的交点，是该直线上一个对合变换的三对对应点.

证明 如图 2-21 所示，设任一直线 σ 分别交完全四点形 $abcd$ 的三对对边 ξ 和 ξ'，η 和 η'，ζ 和 ζ' 于点 x 和 x'，y 和 y'，z 和 z'，要证明存在直线 σ 上的一个对合变换 Φ，使得

$$x'=\Phi(x),\quad y'=\Phi(y),\quad z'=\Phi(z).$$

不妨设 $x\not=x'$. 因为

$$\sigma(x,x',y,z,\cdots)\overset{b}{\overline{\wedge}}\xi'(\xi\times\xi',x',d,c,\cdots)\overset{a}{\overline{\wedge}}\sigma(x,x',z',y',\cdots),$$

所以 $R(x,x';y,z)=R(x,x';z',y')=R(x',x;y',z')$.

因此存在直线 σ 上的一个射影变换 Φ，使得点 x,x',y,z 分别变为点

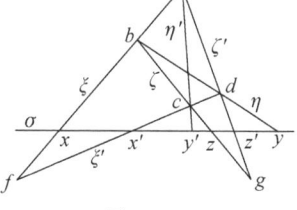

图 2-21

x',x,y',z'. 由于变换 Φ 交换一对非重合对应点 x,x'，所以 Φ 是直线 σ 上的一个对合变换，且使得

$$x'=\Phi(x),\quad y'=\Phi(y),\quad z'=\Phi(z).$$

对偶地，我们可以得到线束上的射影变换和对合变换相应的一切结论. 作为例子，只举出定理 4.8 的对偶定理，其余由读者自己完成.

定理 4.9（Desargues 对合定理） 在射影平面上任意不在完全四线形边上的一点与完全

四线形三组对顶点的连线,是以该点为中心的线束上一个对合变换的三对对应直线.

如图 2-22 所示,设任一点 s 与交完全四线形 $\alpha\beta\gamma\delta$ 的三组对顶点 x 和 x',y 和 y',z 和 z' 的连线分别为 ξ 和 ξ',η 和 η',ζ 和 ζ',定理 4.9 即要证明:存在线束 s 上的一个对合变换 Φ,使得
$$\xi' = \Phi(\xi), \quad \eta' = \Phi(\eta), \quad \zeta' = \Phi(\zeta).$$

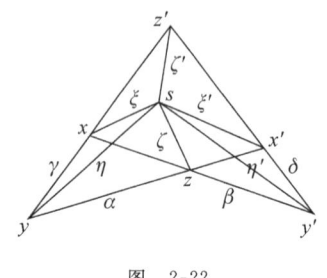
图 2-22

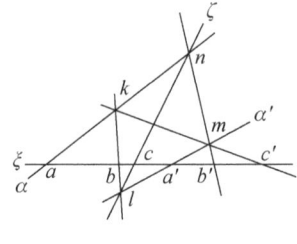
图 2-23

例 3 设直线 ξ 上由两对对应点 a,a' 和 b,b' 确定的对合变换为 Φ,求作对合变换 Φ 下点 c 的对应点 c'.

解 过点 a,a' 分别作任意直线 α,α',过点 c 作直线 ζ.设 $n=\zeta\times\alpha$,$l=\zeta\times\alpha'$,$k=(b\times l)\times\alpha$,$m=(b'\times n)\times\alpha'$,$c'=(m\times k)\times\xi$,那么 c' 就是所求作的点(图 2-23).

事实上,a 和 a',b 和 b',c 和 c' 是完全四点形 $klmn$ 三对对边与直线 ξ 的交点,所以它们是某个对合变换的三对对应点.由对合变换的唯一性,这一对合变换就是对合变换 Φ.故 c' 是对合变换 Φ 下点 c 的对应点.

习 题 2.4

1. 试从两对对应点 $x(1,0),y(1,0)$ 和 $u(1,1),v(1,-1)$ 确定一个对合变换 Φ,并判定 Φ 是属于什么类型.

2. 试判定下列对合变换属于什么类型.若属于双曲型,求出其二重点.

(1) $\begin{cases} \rho x_1' = 2x_2 + x_2, \\ \rho x_2' = x_1 - 2x_2; \end{cases}$ (2) $\begin{cases} \rho x_1' = 2x_2 - 3x_2, \\ \rho x_2' = 5x_1 - 2x_2. \end{cases}$

3. 试求直线 ξ 上以两点 $(1,1)$ 和 $(2,0)$ 为二重点的对合变换的表达式.

4. 设一个对合变换两对对应点 x,y 和 u,v 的非齐次坐标是 $1,-1$ 和 $-2,3$,求这个对合变换的表达式.

5. 试证:直线 ξ 上椭圆型对合变换的任意两对对应点是互相分隔的.

6. 设 P,Q,R,S 是完全四点形的顶点,且点 $A=PS\times QR$,$B=PR\times QS$,$C=PQ\times RS$,求证:$A_1=BC\times QR$,$B_1=CA\times RP$,$C_1=AB\times PQ$ 三点共线.

7. 已知某线束中的相异三直线 ξ,η,ζ,求作直线 φ,使 $R(\xi,\eta;\zeta,\varphi)=-1$.

§2.5 直射变换

在§2.1中,我们讨论了射影平面 P^2 到 P'^2 上的直射映射 Ψ,并指出如果射影平面 P^2 和 P'^2 重合,这时的直射映射 Ψ 为射影平面 P^2 上的直射变换.因此关于直射映射的一些定理,对于直射变换仍然成立.

本节我们讨论直射变换的几种特殊情形.为了把它们从一般的直射变换中区分出来,我们先讨论射影平面 P^2 上的直射变换 Ψ 的二重元素.

一、二重元素

定义 5.1 给定射影平面 P^2 上的一个直射变换 Ψ,若一点 x 满足 $x' = \Psi(x) \sim x$,则 x 叫做变换 Ψ 的**二重点**或**不动点**.同样地,若一直线 ξ 满足 $\xi' = \Psi(\xi) \sim \xi$,则 ξ 叫做变换 Ψ 的**二重直线**.直射变换 Ψ 的二重点和二重直线统称为变换 Ψ 的**二重元素**.

定理 5.1 射影平面 P^2 上任意一个直射变换 Ψ 至少有一个二重点和一条二重直线.

证明 设直射变换 $\Psi: x \to x'$ 的表达式为

$$\rho x_i' = \sum_{k=1}^{3} a_{ik} x_k, \quad \rho |a_{ik}| \neq 0,\ i = 1, 2, 3. \tag{5.1}$$

若点 x 是变换 Ψ 的二重点,即 $\Psi(x) = x' \sim x$,以 x_i 代替 x_i',得

$$\rho x_i = \sum_{k=1}^{3} a_{ik} x_k, \quad \rho |a_{ik}| \neq 0,\ i = 1, 2, 3, \tag{5.2}$$

所以二重点 x 的坐标 (x_1, x_2, x_3) 满足方程组

$$\rho x_i - \sum_{k=1}^{3} a_{ik} x_k = 0, \quad i = 1, 2, 3, \tag{5.3}$$

即

$$\begin{cases} (\rho - a_{11})x_1 - a_{12}x_2 - a_{13}x_3 = 0, \\ -a_{21}x_1 + (\rho - a_{22})x_2 - a_{23}x_3 = 0, \\ -a_{31}x_1 - a_{32}x_2 + (\rho - a_{33}x_3) = 0. \end{cases} \tag{5.4}$$

这个方程组的系数矩阵为

$$\rho I - (a_{ik}) = \begin{bmatrix} \rho - a_{11} & -a_{12} & -a_{13} \\ -a_{21} & \rho - a_{22} & -a_{23} \\ -a_{31} & -a_{32} & \rho - a_{33} \end{bmatrix}. \tag{5.5}$$

方程组(5.4)是以 x_1, x_2, x_3 为元的齐次线性方程组,它有非零解的充分必要条件是

第二章 射影变换

$$f(\rho) = \begin{vmatrix} \rho - a_{11} & -a_{12} & -a_{13} \\ -a_{21} & \rho - a_{22} & -a_{23} \\ -a_{31} & -a_{32} & \rho - a_{33} \end{vmatrix} = 0, \tag{5.6}$$

方程(5.6)是关于 ρ 的三次方程. 解方程(5.6), 若存在根 ρ, 把 ρ 代入方程组(5.4), 求出其非零解 x_i, 就得到二重点 x 的坐标. 由于方程(5.6)是关于 ρ 的三次方程, 所以它至少有一个实根: 或者是三个实单根, 或者是一个实单根和一个二重根, 或者是一个三重根. 无论如何方程(5.6)的根不为零, 否则就会出现 $|a_{ik}| = 0$, 与条件 $|a_{ik}| \neq 0$ 矛盾. 于是方程组(5.4)有非零解, 可求得 Ψ 的二重点. 因此 Ψ 至少有一个二重点.

根据 §2.1 中的(1.22)式知道直射变换把直线变为直线. 设直线 $\xi[\xi_1, \xi_2, \xi_3]$ 对应直线 $\xi'[\xi'_1, \xi'_2, \xi'_3]$, 则有

$$\rho' \xi_i = \sum_{k=1}^{3} a_{ki} \xi'_k, \quad \rho' |a_{ki}| \neq 0, \ i = 1, 2, 3. \tag{5.7}$$

类似于上面讨论二重点情况, 设 ξ 为二重直线, 则 $\xi \sim \xi'$, 即有

$$\begin{cases} (\rho' - a_{11})\xi_1 - a_{21}\xi_2 - a_{31}\xi_3 = 0, \\ -a_{12}\xi_1 + (\rho' - a_{22})\xi_2 - a_{32}\xi_3 = 0, \\ -a_{13}\xi_1 - a_{23}\xi_2 + (\rho' - a_{33}\xi_3) = 0. \end{cases} \tag{5.8}$$

这个齐次线性方程组有非零解的充分必要条件是

$$f(\rho') = \begin{vmatrix} \rho' - a_{11} & -a_{21} & -a_{31} \\ -a_{12} & \rho' - a_{22} & -a_{32} \\ -a_{13} & -a_{23} & \rho' - a_{33} \end{vmatrix} = 0. \tag{5.9}$$

和上面方程(5.6)的情况一样, 此方程至少有一非零实根. 把这个实根代到方程组(5.8)中, 即解得二重直线 ξ 的坐标, 因此至少有一条二重直线.

通常我们称 $f(\rho) = |\rho I - (a_{ik})| = 0$ 为直射变换 Ψ 的**特征方程**, 它的根叫做直射变换 Ψ 的**特征根**.

定理 5.1 的证明过程提供了求直射变换二重元素的方法. 事实上, 由代数知识知道, 矩阵 (a_{ik}) 和 (a_{ki}) 有相同的特征根, 因此只需求一次特征根并分别代入方程组(5.4)和(5.8)即可求得直射变换(5.1)的二重点和二重直线. 另外, 需要指出的是, 求直射变换的二重元素实际上就是求三阶矩阵的特征向量, 因此直射变换的二重元素是三阶矩阵的特征向量的几何解释.

例 1 求直射变换 $\Psi: \rho x' = x \begin{bmatrix} 7 & -1 & -2 \\ 4 & 2 & -2 \\ -1 & 1 & 5 \end{bmatrix}$ 的二重元素.

解 由直射变换 Ψ 知, 其二重点 x 满足方程组

$$\begin{cases} (\rho-7)x_1 - 4x_2 + x_3 = 0, \\ x_1 + (\rho-2)x_2 - x_3 = 0, \\ 2x_1 + 2x_2 + (\rho-5x_3) = 0, \end{cases}$$

此方程组有非零解的充分必要条件是

$$f(\rho) = \begin{vmatrix} \rho-7 & -4 & 1 \\ 1 & \rho-2 & -1 \\ 2 & 2 & \rho-5 \end{vmatrix} = (\rho-3)(\rho-5)(\rho-6) = 0.$$

这是关于 ρ 的三次方程,它有三个单根 $\rho_1=3, \rho_2=5, \rho_3=6$.

当 $\rho=\rho_1=3$ 时,上面方程组的系数矩阵为

$$\rho_1 I - (a_{ik}) = \begin{bmatrix} -4 & -4 & 1 \\ 1 & 1 & -1 \\ 2 & 2 & -2 \end{bmatrix},$$

它的秩为 $r_1=2$. 该矩阵有二阶子式 $\begin{vmatrix} -4 & 1 \\ 1 & -1 \end{vmatrix} = 3 \neq 0$,对应于这个矩阵中的第一、第二两行,即这个矩阵的前两行线性无关,因此求这两行的向量积便得到二重点的坐标. 以 $x^{(1)}$ 表示之,则有

$$x^{(1)} = (-4,-4,1) \times (1,1,-1) = (3,-3,0) \sim (1,-1,0).$$

当 $\rho=\rho_2=5$ 和 $\rho=\rho_3=6$ 时,用同样的方法,分别求得 Ψ 的另外两个二重点

$$x^{(2)} = (-1,1,2) \quad \text{和} \quad x^{(3)} = (-2,1,2).$$

由行列式

$$|x^{(1)}, x^{(2)}, x^{(3)}| = \begin{vmatrix} 1 & -1 & 0 \\ -1 & 1 & 2 \\ -2 & 1 & 2 \end{vmatrix} = 2 \neq 0$$

知, $x^{(1)}, x^{(2)}, x^{(3)}$ 三点不共线,因此直射变换 Ψ 有三个不共线的二重点. 由对偶原理可知,直射变换 Ψ 还有三条不共点的二重直线 $\xi^{(1)}, \xi^{(2)}, \xi^{(3)}$. 我们可以仿照上述步骤求得这三条二重直线的坐标,但因为两个二重点的连线是二重直线(图 2-24),因此不必再通过直射变换式去计算,只要求出过每两个二重点的连线即可:

$$\xi^{(1)} = x^{(2)} \times x^{(3)} = (-1,1,2) \times (-2,1,2) = [0,-2,1],$$
$$\xi^{(2)} = x^{(3)} \times x^{(1)} = (-2,1,2) \times (1,-1,0) = [2,2,1],$$
$$\xi^{(3)} = x^{(1)} \times x^{(2)} = (1,-1,0) \times (-1,1,2) = [1,1,0].$$

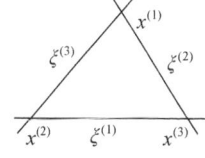

图 2-24

由于在射影平面 P^2 上的直射变换 Ψ 至少有一个二重点和一条二重直线,因此我们可以利用它们之间的位置关系来划分直射变换. 这也就是我们下面要讨论的内容.

二、透射变换

1. 透射变换的定义

定义 5.2 如果在射影平面 P^2 上的非恒等直射变换 Ψ 使得一条直线 α 上的每一个点都是二重点,过不在直线 α 上一点 a 的每一条直线都是二重直线,则直射变换 Ψ 叫做射影平面 P^2 上的**透射变换**(简称**透射**)或**同调变换**,其中直线 α 叫做**透射轴**,点 a 叫做**透射中心**.

也就是说,若射影平面 P^2 上的直射变换 $\Psi \neq I$,并且在一条直线 α 上和一个线束 a(点 a 不在直线 α 上)导出的一维射影变换是恒等变换,那么 Ψ 就是一个透射变换.通常用 H 来表示透射变换.

由定义可以推出下面的结论:

结论 1 透射变换的非重合对应点连线过透射中心,即:设 H 是透射变换,点 z 是既不在透射轴 α 上也不是透射中心 a 的任意一点,则点 z 与 $z'=H(z)$ 的连线必经过透射中心 a.

结论 2 透射变换的非重合对应线交点在透射轴上,即:设 H 是透射变换,直线 ζ 是既不过透射中心 a 也不是透射轴 α 的任意一直线,则 ζ 和 $\zeta'=H(\zeta)$ 的交点在透射轴 α 上.

结论 3 透射变换导出的过透射中心的任意直线上的变换是一维双曲型射影变换.

2. 透射变换的确定条件

定理 5.2 在射影平面 P^2 上给出一条直线 α 和不在直线 α 上的共线且相异的三点 a,z,z',则唯一确定射影平面 P^2 上的透射变换 H,它以直线 α 为透射轴,点 a 为透射中心,且使得 $z'=H(z)$.

证明 设 b,c 是在直线 α 上而不在直线 $\xi=a\times z \sim a\times z'$ 上的任意两点,则 a,b,c,z 与 a,b,c,z' 都是无三点直线的四点,因而存在一个直射变换 Ψ,使得点 a,b,c,z 依次变为点 $a,$ b,c,z'. 由于 Ψ 在直线 α 上使得 $b,c,a\times\xi$ 三点不动,于是 Ψ 在直线 α 上导出的一维射影变换是恒等变换. 同样地,Ψ 在线束 a 上使得 $a\times b,$ $a\times c,a\times z\sim a\times z'=\xi$ 三直线不动,于是 Ψ 在线束 a 上导出的一维射影变换也是恒等变换(图 2-25). 又由于 $z'=\Psi(z) \not\sim z$,所以 Ψ 不是恒等变换.因此,Ψ 是以 α 为透射轴,a 为透射中心,且使得 $z'=\Psi(z)$ 的一个透射变换 H. 这就证明了定理中的存在性.

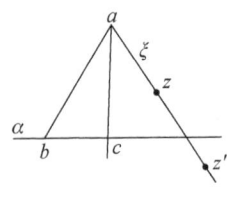

图 2-25

如果还有一个透射变换 H',它也是以 α 为透射轴,a 为透射中心,且使得 z,z' 为一对对应点,那么 H' 也把点 a,b,c,z 分别变为点 a,b,c,z'. 然而由 a,b,c,z 四点分别变为 $a,b,c,$ z' 四点所确定的直射变换是唯一的,所以 $H'=H$. 这就证明了定理中的唯一性.

由定理 5.2 可知,透射变换 H 是由它的透射轴 α,透射中心 a 及一对对应点 z,z'(不在透射轴 α 上,也不是透射中心 a)完全确定的.

应用这个定理,可以作射影平面上任意一点 $x(x \not\sim z,z')$ 在透射变换 H 下的对应点

$x' = H(x)$(图 2-26),其作法是:

若点 x 不在直线 $\xi = a \times z \sim a \times z'$ 上,先作点 $u = (z \times x) \times \alpha$,再作点 $x' = (a \times x) \times (u \times z')$,则 $x' = H(x)$(图 2-26(a)). 若 x 在直线 $\xi = a \times z \sim a \times z'$ 上,可利用图 2-26(a)的作法,先作出直线 ξ 及 α 外任一点 y 的对应点 y',再作出 x 的对应点 x'(图 2-26(b)).

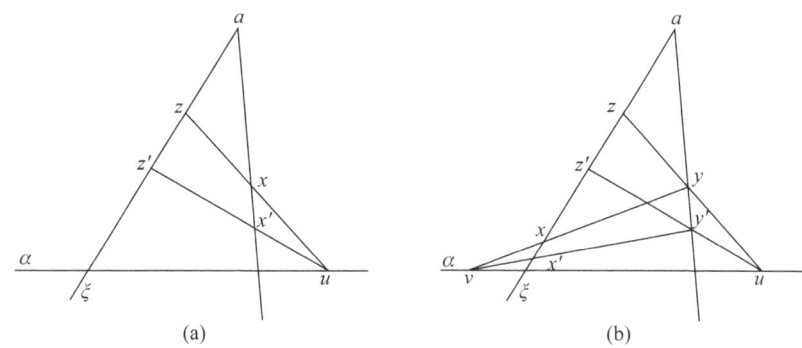

图 2-26

3. 透射变换与直射变换的关系

透射变换是直射变换的特殊情形,这在定义中已经明确了. 除此之外,它们之间还有如下关系:

定理 5.3 如果射影平面 P^2 上的直射变换 Ψ 既不是恒等变换,也不是透射变换,那么直射变换 Ψ 必能分解为两个透射变换之积.

证明 根据定理 5.1,在射影平面 P^2 上的直射变换 Ψ 下必有一个二重点 a,又由已知条件总可以取到三个非二重点 b,c,d,使得 a,b,c,d 构成一个四点形. 若它们的像点分别为 a,b',c',d',则 $ab'c'd'$ 也是一个四点形. 于是直射变换 Ψ 由 a,b,c,d 四点依次变为 a,b',c',d' 四点所确定.

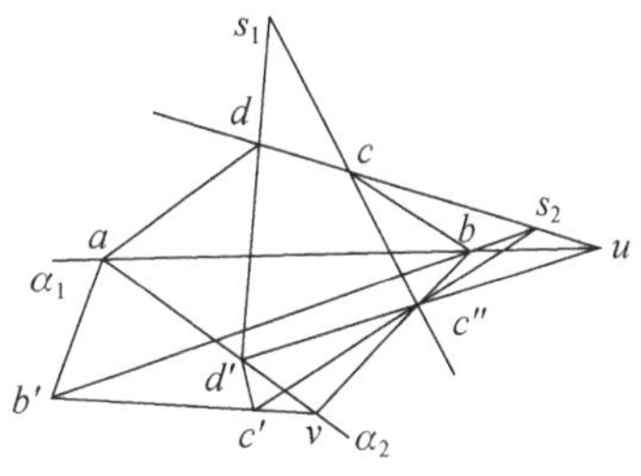

如图 2-27 所示,令 $\alpha_1 = a \times b$,$\alpha_2 = a \times d'$($\alpha_1 \not\sim \alpha_2$),$u = (d \times c) \times \alpha_1$,$v = (b' \times c') \times \alpha_2$,$c'' = (b \times v) \times (d' \times u)$,$s_1 = (d \times d') \times (c \times c'')$,$s_2 = (b \times b') \times (c' \times c'')$. 我们以 s_1 为透射中心,α_1 为透射轴,d,d' 为一对对应点确定一个透射变换 H_1,使得

图 2-27

$$H_1: a,b,c,d \to a,b,c'',d'. \tag{5.10}$$

再以 s_2 为透射中心,α_2 为透射轴,b,b' 为一对对应点确定一个透射变换 H_2,使得

$$H_2: a,b,c'',d' \to a,b',c',d'. \tag{5.11}$$

由(5.10),(5.11)两式得

$$H_1 H_2: a,b,c,d \to a,b',c',d'. \tag{5.12}$$

所以 $\Psi = H_1 H_2$.

注 若 $d \times d' \sim c \times c''$, 此时可求出点 $(a \times d) \times (b \times c), (a \times d') \times (b \times c'')$, 以它们为一对对应点来确定点 s_1. 对于 $b \times b' \sim c \times c''$ 时, 亦可仿此.

三、调和透射变换

1. 调和透射变换的定义

定义 5.3 设 H 是射影平面 P^2 上以 α 为透射轴, a 为透射中心的透射变换. 如果 H 使每一对对应点 $z, z' = H(z)$ 被点 $a, (z \times z') \times \alpha$ 调和分隔, 那么这个透射变换 H 叫做射影平面 P^2 上的**调和透射变换**(简称**调和透射**)或调和同调变换, 记做 H_1.

由定义 5.3 知, 若 H_1 是射影平面 P^2 上的一个调和透射变换, 且使得 $x' = H_1(x), z' = H_1(z)$, 又记 $p = (x \times x') \times \alpha, q = (z \times z') \times \alpha$ (图 2-28), 则有

$$R(z, z'; a, q) = R(x, x'; a, p) = -1. \quad (5.13)$$

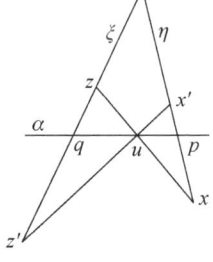

图 2-28

2. 调和透射变换的确定条件

定理 5.4 设 H 是射影平面 P^2 上以 α 为透射轴, a 为透射中心的透射变换. 若有一对对应点 $z, z' = H(z)$ 调和分隔 $a, q = (z \times z') \times \alpha$, 则 H 是射影平面 P^2 上的调和透射变换.

证明 如图 2-28 所示, 设 $\xi = z \times z', p = (x \times x') \times \alpha$. 对于不在直线 ξ 上的任意一对对应点 $x, x' = H(x)$, 总有

$$\xi(z, z', a, q) \overset{u}{\barwedge} \eta(x, x', a, p), \quad 其中 \quad \eta = x \times x',$$

故有

$$R(x, x'; a, p) = R(z, z'; a, q) = -1.$$

对于在直线 ξ 上的任意一对对应点 $\overline{x}, \overline{x}' = H(\overline{x})$, 则利用上面的结果可得

$$R(\overline{x}, \overline{x}'; a, q) = R(x, x'; a, p) = R(z, z'; a, q) = -1.$$

于是定理得到证明.

3. 由调和透射变换导出的一维射影变换

定理 5.5 调和透射变换 H_1 导出的过透射中心 a 的任意直线 ξ 上的一维射影变换为双曲型对合变换.

证明 在 H_1 下过透射中心 a 的任意直线 ξ 都变为它自身. 设 $\overline{a} = \xi \times \alpha$ (α 为透射轴), 则

$$R(z, z'; a, \overline{a}) = -1.$$

由于直线 ξ 上点 a 和 $\overline{a}$ 为二重点, 所以 H_1 在直线 ξ 上导出的一维射影变换是双曲型对合变

换(图 2-29).

4. 调和透射变换与对合变换的关系

射影平面 P^2 上的对合变换 Φ 的定义,与直线上的对合变换一样,即要求 Φ 为射影平面 P^2 上的射影变换,且 $\Phi \neq I, \Phi^2 = I$.

定理 5.6 射影平面 P^2 上的调和透射变换是射影平面 P^2 上的对合变换,反之也成立.

证明 设射影平面 P^2 上的调和透射变换为 H_1. 由于对于不在透射轴 α 上且不是透射中心 a 的任意一点 z, $z' = H_1(z)$ 是 $a, \bar{a} = (a \times z) \times \alpha, z$ 的第四调和点(图 2-29),所以 $z' \not\sim z$, 即 $H_1 \neq I$.

再来证明 $H_1^2 = I$. 若点 z 为透射中心 a 或在透射轴 α 上,则 $H_1(z) = z$, 从而 $H_1^2(z) = z$. 若点 z 不为透射中心 a, 也不在透射轴 α 上, 设 z' 是点 z 的调和透射的对应点, 即 $H_1(z) = z'$, 则 z' 是 $a, \bar{a}, z$ 的第四调和点. 于是有 $H_1^2(z) = H_1(z') = z$. 因此, $H_1^2 = I$. 这就证明了调和透射变换是对合变换.

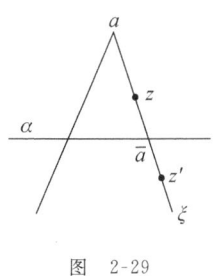

图 2-29

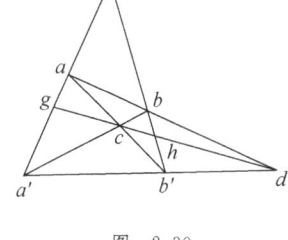

图 2-30

反之, 设 Ψ 是射影平面 P^2 上的任意一个对合变换, 在射影平面 P^2 上任取无三点共线的两对对应点 $a, a' = \Psi(a)$ 和 $b, b' = \Psi(b)$, 则 Ψ 是使得点 a, a', b, b' 分别变为点 a', a, b', b 的直射变换(图 2-30).

如图 2-30 所示,设
$$c = (a \times b') \times (a' \times b), \quad d = (a \times b) \times (a' \times b'),$$
$$f = (a \times a') \times (b \times b'), \quad g = (a \times a') \times (c \times d),$$
$$h = (b \times b') \times (c \times d).$$

由完全四点形 $abcd$ 可知,a, a', g, f 和 b, b', h, f 都是调和点列,故建立以 f 为透射中心,$c \times d$ 为透射轴的调和透射 Ψ', 必使得点 a, a', b, b' 分别变为点 a', a, b', b.

由于 Ψ' 与 Ψ 都使得点 a, a', b, b' 分别变为点 a', a, b', b, 所以 $\Psi' = \Psi$. 已知 Ψ' 是调和透射变换, 这就证明了射影平面 P^2 上的对合变换 Ψ 是调和透射变换.

四、合射变换

1. 合射变换的定义

定义 5.4 如果射影平面 P^2 上的非恒等直射变换 Ψ 使得一条直线 α 上的每一点都是二重点,过直线 α 上点 a 的直线都是二重直线,那么这样的直射变换 Ψ 叫做**合射变换**(简称**合射**),其中点 a 叫做**合射中心**,直线 α 叫做**合射轴**.

也就是说,若射影平面 P^2 上的直射变换 $\Psi \neq I$,且在一条直线 α 上和一线束 a(点 a 在直线 α 上)上导出的一维射影变换是恒等变换,那么 Ψ 就是一个合射变换.我们通常用 K 来表示射影平面 P^2 上的合射变换.

由定义容易推出如下结论:

结论 1 合射变换的非重合对应点的连线过合射中心,即:设 K 是射影平面 P^2 上的合射变换,点 z 不在合射轴 α 上,则点 z 与 $z'=K(z)$ 的连线过合射中心 a.

结论 2 合射变换的非重合对应线的交点在合射轴上,即:设 K 是合射变换,直线 ζ 不过合射中心 a,则直线 ζ 和 $\zeta'=k(\zeta)$ 的交点在合射轴 α 上.

结论 3 合射变换导出的过合射中心的任意直线上的变换是一维抛物型射影变换.

2. 合射变换的确定条件

定理 5.7 在射影平面 P^2 给定一条直线 α 和不在直线 α 上的相异两点 z, z',则存在唯一的射影平面 P^2 上的合射变换 K,它以 α 为合射轴,$a=(z \times z') \times \alpha$ 为合射中心,且使得 $z'=K(z)$.

证明 令 $\xi = z \times z'$.因为点 z, z' 不在直线 α 上,所以必存在点 $a = \alpha \times \xi$.设 x 是不在直线 α 和 ξ 上的任一点(图 2-31(a)),作点 $u = \alpha \times (z \times x)$ 和 $x' = (u \times z') \times (a \times x)$.再设 b 是直线 α 上不同于点 u, a 的任一点,那么 a, b, z, x 四点和 a, b, z', x' 四点均无三点共线,因而恰有一个把点 a, b, z, x 依次变为点 a, b, z', x' 的直射变换 Ψ.由于 Ψ 在直线 α 上使得 a, b, u 三点不动,于是 Ψ 在直线 α 上导出的一维射影变换是恒等变换.同样,Ψ 在线束 a 上使得 $z \times z', x \times x', \alpha$ 三直线不动,于是 Ψ 在线束 a 上导出的一维射影变换也是恒等变换.因此,Ψ 是以 α 为合射轴,直线 α 上一点 a 为合射中心的合射变换 K,且使得 $z' = K(z)$.这就证明了存在性.

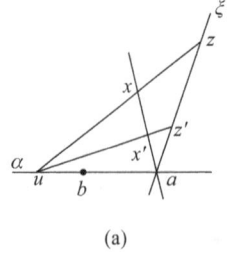
(a)

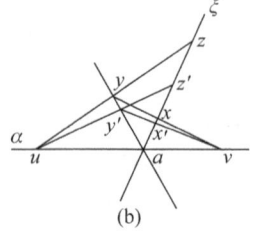
(b)

图 2-31

再来证明唯一性. 对于不在直线 α 和 $z \times z'$ 上的任一点 x, 可以作点 $u = \alpha \times (z \times x)$, 则 $x' = (u \times z') \times (a \times x)$, 即 x 的像点 x' 可唯一确定 (图 2-31(a)). 对于在直线 $z \times z'$ 上而不在直线 α 上的任一点 x, 首先在直线 ξ 及 α 外任取一点 y, 如前面可以作点 $u = \alpha \times (z \times x)$, 则 y 的对应点为 $y' = (u \times z') \times (a \times y)$; 然后可以作点 $v = \alpha \times (y \times x)$, 则 $x' = (v \times y') \times (a \times z)$, 即 x 的像点 x' 也可以唯一确定 (图 2-31(b)). 对于在直线 α 上的任一点, 它的像点为其自身. 因此, 这样的合射变换 K 是唯一的.

这里不仅证明了唯一性, 也给出了求作合射对应点的方法. 于是得知, 合射变换由合射轴 α 和不在合射轴 α 上的一对对应点完全确定.

五、各种特殊直射变换的表达式

射影平面 P^2 上的一般的直射变换 Ψ 的表达式是

$$\Psi: \rho x'_i = \sum_{k=1}^{3} a_{ik} x_k, \quad \rho |a_{ik}| \neq 0, \ i = 1, 2, 3. \tag{5.14}$$

首先讨论使得一条直线上的每一点都不动 (为二重点) 的直射变换. 为了便于后面的应用, 我们选取在 Ψ 下每一点都不动的那条直线作为坐标三点形的边 δ_3, 其方程是 $x_3 = 0$. 在这条直线上取三个点: $(1,0,0), (0,1,0), (1,1,0)$, 把这三个点的坐标分别代入表达式 (5.14), 得到

$$\begin{cases} \rho_1 = a_{11}, \\ 0 = a_{21}, \\ 0 = a_{31}, \end{cases} \begin{cases} 0 = a_{12}, \\ \rho_2 = a_{22}, \\ 0 = a_{32}, \end{cases} \begin{cases} \rho_3 = a_{11} + a_{12}, \\ \rho_3 = a_{21} + a_{22}, \\ 0 = a_{31} + a_{32}, \end{cases}$$

于是 $a_{21} = a_{31} = a_{12} = a_{32} = 0$, $a_{11} = a_{22} = \rho_3$. 因为

$$|a_{ik}| = \begin{vmatrix} a_{11} & 0 & a_{13} \\ 0 & a_{22} & a_{23} \\ 0 & 0 & a_{33} \end{vmatrix} = a_{11} a_{22} a_{33} \neq 0,$$

所以 $a_{11} \neq 0, a_{22} \neq 0, a_{33} \neq 0$. 可以令 $a_{33} = 1, a_{11} = a_{22} = b, a_{13} = a_1, a_{23} = a_2$, 于是得到变换式为

$$\Psi: \begin{cases} \rho x'_1 = b x_1 + a_1 x_3, \\ \rho x'_2 = b x_2 + a_2 x_3, \\ \rho x'_3 = x_3, \end{cases} \quad \rho \neq 0, b \neq 0. \tag{5.15}$$

显然, 由 (5.15) 式所确定的直射变换 Ψ 使得 $\delta_3: x_3 = 0$ 上每一点都不动.

现在来分别讨论各种特殊的直射变换的表达式.

假设直射变换 Ψ 除直线 δ_3 外还有一个不在直线 δ_3 上的二重点 $y(y_1, y_2, y_3)$. 由于点 y 不在直线 δ_3 上, 则 $y_3 \neq 0$, 故可取 $(y_1, y_2, 1)$ 作为点 y 的代表, 把它代入 (5.15) 式得

$$\begin{cases} \rho y_1 = by_1 + a_1, \\ \rho y_2 = by_2 + a_2, \quad b \neq 0, \\ \rho = 1, \end{cases}$$

即

$$\begin{cases} y_1 = by_1 + a_1, \\ y_2 = by_2 + a_2, \end{cases} \quad b \neq 0. \tag{5.16}$$

(1) 若 $b=1$,则仅当 $a_1=a_2=0$ 时方程组(5.16)有解. 此时由于任意实数 y_1,y_2 都满足方程组(5.16),因而每一点都是 Ψ 的二重点,所以 Ψ 是恒等变换.

(2) 若 $b \neq 1$,且 a_1,a_2 不全为零,则方程组(5.16)有解 $y_1=\dfrac{a_1}{1-b}, y_2=\dfrac{a_2}{1-b}$. 这时 Ψ 有在直线 δ_3 外的一个二重点 $\left(\dfrac{a_1}{1-b}, \dfrac{a_2}{1-b}, 1\right) \sim (a_1, a_2, 1-b)$,因而 Ψ 是以 $\delta_3: x_3=0$ 为透射轴,$(a_1, a_2, 1-b)$ 为透射中心的透射变换.

(3) 若 $b=-1$,此时显然 $\Psi \neq I$,且

$$\Psi^2: \begin{cases} \rho x_1' = -(-x_1 + a_1 x_3) + a_1 x_3 = x_1, \\ \rho x_2' = -(-x_2 + a_2 x_3) + a_2 x_3 = x_2, \\ \rho x_3' = x_3, \end{cases} \tag{5.17}$$

即 $\Psi^2 = I$,因而 Ψ 是调和透射变换.

(4) 若 $b=1$,但 a_1,a_2 不全为零,则方程组(5.16)无解. 这时 Ψ 在直线 δ_3 外没有二重点,所有二重点均可表示为 $(y_1, y_2, 0)$,因而 Ψ 是以 $\delta_3: x_3=0$ 为合射轴,$(a_1, a_2, 0)$ 为合射中心的合射变换.

六、射影变换与初等几何变换

本小节从一般的射影变换来讨论初等几何变换,以便从较高的观点来理解初等几何变换.

1. 欧氏直线上的平移变换

欧氏直线上的平移变换是

$$x' = x + a. \tag{5.18}$$

当 $a=0$,它是恒等变换;当 $a \neq 0$ 时,它没有二重点. 如果把它看做射影直线上的射影变换,我们将(5.18)式与 §2.1 中的(1.10)式比较可知 $a_{11}=a_{22}=1, a_{12}=a, a_{21}=0$(此处将(1.10)式中的 c_{ik} 用 a_{ik} 代替),而且

$$\begin{vmatrix} a_{11} & a_{12} \\ a_{21} & a_{22} \end{vmatrix} = \begin{vmatrix} 1 & a \\ 0 & 1 \end{vmatrix} = 1 \neq 0, \quad \Delta = (a_{11} - a_{22})^2 + 4a_{12}a_{21} = 0,$$

所以平移变换(5.18)是直线上的射影变换,且根据 $\Delta = 0$ 可知是抛物线型射影变换. 它有一个二重点,就是这条直线上的无穷远点.

2. 欧氏直线上关于某点的反射变换

欧氏直线上关于点 a 的反射变换是

$$x' = -x + 2a. \tag{5.19}$$

它有一个二重点,就是点 a. 如果把它看做射影直线上的射影变换,与§2.1 中的(1.10)式比较,得知 $a_{11} = -1, a_{12} = 2a, a_{21} = 0, a_{22} = 1$,而且

$$\begin{vmatrix} a_{11} & a_{12} \\ a_{21} & a_{22} \end{vmatrix} = \begin{vmatrix} -1 & 2a \\ 0 & 1 \end{vmatrix} = -1 \neq 0, \quad \Delta = (a_{11} - a_{22})^2 + 4a_{12}a_{21} = 4 > 0,$$

所以反射变换(5.19)是直线上的射影变换. 由于 $a_{11} + a_{22} = 0$,因此变换(5.19)是对合变换,且由 $\Delta > 0$ 可知它是双曲型对合变换. 它有两个二重点,就是点 a 和这条直线上的无穷远点.

当 $a = 0$ 时,变换(5.19)是直线上关于原点的反射变换:$x' = -x$. 关于原点的反射变换 $x' = -x$ 和关于点 $a/2$ 的反射变换 $x' = -x + a$ 的乘积是直线上的平移.

3. 欧氏平面上的平移变换

欧氏平面上的平移变换是

$$\begin{cases} x' = x + a, \\ y' = y + b, \end{cases} \quad ab \neq 0. \tag{5.20}$$

在欧氏平面上它没有二重点,但有无穷多条二重直线. 如果把它看做射影平面上的射影变换,可令 $x' = \dfrac{x'_1}{x'_3}, y' = \dfrac{x'_2}{x'_3}, x = \dfrac{x_1}{x_3}, y = \dfrac{x_2}{x_3}$,那么平移变换(5.20)就成为

$$\begin{cases} \rho x'_1 = x_1 + a x_3, \\ \rho x'_2 = x_2 + b x_3, \\ \rho x'_3 = x_3. \end{cases} \tag{5.21}$$

显然它是直射变换,它的特征多项式是

$$\Delta(\rho) = \begin{vmatrix} \rho - 1 & 0 & -a \\ 0 & \rho - 1 & -b \\ 0 & 0 & \rho - 1 \end{vmatrix} = (\rho - 1)^3,$$

$\rho = 1$ 是一个三重特征根. 与 $\rho = 1$ 相对应的二重点是无穷远直线上的所有点,而且过点 $(a, b, 0)$ 的直线都是二重直线. 由于 $(a, b, 0)$ 是无穷远直线上的点,所以平移变换(5.20)是以无穷远直线 $\delta_3: x_3 = 0$ 为合射轴,$(a, b, 0)$ 为合射中心的合射变换.

4. 欧氏平面上关于原点的中心对称变换

欧氏平面上关于原点的中心对称变换是

第二章　射影变换

$$\begin{cases} x' = -x, \\ y' = -y. \end{cases} \quad (5.22)$$

它有一个二重点,即原点;过原点的所有直线都是它的二重直线. 如果把它看做射影平面的射影变换,那么它的变换式就是

$$\begin{cases} \rho x_1' = -x_1, \\ \rho x_2' = -x_2, \\ \rho x_3' = x_3. \end{cases} \quad (5.23)$$

显然是直射变换,它的特征多项式是

$$\Delta(\rho) = \begin{vmatrix} \rho+1 & 0 & 0 \\ 0 & \rho+1 & 0 \\ 0 & 0 & \rho-1 \end{vmatrix} = (\rho-1)(\rho+1)^2,$$

特征根是 $\rho_1 = 1, \rho_2 = \rho_3 = -1$. 与 $\rho_1 = 1$ 相对应的二重点是 $(0,0,1)$,而且以点 $(0,0,1)$ 为中心的线束是二重线束;与 $\rho_2 = \rho_3 = -1$ 相对应的二重点是无穷远直线上的所有点. 因此,关于原点的中心对称变换 (5.22) 是以无穷远直线 $\delta_3: x_3 = 0$ 为透射轴, $(0,0,1)$ 为透射中心的透射变换. 由于中心对称变换 (5.22) 的逆变换等于它自身,故它是对合变换,从而也是调和透射变换.

5. 欧氏平面上以原点为中心的位似变换

欧氏平面上以原点为位似中心, k 为位似系数的位似变换是

$$\begin{cases} x' = kx, \\ y' = ky, \end{cases} \quad k \neq 1. \quad (5.24)$$

它有一个二重点,即原点;过原点的所有直线是它的二重直线. 当 $k = -1$ 时,它即为上述的中心对称变换. 如果把它看做射影平面上的射影变换,那么位似变换 (5.24) 就成为

$$\begin{cases} \rho x_1' = kx_1, \\ \rho x_2' = kx_2, \\ \rho x_3' = x_3. \end{cases} \quad (5.25)$$

显然它是直射变换,它的特征多项式是

$$\Delta(\rho) = \begin{vmatrix} \rho-k & 0 & 0 \\ 0 & \rho-k & 0 \\ 0 & 0 & \rho-1 \end{vmatrix} = (\rho-1)(\rho-k)^2,$$

特征根是 $\rho_1 = 1, \rho_2 = \rho_3 = k$. 与 $\rho_1 = 1$ 相对应的二重点是 $(0,0,1)$,而且以点 $(0,0,1)$ 为中心的线束是二重线束;与 $\rho_2 = \rho_3 = k$ 相对应的二重点是无穷远直线 $\delta_3: x_3 = 0$ 上的所有点. 因此,它是以无穷远直线 $\delta_3: x_3 = 0$ 为透射轴, $(0,0,1)$ 为透射中心的透射变换. 除 $k = -1$ 外,它不

是对合变换.

6. 欧氏平面上关于横轴的反射变换

欧氏平面上关于横轴的反射变换是

$$\begin{cases} x' = x, \\ y' = -y. \end{cases} \tag{5.26}$$

显然横轴上的点都是它的二重点,平行于纵轴的直线都是它的二重直线.如果把它看做射影平面上射影变换,那么反射变换(5.26)就成为

$$\begin{cases} \rho x_1' = x_1, \\ \rho x_2' = -x_2, \\ \rho x_3' = x_3, \end{cases} \tag{5.27}$$

它的特征多项式是

$$\Delta(\rho) = \begin{vmatrix} \rho-1 & 0 & 0 \\ 0 & \rho+1 & 0 \\ 0 & 0 & \rho-1 \end{vmatrix} = (\rho+1)(\rho-1)^2,$$

特征根是 $\rho_1 = -1, \rho_2 = \rho_3 = 1$. 与 $\rho_1 = -1$ 相对应的二重点是$(0,1,0)$,而且以点$(0,1,0)$为中心的线束是二重线束;与 $\rho_2 = \rho_3 = 1$ 相对应的二重点是直线 $x_2 = 0$ 上的所有点.所以,关于横轴的反射变换(5.26)是以 $x_2 = 0$ 为透射轴,无穷远点$(0,1,0)$为透射中心的透射变换.由于变换(5.26)的逆变换是它本身,所以它是对合变换,因而也是调和透射变换.

同样可讨论关于纵轴的反射.

7. 欧氏平面上绕原点的旋转变换

欧氏平面上绕原点的旋转变换是

$$\begin{cases} x' = x\cos a - y\sin a, \\ y' = x\sin a + y\cos a. \end{cases} \tag{5.28}$$

它有一个二重点,就是原点.如果把它看做射影平面上的射影变换,则变换式(5.28)为

$$\begin{cases} \rho x_1' = x_1 \cos a - x_2 \sin a, \\ \rho x_2' = x_1 \sin a + x_2 \cos a, \\ \rho x_3' = x_3, \end{cases} \tag{5.29}$$

它的特征多项式是

$$\Delta(\rho) = \begin{vmatrix} \rho-\cos a & \sin a & 0 \\ -\sin a & \rho-\cos a & 0 \\ 0 & 0 & \rho-1 \end{vmatrix} = (\rho-1)(\rho^2 - 2\rho\cos a + 1),$$

特征根是 $\rho_1 = 1, \rho_2, \rho_3$,其中特征根 ρ_2, ρ_3 满足方程

第二章 射影变换

$$\rho^2 - 2\rho\cos\alpha + 1 = 0.$$

这个二次方程的判别式 $\Delta=4(\cos^2\alpha-1)\leqslant 0$. 若 $\Delta=0$，则 $\alpha=0$ 或 π. 这时旋转变换 (5.28) 为恒等变换或关于原点的中心对称变换（前面已讨论）. 若 $\Delta<0$，则 ρ_2,ρ_3 为共轭复数，这已不属本书讨论之列. 所以，当 $\alpha\neq 0,\pi$ 时，仅有一个实特征根 $\rho_1=1$，此时矩阵

$$\rho_1 I-(a_{ik})=\begin{bmatrix} 1-\cos\alpha & \sin\alpha & 0 \\ -\sin\alpha & 1-\cos\alpha & 0 \\ 0 & 0 & 0 \end{bmatrix}$$

的秩为 2，求第一、第二两行的向量积，得到相对应的二重点是 $(0,0,2(1-\cos\alpha))\sim(0,0,1)$（因 $\alpha\neq 0$，故 $1-\cos\alpha\neq 0$）. 这个二重点是唯一的.

写出 $\rho_1 I-(a_{ik})$ 的转置矩阵：

$$\rho_1 I-(a_{ki})=\begin{bmatrix} 1-\cos\alpha & -\sin\alpha & 0 \\ \sin\alpha & 1-\cos\alpha & 0 \\ 0 & 0 & 0 \end{bmatrix}.$$

由此容易求得唯一的二重直线 $\delta_3=[0,0,1]$. 但是这条直线上的点并不是二重点，所以旋转变换 (5.28) 是一般的直射变换，并不是透射变换或合射变换.

习 题 2.5

1. 求下列射影平面 P^2 上的直射变换的二重元素：

   (1) $\begin{cases} \rho x_1'=-x_1, \\ \rho x_2'=x_2, \\ \rho x_3'=x_3; \end{cases}$
   (2) $\begin{cases} \rho x_1'=x_1+x_2, \\ \rho x_2'=x_2, \\ \rho x_3'=x_3; \end{cases}$
   (3) $\begin{cases} \rho x_1'=x_1+x_2, \\ \rho x_2'=8x_1+3x_2, \\ \rho x_3'=x_1+x_2+2x_3. \end{cases}$

2. 试证：射影平面 P^2 上的射影变换

$$\Phi: \begin{cases} \rho x_1'=ax_1+x_2, \\ \rho x_2'=ax_2+x_3, \\ \rho x_3'=ax_3 \end{cases}$$

有一个二重点和过这个二重点的一条二重直线.

3. 求以 $a=(2,1,1)$ 为透射中心，$\delta_3=[0,0,1]$ 为透射轴，$z=(2,0,1)$ 和 $z'=(2,-1,1)$ 为一对对应点的透射变换.

4. 已知透射变换的两对非重合对应点 y,y' 和 z,z' 及透射轴上一点 b，且点 b 不在直线 $y\times y',z\times z'$ 上，试作出透射轴和透射中心. 若点 x 是不在透射轴上的一点，求作点 x 的对应点 x'.

5. 试求以 δ_1 为合射轴，把点 $(2,1,1)$ 变为点 $(3,2,0)$ 的合射变换.

6. 试证：把点 $d_2=(0,1,0),g=(0,1,-1),h=(1,-1,0)$ 依次变为点 $l=(-1,1,1)$，

$f=(1,-1,1), k=(2,0,-1)$,而使点 $r=(1,1,-1)$ 不变的直射变换是合射变换.

习 题 二

1. 设集合 G 的元素是 $1, -1, i, -i$ ($i^2=-1$),G 内的运算是复数乘法,证明:G 是一个群.

2. 设 **R** 是所有实数组成的集合,**R** 到自身上的映射 $\tau: x \to ax+b$ (a,b 为有理数,$a \neq 0$)的全体构成集合 G,证明:G 是一个群.

3. 求一维射影映射的变换式,使得直线 l 上以 $2,4$ 为非齐次坐标的点及无穷远点依次变为直线 l' 上以 $-1,1$ 为非齐次坐标的点及无穷远点.

4. 给出直线 ξ 上的一维射影变换式
$$\Phi: \begin{cases} \rho x_1' = 2x_1 + x_2, \\ \rho x_2' = 3x_1 + 2x_2, \end{cases}$$
试求射影变换 Φ^2, Φ^3,并求点 $x(1,1)$ 在 Φ, Φ^2, Φ^3 变换下像点的坐标.

5. 设 y, z, u, v, w 为共线的相异五点,试证:
$$R(y,z;u,v) \cdot R(y,z;v,w) \cdot R(y,z;w,u) = 1.$$

6. 证明四条直线 $2x_1 - x_2 + x_3 = 0, 3x_1 + x_2 - 2x_3 = 0, 7x_1 - x_2 = 0, 5x_1 - x_3 = 0$ 共点,并求这四条直线的所有交比值.

7. 设 p^1, p^2, p^3 是一个三点形的顶点,在顶点 p^i 的对边上有两点 g^i 和 g'^i ($i=1,2,3$),记 $k_i = R(g^i, g'^i; p^j, p^k)$,其中 i, j, k 按次序分别取值为 $1,2,3; 2,3,1; 3,1,2$.试证:若 g^1, g^2, g^3 三点共线,则当且仅当 $k_1 k_2 k_3 = 1$ 时,g'^1, g'^2, g'^3 三点共线.

8. 设 y, z, u, v 是直线 ξ 上四个相异点.如果 $y, z \div u, v$,试证:$y, u \div z, v; y, z \div z, u$.

9. 已知两个射影点列的三对对应点,试作这两个点列的公共点所对应的点.首先把这个公共点看做第一个点列中的点,然后看做第二个点列中的点,再就线束研究类似的问题.

10. 过三点形 abc 的顶点各作一直线 $a \times a', b \times b', c \times c'$,它们相交于点 d,并分别交对边于点 a', b', c',又设 $a'' = (b' \times c') \times (b \times c), b'' = (c' \times a') \times (c \times a), c'' = (a' \times b') \times (a \times b)$,求证:$R(b,c;a',a'') = -1, R(c,a;b',b'') = -1, R(a,b;c',c'') = -1$.

11. 试证:线束 s 上的射影变换 $\xi' = \dfrac{a\xi + b}{c\xi + d}$ 当且仅当 $a + d = 0$ 时是一个对合变换.

12. 假设一个对合变换的两对彼此对应的点的非齐次射影坐标分别是下列二次方程的根,试求这个对合变换表达式:

(1) $a_1 x^2 + b_1 x + c_1 = 0$ ($a_1 \neq 0$); (2) $a_2 x^2 + b_2 x + c_2 = 0$ ($a_2 \neq 0$).

13. 试求:直线 ξ 上两对点 y, z 和 u, v 有公共调和点对的充分必要条件是 $y, z \div u, v$.

14. 如果直线 ξ 分别交三点形 pqs 的三边 $p\times q, p\times s, s\times q$ 于点 a', b', c',且这些点与直线 ξ 上另三个点 a, b, c 是直线 ξ 上一个对合变换的三对对应点,求证:$a\times s, b\times q, c\times p$ 三直线共点.

15. 求下列直射变换的二重元素,并讨论它们各属于什么特殊的直射变换:

(1) $\rho x' = x \begin{bmatrix} 3 & -1 & -1 \\ 0 & 4 & 0 \\ -1 & -1 & 3 \end{bmatrix}$; (2) $\rho x' = x \begin{bmatrix} 2 & 6 & 0 \\ 0 & 2 & 0 \\ 0 & -1 & 3 \end{bmatrix}$;

(3) $\rho x' = x \begin{bmatrix} 1 & 2 & 1 \\ 0 & 1 & 0 \\ 0 & 0 & 1 \end{bmatrix}$; (4) $\rho x' = x \begin{bmatrix} 0 & 0 & 1 \\ 0 & 1 & 0 \\ -1 & -2 & 2 \end{bmatrix}$.

16. 设 abc 和 $a'b'c'$ 是两个三点形,且 $a\times a', b\times b', c\times c'$ 三直线共点,求证:存在唯一的透射变换把点 a, b, c 分别变为点 a', b', c'.

17. 求 a 的值,使得下面的直射变换是透射变换:
$$\begin{cases} \rho x_1' = x_1\cos\alpha + x_2\sin\alpha, \\ \rho x_2' = -x_1\sin\alpha + x_2\cos\alpha, \\ \rho x_3' = x_3. \end{cases}$$

18. 如果一个三角形的三个顶点是另一个已知三角形三个高线的垂足,则这个三角形叫做另一个三角形的**垂足三角形**.试证:三角形的每一条高线平分对应的垂足三角形的一个角.

19. 设 M 是线段 AB 的中点,P 是不在直线 AB 上的一个已知点,限用直尺作过点 P 且平行线段 AB 的直线.

第三章 配极变换与二次曲线

> 本章首先讨论配极变换,并且给出其分类;然后在此基础上导出二次曲线的概念,进而讨论二次曲线的射影性质和射影分类,同时也将着重讨论二次曲线的射影意义.

§3.1 配极变换

一、对射变换

1. 对射变换的定义

在第二章中,我们讨论了射影平面 P^2 到 P'^2(可以 P^2 与 P'^2 重合)上的直射映射,它使得射影平面 P^2 上的点映射到射影平面 P'^2 上的点,射影平面 P^2 上的直线映射到射影平面 P'^2 上的直线,因而直射映射又叫做**同素映射**. 现在我们讨论另一种模式,它使得射影平面 P^2 上的点映射到射影平面 P'^2 上的直线,射影平面 P^2 上的直线映射到射影平面 P'^2 上的点. 这样的映射就是所谓**异素映射**.

从代数观点来看,把点 x 映射到点 x' 的直射映射表达式是

$$\Psi: \rho x'_i = \sum_{k=1}^{3} a_{ik} x_k, \quad \rho |a_{ik}| \neq 0, \ i=1,2,3. \tag{1.1}$$

这个公式里的有序三实数组 x 和 x' 都解释为射影平面的点坐标. 如果我们把第一个有序三组实数作为射影平面 P^2 上的点 x,第二个有序三数实组作为射影平面 P'^2 上的直线 ξ',这时映射表达式可以写成

$$\rho \xi' = \sum_{k=1}^{3} a_{ik} x_k, \quad \rho |a_{ik}| \neq 0, \ i=1,2,3, \tag{1.2}$$

即

$$\begin{cases} \rho \xi'_1 = a_{11} x_1 + a_{12} x_2 + a_{13} x_3, \\ \rho \xi'_2 = a_{21} x_1 + a_{22} x_2 + a_{23} x_3, \quad \rho |a_{ik}| \neq 0. \\ \rho \xi'_3 = a_{31} x_1 + a_{32} x_2 + a_{33} x_3, \end{cases} \tag{1.3}$$

我们把由 (1.2) 式所确定的映射 Γ 叫做射影平面 P^2 到 P'^2 上的**对射映射**或**点线映射**，记做 $\Gamma: x \to \xi'$. 如果射影平面 P^2 与 P'^2 重合，这时映射 Γ 叫做射影平面 P^2 上的**对射变换**（简称**对射**）或**点线变换**.

由这个定义立即可以得到下面的结论：

结论 1 射影平面 P^2 到 P'^2 上的对射映射是一一映射.

由 (1.3) 式可以解出 x_i，得到

$$\lambda x_i = \sum_{k=1}^{3} A_{ki} \xi'_k, \quad \lambda |A_{ki}| \neq 0, \ i=1,2,3, \tag{1.4}$$

其中 A_{ki} 是 $|a_{ik}|$ 中元素 a_{ki} 的代数余子式. 这就是映射 (1.3) 的逆映射，即

$$\Gamma^{-1}: \begin{cases} \lambda x_1 = A_{11} \xi'_1 + A_{21} \xi'_2 + A_{31} \xi'_3, \\ \lambda x_2 = A_{12} \xi'_1 + A_{22} \xi'_2 + A_{32} \xi'_3, \quad \lambda |A_{ki}| \neq 0. \\ \lambda x_3 = A_{13} \xi'_1 + A_{23} \xi'_2 + A_{33} \xi'_3, \end{cases} \tag{1.5}$$

它把射影平面 P'^2 上的直线 $\xi'[\xi'_1, \xi'_2, \xi'_3]$ 映射到射影平面 P^2 上的点 $x(x_1, x_2, x_3)$，我们把它叫做射影平面 P'^2 到 P^2 上的对射映射. 于是得到如下结论：

结论 2 射影平面 P^2 到 P'^2 上的对射映射的逆映射也是对射映射.

2. 对射映射的性质

定理 1.1 射影平面 P^2 到 P'^2 上的对射映射保持点与直线的结合关系不变.

证明 设射影平面 P^2 上的点 $x(x_1, x_2, x_3)$ 在直线 $\xi[\xi_1, \xi_2, \xi_3]$ 上移动，于是有

$$\xi_1 x_1 + \xi_2 x_2 + \xi_3 x_3 = 0. \tag{1.6}$$

把 (1.5) 式中的 x_1, x_2, x_3 代入 (1.6) 式消去 λ，得

$$\begin{aligned}\xi_1 (A_{11} \xi'_1 + A_{21} \xi'_2 + A_{31} \xi'_3) + \xi_2 (A_{12} \xi'_1 + A_{22} \xi'_2 + A_{23} \xi'_3) \\ + \xi_3 (A_{13} \xi'_1 + A_{22} \xi'_2 + A_{33} \xi'_3) = 0,\end{aligned} \tag{1.7}$$

即

$$\begin{aligned}\xi'_1 (A_{11} \xi_1 + A_{12} \xi_2 + A_{13} \xi_3) + \xi'_2 (A_{21} \xi_1 + A_{22} \xi_2 + A_{23} \xi_3) \\ + \xi'_3 (A_{31} \xi_1 + A_{32} \xi_2 + A_{33} \xi_3) = 0.\end{aligned} \tag{1.8}$$

这表示射影平面 P^2 中直线 ξ 上的点 x 在射影平面 P'^2 中的像 ξ' 在一个线束中. 设这个线束的中心是 $x'(x'_1, x'_2, x'_3)$，则有

$$\begin{cases} \lambda' x'_1 = A_{11} \xi_1 + A_{12} \xi_2 + A_{13} \xi_3, \\ \lambda' x'_2 = A_{21} \xi_1 + A_{22} \xi_2 + A_{23} \xi_3, \quad \lambda' |A_{ik}| \neq 0, \\ \lambda' x'_3 = A_{31} \xi_1 + A_{32} \xi_2 + A_{33} \xi_3, \end{cases} \tag{1.9}$$

即

$$\lambda' x'_i = \sum_{k=1}^{3} A_{ik} \xi_k, \quad \lambda' |A_{ik}| \neq 0, \ i=1,2,3. \tag{1.10}$$

(1.10)式就是(1.2)式导出射影平面 P^2 上的直线 ξ 到射影平面 P'^2 上的点 x' 的映射. 因此(1.10)式和(1.2)式本质上是一致的,故将(1.10)式所表示的映射仍记做 Γ. 由(1.9)式解出 ξ_1,ξ_2,ξ_3,得

$$\Gamma^{-1}: \begin{cases} \rho\xi_1 = a_{11}x'_1 + a_{21}x'_2 + a_{31}x'_3, \\ \rho\xi_2 = a_{12}x'_1 + a_{22}x'_2 + a_{32}x'_3, \quad \rho|a_{ik}| \neq 0, \\ \rho\xi_3 = a_{13}x'_1 + a_{23}x'_2 + a_{33}x'_3, \end{cases} \quad (1.11)$$

即

$$\Gamma^{-1}: \rho\xi_i = \sum_{k=1}^{3} a_{ki}x'_k, \quad \rho|a_{ik}| \neq 0, i=1,2,3. \quad (1.12)$$

从上面推导过程中可知,射影平面 P^2 上的直线 ξ 与点 x 相结合时($\xi \cdot x = 0$),经过射影平面 P^2 到 P'^2 上的对射映射后,它们在射影平面 P'^2 上的像分别是点 x' 与直线 ξ',则点 x' 与直线 ξ' 仍是相结合的($\xi' \cdot x' = 0$). 于是定理得证.

推论 射影平面 P^2 到 P'^2 上的对射映射把共线点变为共点线,同时也把共点线变为共线点.

定理 1.2 射影平面 P^2 到 P'^2 上的对射映射保持交比不变.

证明 设 y,z,u,v 为射影平面 P^2 上共线的相异四点,它们在对射映射 Γ 下的像依次为射影平面 P'^2 上的直线 η,ζ,φ,ψ. 根据上述推论可知直线 η,ζ,φ,ψ 必共点.

现在来证明 $R(y,z;u,v) = R(\eta,\zeta;\varphi,\psi)$. 分别取射影平面 P^2 上共线四点 y,z,u,v 的代表 y^*,z^*,u^*,v^*,且使得

$$u^* = \lambda_1 y^* + \lambda_2 z^*, \quad v^* = \mu_1 y^* + \mu_2 z^*.$$

令 $\eta^* = y^*\Gamma, \zeta^* = z^*\Gamma, \varphi^* = u^*\Gamma, \psi^* = v^*\Gamma$,则

$$\varphi^* = u^*\Gamma = (\lambda_1 y^* + \lambda_2 z^*)\Gamma = \lambda_1 y^*\Gamma + \lambda_2 z^*\Gamma = \lambda_1 \eta^* + \lambda_2 \zeta^*, \quad (1.13)$$

$$\psi^* = v^*\Gamma = (\mu_1 y^* + \mu_2 z^*)\Gamma = \mu_1 y^*\Gamma + \mu_2 z^*\Gamma = \mu_1 \eta^* + \mu_2 \zeta^*. \quad (1.14)$$

根据交比的定义得知

$$R(y,z;u,v) = \frac{\lambda_2 \mu_1}{\lambda_1 \mu_2} = R(\eta,\zeta;\varphi,\psi). \quad (1.15)$$

对于射影平面 P^2 上的直线到射影平面 P'^2 上的点的对射映射的情况,建议读者自己完成.

定理 1.3 如果 Γ_1 是射影平面 P^2 到 P'^2 上的对射映射,Γ_2 是射影平面 P'^2 到 P''^2 上的对射映射,那么 $\Gamma_1\Gamma_2$ 是射影平面 P^2 到 P''^2 上的直射映射.

证明 设

$$\Gamma_1: \rho_1\xi'_i = \sum_{k=1}^{3} a_{ik}x_k, \quad \rho_1|a_{ik}| \neq 0, i=1,2,3, \quad (1.16)$$

第三章 配极变换与二次曲线

$$\Gamma_2: \rho_2 x''_i = \sum_{k=1}^{3} b_{ik} \xi'_k, \quad \rho_2 |b_{ik}| \neq 0, i=1,2,3, \tag{1.17}$$

则有

$$\Gamma_1 \Gamma_2: \rho x''_i = \sum_{k=1}^{3} c_{ik} x_k, \quad \rho |c_{ik}| \neq 0, i=1,2,3,$$

其中 $(c_{ik}) = (b_{ik})(a_{ik})$,$|c_{ik}| = |b_{ik}| \cdot |a_{ik}| \neq 0$. 故 $\Gamma_1 \Gamma_2$ 是直射映射.

根据上述定理,射影平面 P^2 上的所有对射变换组成的集合不构成群. 但是,射影平面 P^2 上对射变换的全体连同直射变换的全体则构成一个群,这个群叫做**广义射影变换群**. 第二章讲的直射变换群是广义射影变换群的子群.

例1 已知射影平面 P^2 到 P'^2 上的对射映射表达式

$$\Gamma: \begin{cases} \rho \xi'_1 = x_1 + 3x_2 + 5x_3, \\ \rho \xi'_2 = x_1 - 2x_2 + 3x_3, \\ \rho \xi'_3 = 2x_1 + 4x_2 - 3x_3, \end{cases}$$

及射影平面 P^2 上的点 $y=(1,2,1)$ 和直线 $\eta=[5,1,-7]$,又知射影平面 P'^2 上的点 $z'=(77,-118,-132)$ 和直线 $\zeta'=[10,11,-4]$.

(1) 求在该对射映射下射影平面 P^2 上的点 y 和直线 η 在射影平面 P'^2 上的对应元素;

(2) 求在该对射映射下射影平面 P'^2 上的点 z' 和直线 ζ' 在射影平面 P^2 上的对应元素;

(3) 验证点与直线的结合关系保持不变.

解 由题设知

$$(a_{ik}) = \begin{bmatrix} 1 & 3 & 5 \\ 1 & -2 & 3 \\ 2 & 4 & -3 \end{bmatrix}, \quad 则 \quad (A_{ik}) = \begin{bmatrix} -6 & 9 & 8 \\ 29 & -13 & 2 \\ 19 & 2 & -5 \end{bmatrix}.$$

(1) 若 $\Gamma: y \to \eta', \eta \to y'$,则由 (1.2),(1.9) 两式得

$$\rho \eta' = y(a_{ki}) = (1,2,1) \begin{bmatrix} 1 & 1 & 2 \\ 3 & -2 & 4 \\ 5 & 3 & -3 \end{bmatrix} = [12, 0, 7],$$

$$\sigma y' = \eta(A_{ki}) = [5,1,7] \begin{bmatrix} -6 & 29 & 19 \\ 9 & -13 & 2 \\ 8 & 2 & -5 \end{bmatrix} = (-77, 118, 132) \sim z'.$$

(2) 若 $\Gamma^{-1}: z' \to \xi, \zeta' \to z$,则由 (1.11),(1.4) 两式得

$$\sigma' \xi = z'(a_{ik}) = (77, -118, -132) \begin{bmatrix} 1 & 3 & 5 \\ 1 & -2 & 3 \\ 2 & 4 & -3 \end{bmatrix}$$

$$= [-305, -61, 427] \sim [5, 1, -7] \sim \eta,$$

$$\rho' z = \xi'(A_{ik}) = [10, 11, -4] \begin{bmatrix} -6 & 9 & 8 \\ 29 & -13 & 2 \\ 19 & 2 & -5 \end{bmatrix}$$

$$= (183, -61, 122) \sim (3, -1, 2).$$

(3) 因为

$$y \cdot \eta = (1, 2, 1) \begin{bmatrix} 5 \\ 1 \\ -7 \end{bmatrix} = 5 + 2 - 7 = 0,$$

所以点 y 在直线 η 上. 它们对应的直线 η' 与点 y' 也有

$$y' \cdot \eta' = (-77, 118, 132) \begin{bmatrix} 12 \\ 0 \\ 7 \end{bmatrix} = -924 + 924 = 0,$$

所以直线 η' 过点 y'. 因此结合关系不变.

二、配极变换的概念

一般的对射变换没有直射变换那样重要,我们不再深入研究,但是其中有一种特殊情形——配极变换,它与二次曲线密切相关. 下面我们着重来讨论配极变换.

1. 配极变换的定义

定义 1.1 设 γ 是射影平面 P^2 上的一个对射变换. 如果有 $\gamma^2 = I$ (恒等变换),那么 γ 叫做射影平面 P^2 上的**配极变换**.

既然 $\gamma^2 = I$,那么由 $\xi = \gamma(x)$,便可以得出

$$\gamma(\xi) = \gamma[\gamma(x)] = \gamma^2(x) = I(x) = x. \tag{1.18}$$

由此得知,配极变换 γ 交换每一对应的点和直线,即点 x 的像是直线 ξ,而直线 ξ 的像是点 x. 通常我们把其中的直线 ξ 叫做点 x 的**极线**,而把点 x 叫做直线 ξ 的**极点**. 于是关于极点和极线有如下定理:

定理 1.4 在配极变换 γ 下,若点 x 是直线 ξ 的极点,则直线 ξ 是点 x 的极线;反之,若直线 ξ 是点 x 的极线,则点 x 是直线 ξ 的极点.

2. 配极原则

定理 1.5(配极原则) 若点 x 的极线 ξ 过点 y,则点 y 的极线 η 也过点 x.

证明 因为点 x 的极线 ξ 过点 y,所以直线 ξ 的极点是 x. 又点 y 的极线是 η,且 $y \in \xi$,根据对射变换保持结合性,故必有 $x \in \eta$,即极线 η 过点 x.

第三章 配极变换与二次曲线

由此可知,在配极变换 γ 下,当一个点 y 遍历一条直线 ξ 上的每一点时,点 y 的极线 η 也遍历以直线 ξ 的极点 x 为中心的线束中的每一条直线;反之,当一条直线 η 遍历线束 x 中的每一条直线时,直线 η 的极点 y 也遍历点 x 的极线 ξ 上的每一个点.

3. 配极变换的表达式

设对射变换 γ 的表达式为

$$\gamma: \rho\xi'_i = \sum_{k=1}^{3} a_{ik} x_k, \quad \rho|a_{ik}| \neq 0, \, i=1,2,3, \tag{1.19}$$

即

$$\gamma: \begin{cases} \rho\xi'_1 = a_{11}x_1 + a_{12}x_2 + a_{13}x_3, \\ \rho\xi'_2 = a_{21}x_1 + a_{22}x_2 + a_{23}x_3, \quad \rho|a_{ik}| \neq 0, \\ \rho\xi'_3 = a_{31}x_1 + a_{32}x_2 + a_{33}x_3, \end{cases} \tag{1.20}$$

它的逆变换是

$$\gamma^{-1}: \rho'\xi_i = \sum_{k=1}^{3} a_{ki} x'_k, \quad \rho'|a_{ik}| \neq 0, \, i=1,2,3, \tag{1.21}$$

即

$$\gamma^{-1}: \begin{cases} \rho'\xi_1 = a_{11}x'_1 + a_{21}x'_2 + a_{31}x'_3, \\ \rho'\xi_2 = a_{12}x' + a_{22}x'_2 + a_{32}x'_3, \quad \rho'|a_{ki}| \neq 0. \\ \rho'\xi_3 = a_{13}x' + a_{23}x'_2 + a_{33}x'_3, \end{cases} \tag{1.22}$$

由定义知,对射变换 γ 为配极变换的充分必要条件是 $\gamma^2 = I$,即 $\gamma = \gamma^{-1}$. 显然,当 $\gamma = \gamma^{-1}$ 时,其表达式中的 a_{ik} 和 a_{ki} 应成比例,即有 $a_{ik} = \lambda a_{ki}$,同时 $a_{ki} = \lambda a_{ik}$. 因此 $a_{ik} = \lambda a_{ki} = \lambda(\lambda a_{ik}) = \lambda^2 a_{ik}$,故 $\lambda^2 = 1$,即 $\lambda = \pm 1$. 如果 $\lambda = -1$,则

$$a_{ik} = -a_{ki}(i,k=1,2,3), \quad \text{从而} \quad a_{kk} = 0 \, (k=1,2,3).$$

这样就会有

$$|a_{ik}| = \begin{vmatrix} 0 & a_{12} & a_{13} \\ a_{21} & 0 & a_{23} \\ a_{31} & a_{32} & 0 \end{vmatrix} = \begin{vmatrix} 0 & a_{12} & a_{13} \\ -a_{12} & 0 & a_{23} \\ -a_{13} & -a_{23} & 0 \end{vmatrix} = a_{12}a_{23}a_{13} - a_{12}a_{23}a_{13} = 0. \tag{1.23}$$

这与条件 $|a_{ik}| \neq 0$ 矛盾,故 $\lambda \neq -1$. 因此只能是 $\lambda = 1$. 这就是说,若 γ 为配极变换,则有

$$a_{ik} = a_{ki} \quad (i,k=1,2,3).$$

反之,若 $a_{ik} = a_{ki}(i,k=1,2,3)$,则上面的 γ 与 γ^{-1} 的表达式完全一致,于是 $\gamma = \gamma^{-1}$,因而 γ 是配极变换. 所以我们有如下的定理:

定理 1.6 射影平面 P^2 上的对射变换

$$\gamma: \rho\xi'_i = \sum_{k=1}^{3} a_{ik} x_k, \quad \rho|a_{ik}| \neq 0, \, i=1,2,3$$

为配极变换的充分必要条件是 $a_{ik}=a_{ki}(i,k=1,2,3)$.

由上述定理可知配极变换 γ 与其逆变换 γ^{-1} 的表达式完全一致,因此在(1.20),(1.22)两式中的 x_i 与 x_i', ξ_i 与 ξ_i' 也就一致了. 这样一来,在其变换式中的"$'$"就可以去掉,故可将配极变换统一写成如下的表达式:

$$\rho\xi_i = \sum_{k=1}^{3}a_{ik}x_k, \quad \rho|a_{ik}| \neq 0, a_{ik}=a_{ki}, i,k=1,2,3 \tag{1.24}$$

或

$$\sigma x_i = \sum_{k=1}^{3}A_{ik}\xi_k, \quad \sigma|A_{ik}| \neq 0, A_{ik}=A_{ki}, i,k=1,2,3, \tag{1.25}$$

其中 A_{ik} 为 $|a_{ik}|$ 中元素 a_{ik} 的代数余子式.

三、共轭点与共轭直线

1. 共轭点与共轭直线的定义

定义 1.2 在配极变换 γ 下,当点 x 在点 y 的极线 $\eta=\gamma(y)$ 上时,称点 x **共轭于点 y**.

由定义知道,一个点 y 的极线 $\eta=\gamma(y)$ 就是所有共轭于点 y 的点的轨迹.

根据配极原则,若点 x 在点 y 的极线上,则点 y 在点 x 的极线上. 因此,若点 x 共轭于点 y,则点 y 也共轭于在点 x. 故称点 x,y 互为**共轭点**.

对偶地,可以给出如下共轭直线的定义:在配极变换 γ 下,当直线 ξ 过直线 η 的极点 $y=\gamma(\eta)$ 时,称直线 ξ **共轭于直线 η**. 同样,若直线 ξ 共轭于直线 η,则直线 η 也共轭于直线 ξ. 这时称直线 ξ,η 互为**共轭直线**.

2. 点 x 共轭于点 y 的解析条件

设 η 是点 y 的极线:$\eta=\gamma(y)$,即有

$$\gamma: \rho\eta_i = \sum_{k=1}^{3}a_{ik}y_k, \quad \rho|a_{ik}| \neq 0, a_{ik}=a_{ki}, i,k=1,2,3. \tag{1.26}$$

若点 x 共轭于点 y,则点 x 在直线 η 上,于是 $\eta \cdot x=0$,即

$$\sum_{i=1}^{3}\eta_i \cdot x_i = 0. \tag{1.27}$$

将(1.26)式代入(1.27)式,得 $\sum_{i=1}^{3}\left(\sum_{k=1}^{3}a_{ik}y_k\right)x_i=0$,即

$$\sum_{i,k=1}^{3}a_{ik}x_iy_k = 0. \tag{1.28}$$

这就是点 x 共轭于点 y 的条件. 反之,由(1.28)式逆推上去也会得到点 x 共轭于点 y.

对偶地,可以得到,在配极变换(1.25)下,直线 ξ 共轭于直线 η 的充分必要条件是

第三章 配极变换与二次曲线

$$\sum_{i,k=1}^{3} A_{ik}\xi_i\eta_k = 0. \tag{1.29}$$

由(1.28)式和(1.29)式也可知,两点或直线的共轭关系是相互的.

3. 自共轭点和自共轭直线

定义 1.3 若点 x 共轭于其自身,即点 x 在其自身的极线上,则点 x 叫做**自共轭点**.

由(1.28)式立即可以得出,点 x 为自共轭点的充分必要条件是

$$\sum_{i,k=1}^{3} a_{ik}x_i x_k = 0, \quad |a_{ik}| \neq 0,\ a_{ik} = a_{ki},\ i,k=1,2,3, \tag{1.30}$$

即

$$a_{11}x_1^2 + a_{22}x_2^2 + a_{33}x_3^2 + 2a_{12}x_1x_2 + 2a_{13}x_1x_3 + 2a_{23}x_2x_3 = 0. \tag{1.31}$$

对偶地,我们有如下定义:

定义 1.4 若直线 ξ 共轭于其自身,即直线 ξ 过其自身的极点,则直线 ξ 叫做**自共轭直线**.

由(1.29)式立即可以得出,直线 ξ 为自共轭直线的充分必要条件是

$$\sum_{i,k=1}^{3} A_{ik}\xi_i\xi_k = 0, \quad |A_{ik}| \neq 0,\ A_{ik} = A_{ki},\ i,k=1,2,3, \tag{1.32}$$

即

$$A_{11}\xi_1^2 + A_{22}\xi_2^2 + A_{33}\xi_3^2 + 2A_{12}\xi_1\xi_2 + 2A_{13}\xi_1\xi_3 + 2A_{23}\xi_2\xi_3 = 0. \tag{1.33}$$

由上面的定义容易推得下面的结论:

结论 一个自共轭点 x 的极线 ξ 是一条自共轭直线,而且 $\xi \cdot x = 0$;同样,一条自共轭直线 η 的极点 y 是一个自共轭点,而且 $y \cdot \eta = 0$.

例 2 已知配极变换 γ 的表达式是

$$\gamma: \begin{cases} \rho\xi_1 = x_1 + 2x_2 + 3x_3, \\ \rho\xi_2 = 2x_1 + x_2 - x_3, \\ \rho\xi_3 = 3x_1 - x_2 + x_3. \end{cases}$$

(1) 求点 $x(1,0,4)$ 的极线 ξ 和直线 $\eta[4,1,-1]$ 的极点 y;

(2) 验证: x 和 y 是配极变换 γ 下的共轭点,ξ 和 η 是配极变换 γ 下的共轭直线;

(3) 求在配极变换 γ 下的自共轭点和自共轭直线的轨迹.

解 这里已知

$$(a_{ik}) = \begin{bmatrix} 1 & 2 & 3 \\ 2 & 1 & -1 \\ 3 & -1 & 1 \end{bmatrix}, \quad (A_{ik}) = \begin{bmatrix} 0 & -5 & -5 \\ -5 & -8 & 7 \\ -5 & 7 & -3 \end{bmatrix}.$$

(1) 将配极变换 γ 写成矩阵形式并代入坐标值得

$$\rho \begin{bmatrix} \xi_1 \\ \xi_2 \\ \xi_3 \end{bmatrix} = (a_{ik}) \begin{bmatrix} x_1 \\ x_2 \\ x_3 \end{bmatrix} = \begin{bmatrix} 1 & 2 & 3 \\ 2 & 1 & -1 \\ 3 & -1 & 1 \end{bmatrix} \begin{bmatrix} 1 \\ 0 \\ 4 \end{bmatrix} = \begin{bmatrix} 13 \\ -2 \\ 7 \end{bmatrix},$$

$$\sigma \begin{bmatrix} y_1 \\ y_2 \\ y_3 \end{bmatrix} = (A_{ik}) \begin{bmatrix} \eta_1 \\ \eta_2 \\ \eta_3 \end{bmatrix} = \begin{bmatrix} 0 & -5 & -5 \\ -5 & -8 & 7 \\ -5 & 7 & -3 \end{bmatrix} \begin{bmatrix} 4 \\ 1 \\ -1 \end{bmatrix} = \begin{bmatrix} 0 \\ -35 \\ -10 \end{bmatrix} \sim \begin{bmatrix} 0 \\ 7 \\ 2 \end{bmatrix},$$

即所求极线和极点分别为

$$\rho \xi = x(a_{ki}) = [13, -2, 7],$$
$$\sigma y = \eta(A_{ki}) = (0, -35, -10) \sim (0, 7, 2).$$

（2）就点 $x(1,0,4)$ 和 $y(0,7,2)$ 而言，有

$$[1,0,4] \begin{bmatrix} 1 & 2 & 3 \\ 2 & 1 & -1 \\ 3 & -1 & 1 \end{bmatrix} \begin{bmatrix} 0 \\ 7 \\ 2 \end{bmatrix} = [13, -2, 7] \begin{bmatrix} 0 \\ 7 \\ 2 \end{bmatrix} = 0,$$

所以点 x 共轭于点 y。这个等式也说明直线 ξ 过直线 η 的极点 y，所以直线 ξ 和直线 η 是极配变换 γ 下的共轭直线.

（3）自共轭点的轨迹方程是

$$(x_1, x_2, x_3) \begin{bmatrix} 1 & 2 & 3 \\ 2 & 1 & -1 \\ 3 & -1 & 1 \end{bmatrix} \begin{bmatrix} x_1 \\ x_2 \\ x_3 \end{bmatrix} = 0,$$

即
$$x_1^2 + x_2^2 + x_3^2 + 4x_1 x_2 + 6x_1 x_3 - 2x_2 x_3 = 0;$$

自共轭直线的轨迹方程是

$$(\xi_1, \xi_2, \xi_3) \begin{bmatrix} 0 & -5 & -5 \\ -5 & -8 & 7 \\ -5 & 7 & -3 \end{bmatrix} \begin{bmatrix} \xi_1 \\ \xi_2 \\ \xi_3 \end{bmatrix} = 0,$$

即
$$8\xi_1^2 + 3\xi_2^2 + 10\xi_3^2 + 10\xi_1 \xi_2 + 10\xi_1 \xi_3 - 14\xi_2 \xi_3 = 0.$$

四、由配极变换导出的一维对合变换

由配极变换导出的在直线和线束上的对合变换，对今后的讨论起着重要的作用.

1. 配极共轭点（直线）的对合的定义

设在配极变换 γ 下，点 x 是直线 ξ 的极点，即直线 ξ 是点 x 的极线，在直线 ξ 上的点 $y, z, u, v, \cdots$ 的极线依次为 $\eta, \zeta, \varphi, \psi, \cdots$（图 3-1）. 根据配极原则知，这些直线都过点 x，因而是线束 x 中的直线，于是有

第三章 配极变换与二次曲线

$$R(y,z;u,v) = R(\eta,\zeta;\varphi,\psi).$$

若 ξ 不是自共轭直线,则直线 ξ 不过其极点 x. 于是直线 ξ 必与直线 $\eta,\zeta,\varphi,\psi,\cdots$ 相交. 令其交点分别为 $y',z',u',v',\cdots$,则 $y,z,u,v,\cdots$ 分别与 $y',z',u',v',\cdots$ 成共轭点对,而且有 $R(\eta,\zeta;\varphi,\psi) = R(y',z';u',v')$. 故有 $R(y,z;u,v) = R(y',z';u',v')$,于是

$$\xi(y,z,u,v,\cdots) \barwedge \xi(y',z',u',v',\cdots). \tag{1.34}$$

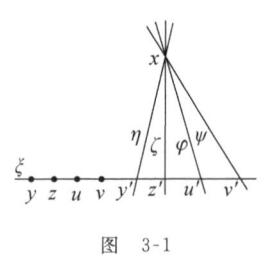

图 3-1

这是直线 ξ 上的一个射影变换 Φ,它使得对于直线 ξ 上任何一对共轭点 y,y',恒有

$$y' = \Phi(y), \quad y = \Phi(y').$$

故 Φ 为对合变换. 这个对合变换是由配极变换 γ 导出来的.

定义 1.5 给定射影平面 P^2 上的配极变换 γ,在非自共轭直线 ξ 为底的点列中,点 y 到它的共轭点 y' 的变换是一个对合变换,这个对合变换叫做配极变换 γ 在直线 ξ 上导出的对合变换,或叫做**配极共轭点的对合**,记做 γ_ξ.

对偶地,我们有如下定义:

定义 1.6 给定射影平面 P^2 上的配极变换 γ,在以非自共轭点 x 为中心的线束中,直线 η 到它的共轭直线 η' 的变换是一个对合变换,这个对合变换叫做配极变换 γ 在线束 x 上导出的对合变换,或叫做**配极共轭直线的对合**,记做 γ_x.

2. 导出对合的类型

由配极变换 γ 导出的对合变换 γ_ξ 和 γ_x 有什么关系呢?我们知道,如果非自共轭直线 ξ 在变换 γ 下的极点是 x,那么对合变换 γ_x 的每对对应直线必定过对合变换 γ_ξ 的一对对应点. 由于对合变换没有抛物型的,所以,当且仅当 γ_ξ 是双曲型(或椭圆型)时,γ_ξ 有两个二重点(或无二重点),因而 γ_x 有两条二重直线(或无二重直线),即 γ_x 为双曲型(或椭圆型). 也就是说,γ_ξ 和 γ_x 一定同为双曲型或同为椭圆型. 于是有如下定理:

定理 1.7 在配极变换 γ 下,设非自共轭直线 ξ 的极点为 x,则 γ 在直线 ξ 上和线束 x 上导出的对合变换 γ_ξ 和 γ_x 同为双曲型或椭圆型.

3. 直线上的自共轭点与线束上的自共轭直线

定理 1.8 对于一配极变换 γ,一条自共轭直线上必有且只有一个自共轭点(即它的极点),一条非自共轭直线上没有或恰有两个自共轭点.

证明 设 ξ 为自共轭直线,则其极点 x 必在直线 ξ 上,因此 x 为自共轭点. 若直线 ξ 上又有一个异于点 x 的自共轭点 y,则其极线 η 应过点 y. 根据配极原则,点 y 在点 x 的极线 ξ 上,则点 x 必在点 y 的极线 η 上,也就是极线 η 也过点 x. 于是直线 ξ 和 η 都过点 x 和 y,故直线 η 与 ξ 重合,从而其极点 x 与 y 亦重合,与所设矛盾. 所以自共轭直线 ξ 上必有且只有一个

自共轭点.

设 φ 为非自共轭直线,且配极变换 γ 在直线 φ 上导出对合变换 γ_φ. 若 γ_φ 是椭圆型的对合变换,即没有二重点,则直线 φ 上无自共轭点;若 γ_φ 是双曲型的对合变换,即有两个二重点,则直线 φ 上有两个共轭点. 于是定理得证.

对偶地,我们有下面的结论:

定理 1.9 对于配极变换 γ,一个自共轭点必有且只有一条自共轭直线通过(即它的极线),一个非自共轭点没有或恰有两条自共轭直线通过.

例 3 已知配极变换

$$\gamma: \rho\xi = xA, \quad A = \begin{bmatrix} 1 & 2 & 3 \\ 2 & 1 & -1 \\ 3 & -1 & 1 \end{bmatrix},$$

求 γ 分别在直线 $\xi=[0,1,3]$ 上和以点 $x=(1,0,1)$ 为中心的线束上导出的对合变换 γ_ξ 和 γ_x 的表达式,并判断它们的类型.

解 配极变换 γ 可写成如下形式:

$$\gamma: \sigma x = \xi \overline{A}, \quad \overline{A} = \begin{bmatrix} 0 & 5 & 5 \\ 5 & 8 & -7 \\ 5 & -7 & 3 \end{bmatrix},$$

这里 $\overline{A}$ 的元素与 A 的伴随矩阵的元素相差一个符号,这对配极变换没有影响(由于 σ 的原因).

(1) 求 γ_ξ:

首先,由 γ 求得直线 ξ 的极点 $a=(20,-13,2)$. 由于 $a \cdot \xi \neq 0$,所以 ξ 不是自共轭直线,因而 γ 在直线 ξ 上导出一个对合变换 γ_ξ. 要求出这个对合变换,只要在直线 ξ 上找出它的两对对应点,这两对对应点也就是关于 γ 的两个共轭点对. 为此,在直线 ξ 上取两个点:

$$y_1 = (1,3,-1), \quad y_2 = (1,0,0),$$

并利用 γ 求得它们的极线依次是

$$\eta_1 = [4,6,-1], \quad \eta_2 = [1,2,3].$$

于是点 y_1, y_2 的共轭点依次是

$$y_1' = \eta_1 \times \xi = (19,-12,4), \quad y_2' = \eta_2 \times \xi = (3,-3,1).$$

由直线 ξ 上两个共轭点对 y_1, y_1' 和 y_2, y_2' 所确定的对合变换就是 γ_ξ. 为了求出 γ_ξ 的表达式,我们在直线 ξ 上建立齐次坐标系. 取 y_1, y_1', y_2 为参考点,使它们的坐标依次为 $(1,0)$, $(0,1)$, $(1,1)$,并求得点 y_2' 的坐标为 $(-7,16)$. 设 γ_ξ 的表达式是

$$\begin{cases} \rho\lambda_1' = a_{11}\lambda_1 + a_{12}\lambda_2, \\ \rho\lambda_2' = a_{21}\lambda_1 - a_{11}\lambda_2, \end{cases} \quad \rho(a_{11}^2 + a_{12}a_{21}) \neq 0.$$

第三章 配极变换与二次曲线

由 $(1,0) \to (0,1), (1,1) \to (-7,16)$ 容易求得 $a_{11}=0, a_{12}=-7\rho_2, a_{21}=16\rho_2 (\rho_2 \neq 0)$,所以 γ_ξ 的表达式是

$$\begin{cases} \rho\lambda_1' = -7\lambda_2, \\ \rho\lambda_2' = 16\lambda_1. \end{cases}$$

因为 $\Delta = -4\begin{vmatrix} 0 & -7 \\ 16 & 0 \end{vmatrix} = -448 < 0$ (或 $R(y_1, y_1'; y_2, y_2') = -7/16 < 0$,可知 $y_1, y_1' \doteq y_2, y_2'$),所以 γ_ξ 是双曲型对合变换.

(2) 求 γ_x:

由 γ 求得点 $x=(1,0,1)$ 的极线 $\zeta=[4,1,4]$. 由于 $x \cdot \zeta \neq 0$,所以 x 不是自共轭点,因而 γ 在线束 x 上导出一个对合 γ_x. 取线束 x 中的两条直线:

$$\eta_1 = [1,1,1], \quad \eta_2 = [-2,3,2],$$

由 γ 求得它们的极点依次是

$$z_1 = (0,4,-1), \quad z_2 = (1,0,-1),$$

于是直线 η_1, η_2 关于 γ 的共轭直线依次是

$$\eta_1' = z_1 \times x = [-4,1,4], \quad \eta_2' = z_2 \times x = [0,2,0] \sim [0,1,0].$$

由线束 x 中两个共轭直线对 η_1, η_1' 和 η_2, η_2' 所确定的对合变换就是 γ_x. 我们在线束 x 上建立齐次坐标系,取 η_1, η_1', η_2 为参考直线,使它们的坐标依次为 $(1,0), (0,1), (1,1)$,并求得 η_2' 的坐标为 $(2,1)$,于是容易求出 γ_x 的表达式为

$$\begin{cases} \rho\xi_1' = 2\xi_2, \\ \rho\xi_2' = \xi_1. \end{cases}$$

因为 $\Delta = -4\begin{vmatrix} 0 & 2 \\ 1 & 0 \end{vmatrix} = 8 > 0$ (或 $R(\eta_1, \eta_1'; \eta_2, \eta_2') = 2 > 0$,则 $\eta_1, \eta_1' \doteq \eta_2, \eta'$),所以 γ_x 是椭圆型对合变换.

五、自配极三点形

1. 自配极三点形的定义

设非自共轭直线 ξ 上有相异的两个共轭点 y, z (图 3-2),则点 y 的极线 η 必过点 z,点 z 的极线 ζ 必过点 y,从而点 $x=\eta \times \zeta$ 为直线 ξ 的极点. 也就是说,三点形 xyz 每一顶点的极线是它的对边,且每一条边的极点是它的对顶点. 由此引入下面的定义:

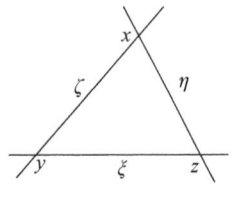

图 3-2

定义 1.7 若三点形的每一个顶点的极线是它的对边,那么该三点形叫做**自配极三点形**.

可以推得,自配极三点形的每一条边的极点就是它的对顶点.

2. 配极变换的标准形

取一个自配极三点形的顶点为坐标三点形，配极变换 γ 的表达式和自共轭点（直线）的条件的解析式就可以简化.

设配极变换 γ 的表达式为

$$\rho \xi_i = \sum_{k=1}^{3} a_{ik} x_{ik}, \quad \rho |a_{ik}| \neq 0, \ a_{ik} = a_{ki}, \ i,k = 1,2,3. \tag{1.35}$$

如果变换 γ 把 d_i 变为 $\delta_i (i=1,2,3)$，则从 $d_1 \to \delta_1$ 得到 $\rho_1(1,0,0) = (1,0,0)(a_{ki})$，于是 $a_{11} = \rho_1, a_{21} = a_{31} = 0$；从 $d_2 \to \delta_2, d_3 \to \delta_3$ 可得

$$a_{22} = \rho_2, \quad a_{12} = a_{32} = 0, \quad a_{33} = \rho_3, \quad a_{13} = a_{23} = 0.$$

因此
$$|a_{ik}| = \begin{vmatrix} a_{11} & 0 & 0 \\ 0 & a_{22} & 0 \\ 0 & 0 & a_{33} \end{vmatrix} = a_{11} a_{22} a_{33}.$$

故 $a_{11} \neq 0, a_{22} \neq 0, a_{33} \neq 0$. 令 a_{11}, a_{22}, a_{33} 分别为 b_1, b_2, b_3，则得

$$\gamma: \rho \xi_i = b_i x_i, \quad \rho \neq 0, \ b_i \neq 0, \ i = 1,2,3$$

或

$$\gamma: \sigma x_i = \frac{1}{b_i} \xi_i, \quad \sigma \neq 0, \ b_i \neq 0, \ i = 1,2,3.$$

于是得到下面的定理：

定理 1.10 如果以配极变换 γ 的一个自配极三点形作为坐标三点形，则变换 $\gamma: x \to \xi$ 必为

$$\gamma: \rho \xi_i = b_i x_i, \quad \rho \neq 0, \ b_i \neq 0, \ i = 1,2,3 \tag{1.36}$$

或

$$\gamma: \sigma x_i = \frac{1}{b_i} \xi_i, \quad \sigma \neq 0, \ b_i \neq 0, \ i = 1,2,3. \tag{1.37}$$

(1.36)式或(1.37)式称为配极变换 γ 的**标准形**. 由此定理可得到下面的结论：

定理 1.11 如果以配极变换 γ 的一个自配极三点形作为坐标三点形，则点 x 共轭于点 y 的充分必要条件是

$$b_1 x_1 y_1 + b_2 x_2 y_2 + b_3 x_3 y_3 = 0, \tag{1.38}$$

直线 ξ 共轭于直线 η 的充分必要条件是

$$\frac{1}{b_1} \xi_1 \eta_1 + \frac{1}{b_2} \xi_2 \eta_2 + \frac{1}{b_3} \xi_3 \eta_3 = 0. \tag{1.39}$$

证明 必要性 根据(1.36)式，点 y 的极线 η 的坐标应为 $[b_1 y_1, b_2 y_2, b_3 y_3]$. 由点 x 共轭于点 y 可知直线 η 必过点 x，于是

$$x \cdot \eta = 0, \quad \text{从而} \quad b_1 x_1 y_1 + b_2 x_2 y_2 + b_3 x_3 y_3 = 0.$$

同样，直线 η 的极点 y 的坐标为 $\left(\frac{1}{b_1} \eta_1, \frac{1}{b_2} \eta_2, \frac{1}{b_3} \eta_3\right)$. 由直线 ξ 共轭于直线 η 可知点 y 必

在直线 ξ 上,于是
$$y \cdot \xi = 0, \quad \text{从而} \quad \frac{1}{b_1}\xi_1\eta_1 + \frac{1}{b_2}\xi_2\eta_2 + \frac{1}{b_3}\xi_3\eta_3 = 0.$$

充分性 只需由必要性的证明逆推回去即得.

推论 对于由(1.36)式所确定的配极变换 γ,点 x 是自共轭点的充分必要条件是
$$b_1 x_1^2 + b_2 x_2^2 + b_3 x_3^2 = 0, \tag{1.40}$$
即 γ 的全体自共轭点组成的集合是方程(1.40)的全体非零解组成的集合;直线 ξ 是自共轭直线的充分必要条件是
$$\frac{1}{b_1}\xi_1^2 + \frac{1}{b_2}\xi_2^2 + \frac{1}{b_3}\xi_3^2 = 0, \tag{1.41}$$
即 γ 的全体自共轭直线组成的集合是方程(1.41)的全体非零解组成的集合.

在代数中,给出一个对称二次型
$$a_{11}x_1^2 + a_{22}x_2^2 + a_{33}x_3^2 + 2a_{12}x_1x_2 + 2a_{13}x_1x_3 + 2a_{23}x_2x_3,$$
可以通过线性变换化为对角形
$$b_1 y_1^2 + b_2 y^2 + b_1 y_3^2.$$

现在这里给出一个几何解释:因为对称二次型结合着一个对称矩阵 P,我们可把 P 解释为配极变换,由 P 可以选取一个自配极三点形,只要把这个自配极三点形作为新的坐标三点形进行坐标变换,则二次型就变为对角形,因此这样的线性变换实际上就是进行坐标变换.

六、配极变换的类型

1. 配极变换的分类

我们知道,对于任何一个配极变换 γ,以一个自配极三点形为坐标三点形时,必可将它化为标准形
$$\gamma: \rho\xi_i = b_i x_i, \quad \rho \neq 0, \ b_i \neq 0, \ i = 1,2,3.$$
且其自共轭点的轨迹为
$$b_1 x_1^2 + b_2 x_2^2 + b_3 x_3^2 = 0.$$
这里三个系数 b_1, b_2, b_3 可以同号或异号,因为 ρ 可以变号,所以同为正号或同为负号是一样的,可以都作为同号看待.同样,二正一负和二负一正的情形可以都看做二正一负的情形.对于三个都是正号的情形,方程(1.40)和(1.41)都没有非零解,即没有自共轭点和自共轭直线.根据这一事实,可以把配极变换进行分类.

定义 1.8 若配极变换 γ 存在自共轭点,那么 γ 叫做**双曲型配极变换**;若没有自共轭点,那么 γ 叫做**椭圆型配极变换**.

2. 配极变换类型的判别

我们如何来确定配极变换的类型呢?当然可以把它化为标准形来判定,但这是相当复

杂的. 为此,我们来利用导出的对合变换. 若 γ 是椭圆型配极变换,则在此变换下没有实的自共轭点和自共轭直线. 于是 γ 在任一直线 ξ 上和任一线束 x 上导出的对合变换 γ_ξ 和 γ_x 都是椭圆型的;反之,我们有如下定理:

定理 1.12 若一点 a 在一直线 η 上,即 $a \cdot \eta = 0$,并且配极变换 γ 在直线 η 上和线束 a 上导出的对合变换 γ_η 和 γ_a 都是椭圆型的,那么 γ 是椭圆型配极变换.

证明 取点 a 为坐标三点形的顶点 d_2(图 3-3). 因为 γ_η 是椭圆型的,故直线 η 上无自共轭点,因此点 d_2 在直线 η 上的共轭点必异于点 d_2. 取点 $a = d_2$ 的共轭点作为 d_3,取点 d_2 和 d_3 的极线 $\delta_2 = \gamma(d_2)$ 和 $\delta_3 = \gamma(d_3)$ 的交点为点 d_1,则 $d_1 = \gamma(\eta)$. 于是坐标三点形 $d_1 d_2 d_3$ 是自配极三点形,从而配极变换 γ 的自共轭点的轨迹是

$$\sum_{k=1}^{3} b_i x_i^2 = 0, \quad b_i \neq 0, \ i = 1, 2, 3,$$

即

$$b_1 x_1^2 + b_2 x_2^2 + b_3 x_3^2 = 0, \quad b_i \neq 0, \ i = 1, 2, 3.$$

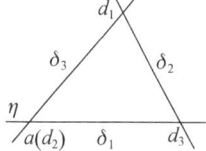

图 3-3

由于 γ_η 是椭圆型的,即 $\eta = \delta_1$ 上不含自共轭点,因而直线 $\delta_1: x_1 = 0$ 与轨迹 $b_1 x_1^2 + b_2 x_2^2 + b_3 x_3^2 = 0$ 没有实交点,即 $b_2 x_2^2 + b_3 x_3^2 = 0$ 没有实的非零解,所以 b_2 与 b_3 同号.

又由于 γ_a(即 γ_{d_2})与 γ_{δ_2} 是同类型的对合变换,且 γ_a 是椭圆型的,所以 γ_{δ_2} 也是椭圆型的,即直线 $\delta_2: x_2 = 0$ 上不含自共轭点,从而 $\delta_2: x_2 = 0$ 与轨迹 $b_1 x_1^2 + b_2 x_2^2 + b_3 x_3^2 = 0$ 也没有实交点,即 $b_1 x_1^2 + b_3 x_3^2 = 0$ 没有实的非零解,故 b_1 与 b_3 同号.

综上可知,b_1, b_2, b_3 同号,故轨迹 $b_1 x_1^2 + b_2 x_2^2 + b_3 x_3^2 = 0$ 不含有实点,从而配极变换 γ 是椭圆型的.

配极变换的类型除了可用导出的对合变换来判定外,还可用变换表达式的系数来判定,即有如下定理:

定理 1.13 配极变换(1.24)或(1.25)是椭圆型的充分必要条件是

$$a_{11} a_{22} - a_{12}^2 > 0, \quad 且 \quad a_{11} |a_{ik}| > 0. \tag{1.42}$$

证明 充分性 设配极变换 γ 在 δ_3 中有两点 $(x_1, x_2, 0)$ 和 $(y_1, y_2, 0)$ 为共轭点对,由(1.28)式可得

$$a_{11} x_1 y_1 + a_{12}(x_1 y_2 + x_2 y_1) + a_{22} x_2 y_2 = 0, \tag{1.43}$$

故在 γ_{δ_3} 下 δ_3 上的点为二重点的充分必要条件是

$$a_{11} x_1^2 + 2 a_{12} x_1 x_2 + a_{22} x_2^2 = 0.$$

当 $a_{11} a_{22} - a_{12}^2 > 0$ 时,此方程无解,即 γ_{δ_3} 是椭圆型的.

对偶地,当 $A_{22} A_{33} - A_{23}^2 > 0$ 时,γ_{d_1} 是椭圆型的. 因为

$$A_{22} = a_{11} a_{33} - a_{13}^2, \quad A_{33} = a_{11} a_{22} - a_{12}^2, \quad A_{23} = a_{12} a_{13} - a_{11} a_{23},$$

第三章 配极变换与二次曲线

所以
$$A_{22}A_{33} - A_{23}^2 = (a_{11}a_{33} - a_{13}^2)(a_{11}a_{22} - a_{12}^2) - (a_{12}a_{13} - a_{11}a_{23})^2$$
$$= a_{11}(a_{11}a_{22}a_{33} + 2a_{12}a_{13}a_{23} - a_{22}a_{13}^2 - a_{33}a_{12}^2 - a_{11}a_{23}^2)$$
$$= a_{11}|a_{ik}|.$$

故条件(1.42)是充分条件.

必要性 若 γ 是椭圆型的,则 δ_3 上无自共轭点,即 γ_{δ_3} 是椭圆型的,故 $a_{11}a_{22} - a_{12}^2 > 0$. 同理,$\gamma_{d_1}$ 也是椭圆型的,从而 $A_{22}A_{33} - A_{23}^2 > 0$,即 $a_{11}|a_{ik}| > 0$,所以条件(1.42)是必要条件.

由定理的证明过程可知,其充分必要条件可换成其他形式,请读者完成.

例 4 已知配极变换

$$\gamma: \rho \begin{bmatrix} \xi_1 \\ \xi_2 \\ \xi_3 \end{bmatrix} = \begin{bmatrix} 4 & -8 & -1 \\ -8 & 16 & 11 \\ -1 & 11 & 7 \end{bmatrix} \begin{bmatrix} x_1 \\ x_2 \\ x_3 \end{bmatrix}, \tag{1.44}$$

试用自配极三点形把它化为标准形.

解 取一点 $a = (1,0,1)$,由变换式(1.44)求得 a 的极线 $\alpha = [1,1,2]$. 在直线 α 上取一点 $b = (1,-1,0)$,则 b 的极线 $\beta = [-1,2,1]$. 记 $c = \alpha \times \beta = (-3,-3,3) \sim (1,1,-1)$,则三点形 abc 是关于 γ 的自配极三点形.

设坐标变换
$$\sigma x_i = \sum_{k=1}^{3} c_{ik} y_k, \quad \sigma|c_{ik}| \neq 0, \ i = 1,2,3 \tag{1.45}$$

把参考三点形 $d_1 d_2 d_3$ 变为自配极三点形,即使 $d_1 \to a, d_2 \to b, d_3 \to c$. 为简单起见,令 $e \to e' = a + b + c = (3,0,0)$,把对应点代入(1.45)式,经计算得到

$$\begin{cases} \sigma x_1 = y_1 + y_2 + y_3, \\ \sigma x_2 = -y_2 + y_3, \\ \sigma x_3 = y_1 - y_3, \end{cases} \quad \text{即} \quad \sigma \begin{bmatrix} x_1 \\ x_2 \\ x_3 \end{bmatrix} = \begin{bmatrix} 1 & 1 & 1 \\ 0 & -1 & 1 \\ 1 & 0 & -1 \end{bmatrix} \begin{bmatrix} y_1 \\ y_2 \\ y_3 \end{bmatrix}. \tag{1.46}$$

配极变换 γ 的自共轭点的轨迹为

$$[x_1, x_2, x_3] \begin{bmatrix} 4 & -8 & -1 \\ -8 & 16 & 11 \\ -1 & 11 & 7 \end{bmatrix} \begin{bmatrix} x_1 \\ x_2 \\ x_3 \end{bmatrix} = 0. \tag{1.47}$$

把(1.46)式代入(1.47)式,便得

$$(y_1, y_2, y_3) \begin{bmatrix} 1 & 0 & 1 \\ 1 & -1 & 0 \\ 1 & 1 & -1 \end{bmatrix} \begin{bmatrix} 4 & -8 & -1 \\ -8 & 16 & 11 \\ -1 & 11 & 7 \end{bmatrix} \begin{bmatrix} 1 & 1 & 1 \\ 0 & -1 & 1 \\ 1 & 0 & -1 \end{bmatrix} \begin{bmatrix} y_1 \\ y_2 \\ y_3 \end{bmatrix} = 0, \tag{1.48}$$

即

$$[y_1, y_2, y_3] \begin{bmatrix} 9 & 0 & 0 \\ 0 & 36 & 0 \\ 0 & 0 & -9 \end{bmatrix} \begin{bmatrix} y_1 \\ y_2 \\ y_3 \end{bmatrix} = 0, \quad 亦即 \quad [y_1, y_2, y_3] \begin{bmatrix} 1 & 0 & 0 \\ 0 & 4 & 0 \\ 0 & 0 & -1 \end{bmatrix} \begin{bmatrix} y_1 \\ y_2 \\ y_3 \end{bmatrix} = 0.$$

所以 γ 的标准形是

$$\rho \begin{bmatrix} \xi_1' \\ \xi_2' \\ \xi_3' \end{bmatrix} = \begin{bmatrix} 1 & 0 & 0 \\ 0 & 4 & 0 \\ 0 & 0 & -1 \end{bmatrix} \begin{bmatrix} x_1' \\ x_2' \\ x_3' \end{bmatrix}.$$

习 题 3.1

1. 给出对射变换 $\Gamma: x \to \xi$ 的四对元素为

$$(0,0,1) \to [1,-1,-1], \quad (0,1,0) \to [1,-1,1],$$
$$(1,0,0) \to [-1,-1,1], \quad (1,2,3) \to [0,1,2],$$

求变换 Γ 的表达式.

2. 设对射变换 Γ 为

$$\Gamma: \rho \xi' = x \begin{bmatrix} 2 & 1 & 0 \\ 1 & 3 & 1 \\ -1 & 2 & -1 \end{bmatrix},$$

求点 $a=(1,0,1)$ 的对应直线和直线 $\alpha=[0,1,2]$ 的对应点.

3. 证明：射影平面 P^2 上的全体对射变换所组成的集合不是一个群；全体对射变换与全体直射变换合并在一起所组成的集合构成一个群.

4. 设有配极变换

$$\gamma: \begin{cases} \rho \xi_1 = 2x_1 - x_3, \\ \rho \xi_2 = x_2 + x_3, \\ \rho \xi_3 = -x_1 + x_2. \end{cases}$$

(1) 求直线 $\xi=[1,1,1]$ 的极点； (2) 求自共轭点的轨迹方程；
(3) 求 γ 在直线 $\xi=[1,1,1]$ 上导出的对合变换； (4) 判定配极变换 γ 的类型.

5. 求配极变换

$$\gamma: \rho \xi = x \begin{bmatrix} 1 & -2 & 1 \\ -2 & 2 & -1 \\ 1 & -1 & -2 \end{bmatrix}$$

的自共轭点和自共轭直线的轨迹.

6. 试证：一条非自共轭直线 ξ 上若有两个自共轭点 u,v，则 u,v 分隔直线 ξ 上的每一对共轭点.

§3.2 二次曲线

二次曲线不但是初等几何的研究对象,而且也是射影几何的研究对象,只不过射影几何讨论的是它的射影性质.本节首先在配极变换的基础上给出二次曲线的代数定义(Staudt 定义),然后利用 Steiner 定理给出它的几何定义(Steiner 定义).

一、二次曲线的概念

1. 二次曲线的定义

如上节讨论,如果配极变换

$$\gamma: \rho\xi_i = \sum_{k=1}^{3} a_{ik}x_k, \quad \rho|a_{ik}| \neq 0, a_{ik} = a_{ki}, i,k = 1,2,3$$

是双曲型的,则变换 γ 必存在自共轭点,且自共轭点的轨迹方程是

$$C: \sum_{i,k=1}^{3} a_{ik}x_ix_k = 0, \quad |a_{ik}| \neq 0, a_{ik} = a_{ki}, i,k = 1,2,3, \tag{2.1}$$

即

$$C: a_{11}x_1^2 + a_{22}x_2^2 + a_{33}x_3^2 + 2a_{12}x_1x_2 + 2a_{13}x_1x_3 + 2a_{23}x_2x_3 = 0.$$

如果把双曲型配极变换的一个自配极三点形作为坐标三点形,则上式可化简为如下**标准形式**:

$$C: b_1x_1^2 + b_2x_2^2 + b_3x_3^2 = 0, \tag{2.2}$$

其中 b_1, b_2, b_3 三数的符号为二正一负.方程(2.2)应有无限多组解,故双曲型配极变换必有无限多个自共轭点.

对偶地,双曲型配极变换必有无限多条自共轭直线.

定义 2.1(**Staudt 定义**) 一个双曲型配极变换的自共轭点的轨迹,叫做**点二次曲线**.一个双曲型配极变换的自共轭直线的集合,叫做**线二次曲线**.点二次曲线和线二次曲线统称为**二次曲线**.

根据定义,由双曲型配极变换 γ 所确定的点二次曲线 C 的方程为(2.1),而所确定的线二次曲线 C' 的方程是

$$C': \sum_{i,k=1}^{3} A_{ik}\xi_i\xi_k = 0, \quad |A_{ik}| \neq 0, A_{ik} = A_{ki}, i,k = 1,2,3, \tag{2.3}$$

即

$$C': A_{11}\xi_1^2 + A_{22}\xi_2^2 + A_{33}\xi_3^3 + 2A_{12}\xi_1\xi_2 + 2A_{13}\xi_1\xi_3 + 2A_{23}\xi_2\xi_3 = 0,$$

其中 A_{ik} 是 $|a_{ik}|$ 中元素 a_{ik} 的代数余子式.

若 C 是由双曲型配极变换 γ 所确定的点(线)二次曲线,我们把 γ 的自共轭直线(点)叫做点(线)二次曲线 C 的**切线**(**切点**),其中切线上(过切点)的自共轭点(直线)就叫做点(线)

二次曲线 C 的**切点**(**切线**).

由于过点二次曲线 C 上的每一点有且只有一条自共轭直线(线二次曲线上的线),同时线二次曲线 C' 上的每一条自共轭直线上有且只有一个自共轭点(点二次曲线上的点),所以,一个双曲型配极变换 γ 所确定的点二次曲线 C 也就是变换 γ 所确定的线二次曲线 C' 的包络;而一个双曲型配极变换 γ 所确定的线二次曲线 C' 也就是变换 γ 所确定的点二次曲线 C 的切线集合. 因此我们把由同一双曲型配极变换所确定的点二次曲线和线二次曲线看做等价的. 也正是因为这个原因,有人把它们看做统一的一条二次曲线.

点二次曲线(2.1)与线二次曲线(2.3)虽然是由同一个双曲型配极变换确定的,但是构成的形式是不同的,其方程也各不相同. 由于它们具有对偶性,以后在不加区分的情况下,我们所讨论的二次曲线就是指点二次曲线,而线二次曲线的相应内容可利用对偶性得到.

每一个双曲型配极变换 γ 确定一条二次曲线 C,从上面配极变换 γ 的表达式和二次曲线 C 的方程可以看出,它们的系数是相对应的. 因此,给出一个变换 γ 的表达式就可以得到一条二次曲线 C 的方程;反之,给出二次曲线 C 的方程就可以得到变换 γ 的表达式. 同时,对于在变换 γ 下的极点、极线、共轭点对和共轭直线对等概念,我们也可以说它们是关于二次曲线 C 的极点、极线、共轭点对和共轭直线对等. 例如,在变换 γ 下,点 x 是直线 ξ 的极点,直线 ξ 是点 x 的极线,也可以说成点 x 是直线 ξ 关于二次曲线 C 的极点,直线 ξ 是点 x 关于二次曲线 C 的极线;在变换 γ 下,点 x 和 y 是共轭点对,直线 ξ 和 η 是共轭直线对,也可以说成点 x 和 y 关于二次曲线 C 成共轭点对,直线 ξ 和 η 关于二次曲线 C 成共轭直线对.

2. 射影平面上的点、直线与二次曲线的位置关系

在射影平面 P^2 上,给定一条二次曲线 C. 对于射影平面 P^2 上所有的直线,根据它与二次曲线 C 的位置关系可分成如下三类:

(1) **切线**:与二次曲线 C 有且只有一个公共点的直线叫做 C 的切线;

(2) **割线**:与二次曲线 C 有两个公共点的直线叫做 C 的割线;

(3) **不相交直线**:与二次曲线 C 没有公共点的直线叫做 C 的不相交直线.

对于射影平面 P^2 上的所有点也可分为如下三类:

(1) **一切线点**:有且只有二次曲线 C 的一条切线经过的点叫做 C 的一切线点,也就是 C 上的点;

(2) **二切线点**:有二次曲线 C 的两条切线经过的点叫做 C 的二切线点,有时也叫做 C 的**外点**;

(3) **无切线点**:没有二次曲线 C 的切线经过的点叫做 C 的无切线点,有时也叫做 C 的**内点**.

关于点、直线与二次曲线位置关系的判定,我们有如下定理:

定理 2.1 对于不在二次曲线 C 上的点 x,当且仅当导出的对合变换 γ_x 是椭圆型(或双曲型)对合变换时,点 x 是无切线点(或二切线点).

证明 由二次曲线对应着一个配极变换 γ,若导出的对合变换 γ_x 是椭圆型(或双曲型)的,则它没有(或有二条)二重直线,因而经过点 x 没有(或有二条)自共轭直线,故点 x 是无切线点(或二切线点).

反之,若点 x 是无切线点(或二切线点),则经过点 x 没有(或有二条)自共轭直线,因而导出的对合变换 γ_x 没有(或有二条)二重直线,所以对合变换 γ_x 是椭圆型(或双曲型)的.

这个定理的对偶定理是:

定理 2.2 对于不是二次曲线 C 的切线的直线 ξ,当且仅当导出的对合变换 γ_ξ 是椭圆型(或双曲型)对合变换时,直线 ξ 是与 C 不相交的直线(或 C 的割线).

其证明建议读者自己完成.

定理 2.3 过二次曲线 C 的无切线点的直线是 C 的割线.

证明 设二次曲线 C 对应的配极变换为 γ. 若点 x 为无切线点,则在点 x 导出的对合变换 γ_x 是椭圆型的. 若在经过点 x 的任一直线 η 上导出的对合变换 γ_η 也是椭圆型的,根据 §3.1 中的定理 1.12,则配极变换 γ 是椭圆型的. 这与由二次曲线 C 所对应的配极变换 γ 是双曲型的事实矛盾. 故经过无切线点 x 的任一直线 η 上导出的对合 γ_η 都是双曲型,即直线 η 是一条割线.

这个定理的对偶定理是:

定理 2.4 在二次曲线 C 的不相交直线上的点是 C 的二切线点.

由于射影平面上的任一直线与二次曲线最多只有两个交点,又由定理 2.1 至定理 2.4 知二次曲线是封闭的,因此一般用一个"长圆"来直观表示一条二次曲线.

二、极点与极线

在前一节中,我们利用配极变换的表达式来求极点、极线、共轭点及共轭直线. 而我们知道,一个双曲型极变换 γ 对应着一条二次曲线 C. 由双曲型配极变换 γ 得到其对应的二次曲线 C 后,我们就可以利用图形来讨论极点、极线、共轭点及共轭直线的作法. 为此,先介绍几个定理:

定理 2.5 若点 x, x' 是不在二次曲线 C 上的共轭点对,且直线 $x \times x'$ 交二次曲线 C 于 u, v 两点,则

$$R(x, x'; u, v) = -1; \tag{2.4}$$

反之,若(2.4)式成立,则 x, x' 为共轭点对(图 3-4).

证明 设 $\xi = x \times x'$. 由于在直线 ξ 上导出的对合变换 γ_ξ 有二重点 u, v,故它为双曲型对合变换. 而 x, x' 为一对对应点,所以有(2.4)式成立. 反之,若 $x'' \in \xi$,且是 x 的共轭点,则 $R(x, x''; u, v) = -1$,但满足(2.4)式的点是唯一的,即 $x'' = x'$,故 x, x' 为共轭点对.

推论 若 x 是不在二次曲线 C 上的点(图 3-5),过点 x 的一条直线 η 交二次曲线 C 于 u, v 两点,则 u, v, x 的第四调和点 x' 在点 x 的极线 ξ 上. 当直线 η 遍历线束 x 的每一条直线

时,点 x' 遍历直线 ξ 上的每一个点.

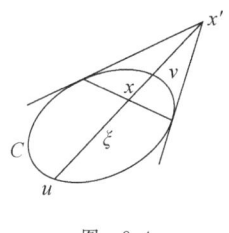

图 3-4

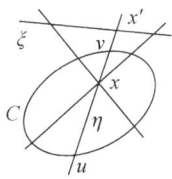

图 3-5

定理 2.6 二次曲线 C 的内接完全四点形的对边三点形是对应配极变换 γ 的自配极三点形.

证明 设二次曲线 C 的内接完全四点形为 $abcd$(图 3-6),它的对边三点形为 uvw,由完全四点形的调和性有
$$R(w,x;a,d)=-1,$$
于是由本节定理 2.5 可知 w,x 与 a,d 成调和共轭点对. 同理 $R(w,y;c,b)=-1$,于是 w,y 与 c,b 也成调和共轭点对. 所以,x,y 都是点 w 的共轭点,故点 w 的极线是完全四点形 $abcd$ 的对边线 $u \times v$.

同理可证,点 u 的极线是 $v \times w$. 故三点形 uvw 是变换 γ 的自配极三点形.

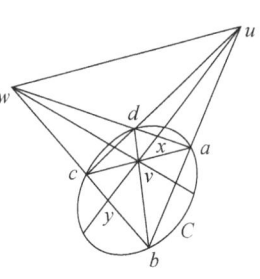

图 3-6

下面以例子的形式来介绍点关于二次曲线的极线的作法.

例 1 已知二次曲线 C 及其一个无切线点 x,求作点 x 关于二次曲线 C 的极线.

解 作法如下:如图 3-7 所示,过点 x 任作两条割线 η, ζ,分别交二次曲线 C 于点 b, b' 与点 c, c'. 令
$$u = (b \times c) \times (b' \times c'), \quad v = (b' \times c) \times (b \times c'),$$
则 $u \times v = \xi$ 是点 x 关于二次曲线 C 的极线.

事实上,xuv 是二次曲线 C 的内接完全四点形 $bcb'c'$ 的对边三点形,因而是关于二次曲线 C 的自配极三点形,所以 $u \times v = \xi$ 是点 x 的极线.

此种作法对于二切线点也是适合的,同时还可作出二切线点的两切线,建议读者自己完成.

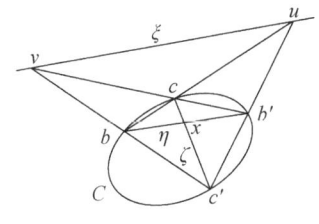

图 3-7

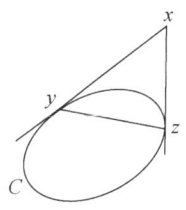

图 3-8

第三章　配极变换与二次曲线

定理 2.7　对于二次曲线 C，一个二切线点的极线是过该点的二次曲线 C 的两切线的切点连线.

证明　设过二切线点 x 的两次曲线 C 的两切线为 $x\times y, x\times z$，点 y,z 分别是切点（图 3-8），则 y,z 都是 x 的共轭点. 故 $y\times z$ 是点 x 的极线.

关于切线的方程，有如下定理：

定理 2.8　给出二次曲线 C 的方程

$$\sum_{i,k=1}^{3} a_{ik}x_i x_k = 0, \quad |a_{ik}|\neq 0, a_{ik}=a_{ki}, i,k=1,2,3, \tag{2.5}$$

则定点 y 的极线方程是

$$\sum_{i,k=1}^{3} a_{ik}x_i y_k = 0. \tag{2.6}$$

若点 y 在二次曲线 C 上，则此方程即为过点 y 的切线方程.

证明　二次曲线 C 所对应的配极变换 γ 为

$$\rho \xi_i = \sum_{k=1}^{3} a_{ik}x_k, \quad \rho|a_{ik}|\neq 0, a_{ik}=a_{ki}, i,k=1,2,3. \tag{2.7}$$

令点 y 的极线为 η，则有

$$\rho \eta_i = \sum_{k=1}^{3} a_{ik}y_k, \quad i=1,2,3. \tag{2.8}$$

极线 η 的方程为 $\eta \cdot x = 0$. 将 (2.8) 式代入得

$$\sum_{i,k=1}^{3} a_{ik}x_i y_k = 0,$$

即

$$a_{11}y_1 x_1 + a_{22}y_2 x_2 + a_{33}y_3 x_3 + a_{12}(y_1 x_2 + y_2 x_1)$$
$$+ a_{13}(y_1 x_3 + y_3 x_1) + a_{23}(y_2 x_3 + y_3 x_2) = 0,$$

可写成

$$(a_{11}y_1 + a_{12}y_2 + a_{13}y_3)x_1 + (a_{21}y_1 + a_{22}y_2 + a_{23}y_3)x_2$$
$$+ (a_{31}y_1 + a_{32}y_2 + a_{33}y_3)x_3 = 0. \tag{2.9}$$

所以方程 (2.6) 是点 y 的极线方程. 当点 y 在二次曲线 C 上时，点 y 的极线即为过点 y 的切线，因此点 y 的极线方程就是二次曲线 C 的过点 y 的切线方程.

例 2　已知二次曲线 $C: 2x^2 - y^2 + xy + x - 4y + 1 = 0$，求与二次曲线 C 相切，并且分别与直线 $l_1: x+y=0$ 和 $l_2: 2x-y=0$ 平行的直线.

解　分别与 $x+y=0$ 和 $2x-y=0$ 相平行的直线也就是与它们分别交于无穷远的直线，因此所求直线分别过齐次坐标 $A(1,-1,0)$ 和 $B(1,2,0)$ 的无穷远点. 经验证知该两点都是二次曲线 C 上的点，故所求直线是分别过点 A 和 B 的二次曲线的切线，也就是二次曲线 C 关于点 A 和 B 的极线.

先写出二次曲线 C 的齐次坐标方程：
$$2x_1^2 - x_2^2 + x_1x_2 + x_1x_3 - 4x_2x_3 + x_3^2 = 0,$$
其对应的配极变换 γ 为
$$\rho\xi = x \begin{bmatrix} 2 & 1/2 & 1/2 \\ 1/2 & -1 & -2 \\ 1/2 & -2 & 1 \end{bmatrix}.$$

于是，点 $A(1,-1,0)$ 的极线方程是
$$(1,-1,0)\begin{bmatrix} 2 & 1/2 & 1/2 \\ 1/2 & -1 & -2 \\ 1/2 & -2 & 1 \end{bmatrix}\begin{bmatrix} x_1 \\ x_2 \\ x_3 \end{bmatrix} = 0, \quad 即 \quad 3x_1 + 3x_2 + 5x_3 = 0,$$

其非齐次坐标方程为 $3x+3y+5=0$. 点 $B(1,2,0)$ 的极线方程是
$$(1,2,0)\begin{bmatrix} 2 & 1/2 & 1/2 \\ 1/2 & -1 & -2 \\ 1/2 & -2 & 1 \end{bmatrix}\begin{bmatrix} x_1 \\ x_2 \\ x_3 \end{bmatrix} = 0, \quad 即 \quad 6x_1 - 3x_2 - 7x_3 = 0,$$

其非齐次坐标方程为 $6x-3y-7=0$.

三、二次曲线方程的另一简化形式

上文已经指出，二次曲线 C 的方程的一般形式为(2.1)，标准形式为(2.2). 除此之外，二次曲线 C 的方程还有另一种简化形式.

在二次曲线 C 上任取相异两点 d_1, d_3（图 3-9），过 d_1, d_3 分别作二次曲线 C 的切线 δ_1, δ_3. 令 $d_2 = \delta_1 \times \delta_3, \delta_2 = d_1 \times d_3$，以 $d_1 d_2 d_3$ 为坐标三点形，我们来求二次曲线 C 的方程.

因点 $d_1 = (1,0,0)$ 和 $d_3 = (0,0,1)$ 在二次曲线 C 上，把两点的坐标代入二次曲线 C 的方程(2.1)，得 $a_{11} = a_{33} = 0$. 又点 d_1 在切线 δ_3 上，把点 d_1 的坐标代入二次曲线 C 的切线方程(2.6)得
$$a_{11}x_1 + a_{21}x_2 + a_{31}x_3 = 0,$$
但 $a_{11} = 0$，所以切线 δ_3 应为
$$a_{21}x_2 + a_{31}x_3 = 0.$$
而在取定坐标系下，过点 d_1 的切线是 $\delta_3: x_3 = 0$. 比较切线 δ_3 的两个方程得 $a_{21} = a_{12} = 0$.

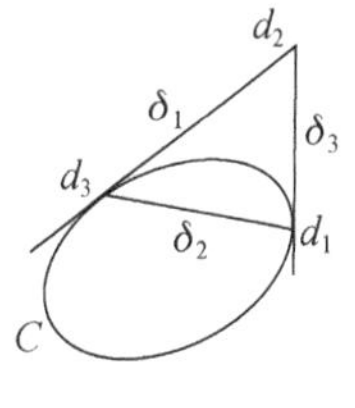

同样，点 d_3 在切线 δ_1 上，得切线 δ_1 的方程为
$$a_{13}x_1 + a_{23}x_2 + a_{33}x_3 = 0,$$
但 $a_{33} = 0$，所以切线 δ_1 应为
$$a_{13}x_1 + a_{23}x_2 = 0.$$

图 3-9

第三章 配极变换与二次曲线

再与 $\delta_1: x_1 = 0$ 比较,可知 $a_{23} = a_{32} = 0$,

所以二次曲线 C 的方程为

$$a_{22} x_2^2 + 2a_{13} x_1 x_3 = 0.$$

由于

$$|a_{ik}| = \begin{vmatrix} 0 & 0 & a_{13} \\ 0 & a_{22} & 0 \\ a_{13} & 0 & 0 \end{vmatrix} = -a_{13}^2 a_{22} \neq 0,$$

所以 $a_{13} \neq 0, a_{22} \neq 0$. 令 $k = -\dfrac{2a_{13}}{a_{22}}$,则二次曲线 C 的方程为 $x_2^2 - k x_1 x_3 = 0 \ (k \neq 0)$.

于是,得到下面的定理:

定理 2.9 若取二次曲线 C 上相异两点和过此两点的切线的交点构成坐标三点形(取二次曲线 C 上的两点为 d_1, d_3),则二次曲线 C 的方程是

$$x_2^2 - k x_1 x_3 = 0 \quad (k \neq 0). \tag{2.10}$$

当单位点 $e = (1,1,1)$ 或点 $\bar{e} = (1,-1,1)$ 在二次曲线 C 上时,其方程则是

$$x_2^2 - x_1 x_3 = 0. \tag{2.11}$$

对偶地,可以得出线二次曲线的简化方程,建议读者自己完成.

四、Steiner 定理

定理 2.10(Steiner 定理) 若 a 和 a' 是(点)二次曲线 C 上的相异两点,x 为(点)二次曲线 C 上的流动点,则由 $a \times x \rightarrow a' \times x$ 所确定的线束 a 到线束 a' 上的映射是射影映射,但不是透视映射.

证明 以点 a 为 d_1,点 a' 为 d_3,并且以分别过 a, a' 两点的切线 δ_3, δ_1 的交点为 d_2 构成坐标三点形 $d_1 d_2 d_3$. 设 $e = (1,1,1)$ 在二次曲线 C 上,则二次曲线 C 的方程是

$$x_2^2 - x_1 x_3 = 0. \tag{2.12}$$

取直线 ξ 和 ξ':

$$\xi: \lambda x_2 - \mu x_3 = 0, \quad \xi': \mu x_2 - \lambda x_1 = 0.$$

直线 ξ 与 ξ' 的交点 $x = (x_1, x_2, x_3) = (\mu^2, \lambda\mu, \lambda^2)$ 满足 (2.12) 式,故点 x 在二次曲线 C 上(图 3-10).

取 $\delta_1 \delta_2 \delta_3$ 为坐标三线形,则直线 $\xi: \lambda x_2 - \mu x_3 = 0$ 的坐标为 $[0, \lambda, -\mu]$,即

$$\xi = a \times x = \lambda \delta_2 - \mu \delta_3.$$

直线 ξ 应属于线束 a. 同理,直线 $\xi': \mu x_2 - \lambda x_1 = 0$ 的坐标为 $[-\lambda, \mu, 0]$,即

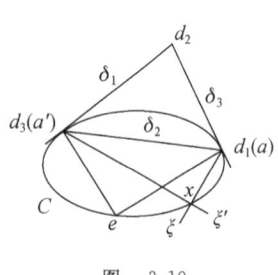

图 3-10

$$\xi' = a' \times x = -\lambda \delta_1 + \mu \delta_2.$$

直线 ξ' 应属于线束 a'. 因为

$$R(\delta_2, \delta_3; \delta_2 + \delta_3, \lambda\delta_2 - \mu\delta_3) = -\lambda/\mu,$$
$$R(\delta_1, \delta_2; \delta_1 + \delta_2, -\lambda\delta_1 + \mu\delta_2) = -\lambda/\mu,$$

故点 x 沿二次曲线 C 移动时,

$$\text{线束 } a(a \times x) \barwedge \text{线束 } a'(a' \times x).$$

此射影映射不是透视映射,否则,二次曲线 C 将退化为透视轴和 $a \times a'$ 两条直线,与所设矛盾.

注 若点 x 在 $a = d_1$ 的位置,则直线 ξ 成为切线 δ_3,而直线 ξ' 成为切线 δ_2;同样,若点 x 在 $a' = d_3$ 的位置,则直线 ξ 成为切线 δ_2,而切线 ξ' 成为切线 δ_1.

定理 2.11(Steiner 逆定理) 设线束 $a(\xi)$ 到 $a'(\xi')$ 上的射影映射 $a(\xi) \barwedge a'(\xi')$ 是非透视映射,且两线束中心 a, a' 互异,则两线束各对应直线交点的集合是一条(点)二次曲线.

证明 如图 3-10 所示,以点 a 为 d_1,点 a' 为 d_3,并设线束 $a(\xi)$ 到线束 $a'(\xi')$ 上的射影映射为 Φ. 因为 Φ 是非透视映射,故公共直线 $\delta_2 = d_1 \times d_3$ 不是二重直线. 令

$$\Phi(\delta_3) = \delta_2, \quad \Phi(\delta_2) = \delta_1,$$

则 $\Phi(\delta_2 + \delta_3) = \delta_1 + \delta_2$. 故线束 $a(\xi)$ 中的直线 $\lambda\delta_2 - \mu\delta_3$ 对应线束 $a'(\xi')$ 中的直线 $\lambda\delta_1 - \mu\delta_2$. 此两直线的坐标分别是 $[0, \lambda, -\mu]$ 和 $[\lambda, -\mu, 0]$,其方程分别是

$$\lambda x_2 - \mu x_3 = 0 \quad \text{和} \quad \lambda x_1 - \mu x_2 = 0.$$

上两方程消去 λ, μ,得

$$x_2^2 - x_1 x_3 = 0,$$

故两条线束各对应直线交点的集合是一条点二次曲线.

对偶地,给出 Steiner 定理及其逆定理的对偶定理:

定理 2.12 若 α 和 α' 是(线)二次曲线 C 上的相异两直线,ξ 为(线)二次曲线 C 上的流动直线,则由 $\alpha \times \xi \to \alpha' \times \xi$ 所确定的直线 α 到直线 α' 上的映射是射影映射,但不是透视映射.

定理 2.13 设直线 α 到 α' 上的射影映射 $\alpha(x) \barwedge \alpha'(x')$ 是非透视映射,且两直线 α, α' 互异,则两直线上各对应点连线的集合是一条(线)二次曲线.

Steiner 定理及其对偶定理给出了二次曲线的射影解释(或几何意义). 作为 Steiner 定理的应用,有下列两个定理:

定理 2.14 射影平面上给定五个相异点,其中无三点共线,则确定唯一的二次曲线(过该五点).

证明 如图 3-11 所示,设五点为 a, a', b_1, b_2, b_3,其中无三点共线,以点 a, a' 为线束的中心,三对对应直线为

$$a \times b_1 \to a' \times b_1, \quad a \times b_2 \to a' \times b_2, \quad a \times b_3 \to a' \times b_3,$$

则确定的射影映射为

$$\Phi: a(a\times b_1, a\times b_2, a\times b_3, \cdots) \bar{\wedge} a'(a'\times b_1, a'\times b_2, a'\times b_3, \cdots).$$

因 b_1, b_2, b_3 不共线, 可知 Φ 为非透视映射, 故其全体对应直线交点所组成的集合是过该五点的二次曲线. 又因为所确定的 Φ 是唯一的, 因此过该五点的二次曲线也是唯一的.

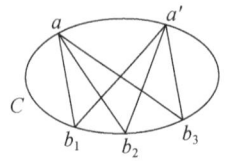
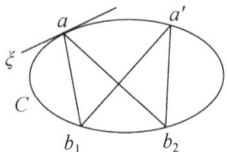

图 3-11   图 3-12

定理 2.15 给定无三点共线的四个相异点和过其中一点的直线, 且给定的直线不过其他三点中的任一点, 则必有唯一的二次曲线过此四点, 并且以给定直线为切线.

证明 设给定的相异四点为 a, a', b_1, b_2 及一直线为 ξ, 且直线 ξ 过点 a (图 3-12), 则分别以 a, a' 为中心的两线束确定的射影映射为

$$\Phi: a(a\times b_1, a\times b_2, \xi, \cdots) \bar{\wedge} a'(a'\times b_1, a'\times b_2, a'\times a, \cdots).$$

故有二次曲线过四点 a, a', b_1, b_2, 且由 $a\times a \to a'\times a$ 知, $\xi \sim a\times a$ 是该二次曲线的切线. 又因 Φ 是唯一的, 故过四点 a, a', b_1, b_2 且以直线 ξ 为切线的二次曲线是唯一的.

类似地, 我们还可以得出其他一些确定二次曲线的定理. 总之, 二次曲线是由五元素(点或直线)确定的.

习 题 3.2

1. 已知二次曲线 $C: x_1^2 + 3x_2^2 + x_3^2 - 2x_1x_2 + 4x_1x_3 = 0$.
   (1) 试判别 $a(1, 0, -1)$ 是二次曲线 C 的无切线点或是二切线点;
   (2) 试判别 $\xi[1, 0, 1]$ 是二次曲线 C 的割线或是不相交直线.

2. 已知二次曲线 $C: x_1^2 + x_2^2 + x_3^2 - 6x_1x_2 + 2x_1x_3 + 2x_2x_3 = 0$, 点 $a(0, 1, 1)$ 是二次曲线 C 的一个二切线点, 试以点 a 及过点 a 向二次曲线 C 所作的两切线的切点 b, c 为顶点的新坐标三点形把二次曲线 C 的方程化简.

3. 已知二次曲线 C 的方程是 $x_1^2 - x_2^2 - x_3^2 = 0$.
   (1) 求确定二次曲线 C 所对应的配极变换 γ;
   (2) 求直线 $\xi[1, 0, 2]$ 关于二次曲线 C 的极点;
   (3) 求过二次曲线 C 上点 $a(1, 0, 1)$ 处的切线.

4. 求过点 $a(4, 3, 0)$ 且与二次曲线 $C: 2x_1^2 + 4x_2^2 - x_3^2 = 0$ 相切的直线方程.

5. 求外接于坐标三点形的二次曲线的方程和内切于坐标三点形的二次曲线的方程, 写

§3.3 Pascal 定理与 Brianchon 定理

出它们的点坐标和线坐标方程.

6. 求过给定三点 $a(1,0,1),b(0,1,1),c(0,-1,1)$ 且切于两直线 $\xi:x_1-x_3=0$ 与 $\eta:x_2-x_3=0$ 的二次曲线 C 的方程.

7. 求过五点 $a(-2,0,1),b(2,0,1),c(-1,2,1),d(1,2,1)$ 及 $e(0,3,1)$ 的二次曲线 C 的方程.

§3.3 Pascal 定理与 Brianchon 定理

本节介绍射影几何的两个著名定理:Pascal 定理和 Brianchon 定理. 这两个定理的内容是讨论有关二次曲线的结合性问题,充分体现了射影几何的和谐与美. 它们实际上是一对对偶命题(见 §1.3).

一、Pascal 定理

定义 3.1 如果一个 n 点形的 n 个顶点都在一条二次曲线上,则该 n 点形叫做二次曲线的**内接** n **点形**. 如果一个 n 线形的 n 条边都是二次曲线的切线,则该 n 边形叫做二次曲线的**外切** n **线形**.

定理 3.1(Pascal 定理) 二次曲线 C 的内接六点形的三对对边的交点共线.

证明 如图 3-13 所示,设二次曲线 C 的内接六点形为 $xy'zx'yz'$,其对边交点为

$$a = (y \times z') \times (y' \times z),$$
$$b = (z \times x') \times (z' \times x),$$
$$c = (x \times y') \times (x' \times y).$$

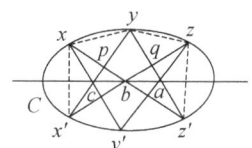

图 3-13

下面要证明 a,b,c 三点共线.

方法 1 令 $p=(x'\times y)\times(x\times z'), q=(x'\times z)\times(y\times z')$.

根据 Steiner 定理,分别以点 x,z 为中心投射二次曲线 C 上的点,得到两射影对应线束,其中对应直线为

$$x\times x' \to z\times x', \quad x\times y' \to z\times y', \quad x\times z' \to z\times z', \quad x\times y \to z\times y.$$

由此得

$$\begin{aligned} x'\times y(x',c,p,y) &\overline{\wedge} x(x\times x', x\times y', x\times z', x\times y) \\ &\overline{\wedge} z(z\times x', z\times y', z\times z', z\times y) \\ &\overline{\wedge} y\times z'(q,a,z',y), \end{aligned} \tag{3.1}$$

所以 $\qquad x'\times y(x',c,p,y) \overline{\wedge} y\times z'(q,a,z',y).$

由于这两个射影点列的公共点 y 对应自身,故

$$x' \times y(x',c,p,y) \overline{\wedge} y \times z'(q,a,z',y). \tag{3.2}$$

因此,对应点连线 $x' \times q, c \times a, p \times z'$ 共点,此点即为 $b=(x' \times q) \times (p \times z')$.所以 a,b,c 三点共线.

方法 2 如图 3-14 所示,连接 $x \times x'$,并设直线 $x \times y', y' \times z, z \times x', x' \times y, y \times z', z' \times x, x \times x'$ 的方程分别是

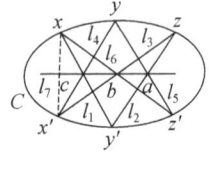

图 3-14

$$l_i = 0 \quad (i = 1,2,\cdots,7), \tag{3.3}$$

因为二次曲线 C 过点 x,y',z,x',故二次曲线 C 的方程必为

$$l_1 l_3 + \lambda l_2 l_7 = 0, \tag{3.4}$$

其中 λ 为常数(因为点 x 满足方程 $l_1 = 0, l_7 = 0$,故点 x 满足(3.4)式.其余三点依此类推).这个方程的构造形式是每项两个因子的对应直线都过给定的四点).同理,二次曲线 C 过点 x,x',y,z',故二次曲线 C 的方程又为

$$l_7 l_5 + \mu l_4 l_6 = 0, \tag{3.5}$$

其中 μ 亦为常数.因(3.4)式和(3.5)式表示同一条二次曲线 C,故必有适当的常数 ν,使得

$$l_1 l_3 + \lambda l_2 l_7 = \nu(l_7 l_5 + \mu l_4 l_6), \tag{3.6}$$

即

$$l_1 l_3 - \nu \mu l_4 l_6 = l_7 (\nu l_5 - \lambda l_2). \tag{3.7}$$

方程

$$l_7 (\nu l_5 - \lambda l_2) = 0 \tag{3.8}$$

表示 $l_7 = 0$ 和 $\nu l_5 - \lambda l_2 = 0$ 两条直线,而后者必过直线 $l_2 = 0$ 和 $l_5 = 0$ 的交点 a.根据(3.7)式,方程

$$l_1 l_3 - \nu \mu l_4 l_6 = 0 \tag{3.9}$$

应和方程(3.8)一致,即也表示这两条直线.从(3.9)式可知,这两条直线应该过 $l_1 = 0$ 和 $l_4 = 0$ 的交点 c.同理,这两条直线亦必过点 x,x',b.因为点 x,x' 在直线 $x \times x'$ 上,而点 b,c 不在直线 $x \times x'$ 上,故此两点必在直线 $\nu l_5 - \lambda l_2 = 0$ 上,即在过点 a 的直线上,所以 a,b,c 三点共线.

上述定理证明中点 a,b,c 所在的这条直线叫做二次曲线 C 的内接六点形 $xy'zx'yz'$ 的 **Pascal 线**.

定理 3.2(Pascal 逆定理) 若六点形的三对对边的交点共线,则这个六点形内接于一条二次曲线.

证明 如图 3-15 所示,设六点形 $xy'zx'yz'$ 的三对对边的交点是

$$a = (y \times z') \times (y' \times z), \quad b = (z \times x') \times (z' \times x), \quad c = (x \times y') \times (x' \times y),$$

此三点共线,要证明这个六点形内接于一条二次曲线.

§3.3 Pascal 定理与 Brianchon 定理

令 $p=(x'\times y)\times(x\times z'), q=(x'\times z)\times(y\times z')$，则有
$$x(x\times x', x\times y', x\times z', x\times y,\cdots)\barwedge x'\times y(x',c,p,y,\cdots)$$
$$\barwedge y\times z'(q,a,z',y,\cdots)$$
$$\barwedge z(z\times x', z\times y', z\times z', z\times y,\cdots),$$

故
$$x(x\times x', x\times y', x\times z', x\times y,\cdots)\barwedge z(z\times x', z\times y', z\times z', z\times y,\cdots).$$

根据 Steiner 逆定理，两射影对应线束中对应直线的交点在一条二次曲线上，因此点 x,x',y,y',z,z' 在一条二次曲线 C 上，也就是六点形 $xy'zx'yz'$ 内接于一条二次曲线 C.

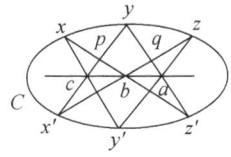

图 3-15

二次曲线 C 上相异的六个点可以按照不同的次序组成 60 个不同的内接于二次曲线 C 的六点形，每一个六点形都有一条 Pascal 线，总共有 60 条 Pascal 线。找一个六点形的 Pascal 线有一个简单的规律：将顶点排成两行三列，相邻顶点位于不同的行和不同的列，即按六点形顶点的次序将 $xy'zx'yz'$ 写成 $\begin{pmatrix} x & y & z \\ x' & y' & z' \end{pmatrix}$，则对应的两交叉点连线为一对对边，如 $x\times y'\leftrightarrow x'\times y$ 为一对对边，这样找到三对对边交点所在直线即为 Pascal 线。

Pascal 线在射影几何中有重要的地位。如果把两直线看做二次曲线的退化情形（见 §3.4），则 Pappus 定理即可看成 Pascal 定理的特例。

上文指出，对于二次曲线 C 上任意相异六点，可以得到关于它的 60 条不同的 Pascal 线。由此构成的复杂的图形叫做 **Pascal 构图**。关于这 60 条直线的分布有许多有趣的性质，如这 60 条直线可分为 20 组，每组 3 条交于一点，这些点叫做 **Steiner 点**。

刚才提到，把两条直线看做二次曲线的退化情形，则 Passcal 定理就是 Pappus 定理。我们还可以从不同的方面来讨论它的特殊情形。

如果把顶点个数少于六的二次曲线的内接多点形（即五、四、三点形）看做（一、二、三个）顶点重合的内接六点形，就可以应用 Pascal 定理。要注意的是，两个重合的顶点所确定的边就是过这个顶点的切线。具体讨论如下：

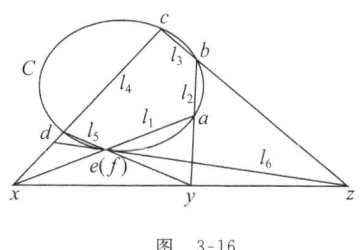

图 3-16

(1) 如图 3-16 所示，二次曲线 C 的内接五点形 $abcde$ 可以看做 e 和 f 两个顶点重合的内接六点形 $abcde(f)$，边 $e\times f$ 是过点 e 的切线，三对对边 l_1 和 l_4，l_2 和 l_5，l_3 和 l_6（切线）的交点为 x,y,z。由 Pascal 定理知 x,y,z 三点共线。这种情况下的 Pascal 定理可以写成：在二次曲线 C 的内接五点形中，两对不相邻的边的交点（两个）和第五边与过它的相对顶点的切线的交点，此三点共线。

(2) 如图 3-17 和图 3-18 所示,二次曲线 C 的内接四点形 $abce$ 或 $acdf$ 可以看做有两对重合顶点的六点形 $abc(d)e(f)$ 或 $a(b)cd(e)f$. 这时 Pascal 定理可以写成：在二次曲线 C 的内接四点形中,一对对边的交点和过其中一边上两顶点所作切线与另一对对边的交点,此三点共线,或两对对边的交点和过对顶点的切线的交点,此三点共线.

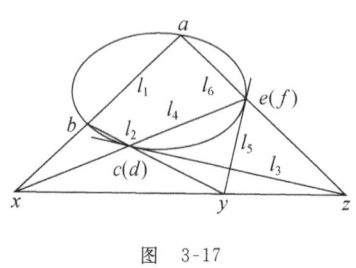

图 3-17

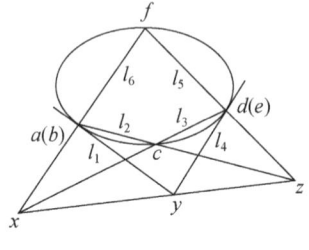

图 3-18

(3) 如图 3-19 所示,二次曲线 C 的内接三点形 ace 可以看做有三对顶点重合的六点形 $a(b)c(d)e(f)$. 这时 Pascal 定理可以写成：在二次曲线 C 的内接三点形中,过每个顶点的切线与其对边的交点,此三点共线.

上述情形中,如果把二次曲线 C 特殊化为一个圆,这些定理便是初等几何中的定理. 我们不仅可以用 Pascal 定理来统一认识它们外,还可以找到它们在初等几何范围内的统一证法,建议读者自己去讨论.

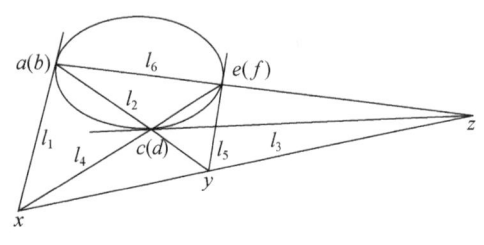

图 3-19

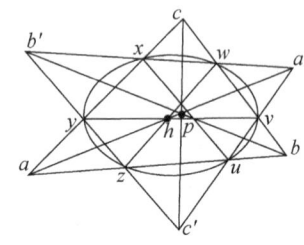

图 3-20

根据 Pascal 定理可以推出许多结论,下面以例子的形式给出其中几个.

例 1 设 x,y,z,u,v,w 是二次曲线 C 上的相异六点(图 3-20),求证：三个六点形 $xwzuvy, xuzyvw, xuvwzy$ 的 Pascal 线共点.

证明 设由 $x \times y, z \times u, v \times w$ 三直线所成的三点形是 abc,由 $u \times v, w \times x, y \times z$ 三直线所成的三点形是 $a'b'c'$. 两三点形中的对应边恰是二次曲线 C 的内接六点形的对边,因此其交点 d,e,f 三点共线(即 Pascal 线,图 3-20 中未画出),从而两三点形 abc 和 $a'b'c'$ 有透视轴

def. 根据 Desargues 透视定理，则有透视中心 p，即 $a\times a'$，$b\times b'$，$c\times c'$ 三直线共点 p. 但 $a\times a'$ 是六点形 $xwzuvy$ 的 Pascal 线（这条直线上有交点 a,a' 和 $h=(w\times z)\times(y\times v)$），而 $b\times b'$ 和 $c\times c'$ 分别是六点形 $xuzyvw$ 和 $xuvwzy$ 的 Pascal 线，故此三 Pascal 线共点．

例 2 设三点形 abc 和 $a'b'c'$ 的三对顶点 a 和 a'，b 和 b'，c 和 c' 是一个调和透射变换的对应点，这个调和透射变换的中心为 s，轴为 ξ. 如果
$$\xi\times(s\times a)=a'',\quad \xi\times(s\times b)=b'',\quad \xi\times(s\times c)=c'',$$
求证：

(1) $R(a,a';a'',s)=R(b,b';b'',s)=R(c,c';c'',s)=-1$；

(2) 这两个三点形的顶点在同一条二次曲线上．

证明 (1) 如图 3-21 所示，在透射变换下，任意一对对应点的连线过中心：
$$a\times a'\sim s\times a,\quad b\times b'\sim s\times b,\quad c\times c'\sim s\times c.$$
由于这个透射变换是调和的，所以对应点对 a,a' 被 $a''=\xi\times(a\times a')$ 和中心 s 调和分隔．对于 b,b' 和 c,c' 也有同样结果，所以结论成立．

(2) 因为 $a\times b$ 与 $a'\times b'$，$b\times c$ 与 $b'\times c'$ 是对应的直线对，它们的交点 l 和 m 在轴 ξ 上，又因为调和透射变换是对合变换，所以可以认为 $a\to a'$，$c'\to c$. 于是 $a\times c'\to a'\times c$，从而它们的交点 $(a\times c')\times(a'\times c)=n$ 也在轴 ξ 上（图 3-21）. 已知 l,m,n 在一条直线 ξ 上，由 Pascal 定理的逆定理知，点 a,b,c,a',b',c' 在同一条二次曲线上．

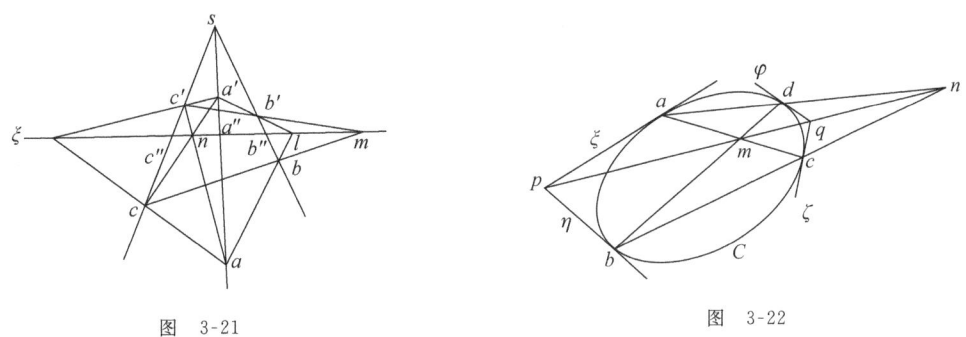

图 3-21   图 3-22

例 3 设 a,b,c,d 为二次曲线 C 上的相异四点（图 3-22），它们关于二次曲线 C 的切线分别为 ξ,η,ζ,φ，证明：$m=(a\times c)\times(b\times d)$，$n=(a\times d)\times(b\times c)$，$p=\xi\times\eta$，$q=\zeta\times\varphi$ 四点共线．

证明 把 a,b 每个点都看做两个相重合的点，则边 $a\times a$，$b\times b$ 就分别是二次曲线 C 在点 a,b 的切线．由此可知二次曲线 C 的内接六点形 $aacbbd$ 的 Pascal 线为直线 pmn. 同理，二次曲线 C 的内接六点形 $accbdd$ 的 Pascal 线为直线 mqn. 所以，m,n,p,q 四点共线．

例 4 给出无三点共线的相异五点 a,b,c,d,e，以及过点 a 的一条直线 ξ，求作直线 ξ 与

过 a,b,c,d,e 五点的二次曲线 C 的第二交点.

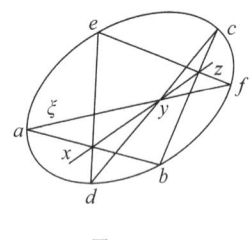

图 3-23

解 如图 3-23 所示,连接 $a\times b, b\times c, c\times d, d\times e$,令
$$x=(a\times b)\times(d\times e), \quad y=(d\times c)\times\xi,$$
$$z=(x\times y)\times(b\times c), \quad f=(e\times z)\times\xi,$$
则 f 为过 a,b,c,d,e 五点的二次曲线 C 与直线 ξ 的交点.

事实上,因为无三点共线的相异五点确定唯一的二次曲线 C,若直线 ξ 交二次曲线 C 于点 f'(点 a 除外),且点 f' 异于点 f,则六点形 $abcdef'$ 的 Pascal 线也是 $x\times y$. 故 $x\times y, b\times c, e\times f'$ 三直线共点. 但此点只能是 z,故 f' 应为直线 $e\times z$ 与 ξ 的交点. 这与所设矛盾,故直线 ξ 交二次曲线 C 于点 f.

若直线 ξ 遍历以点 a 为中心的线束,则点 f 遍历二次曲线 C.

二、Brianchon 定理

Pascal 定理的对偶定理是 Brianchon 于 1806 年发现的,我们称它为 Brianchon 定理.

定理 3.3(Brianchon 定理) 二次曲线外切六线形的三对对顶点的连线共点.

定理 3.3 中三对对顶点连线的公共点叫做六线形的 **Brianchon 点**,如图 3-24 中的点 o 就是六线形 $\xi\eta\zeta\varphi\psi\theta$ 的 Brianchon 点.

定理 3.4(Brianchon 逆定理) 如果六线形三对对顶点连线相交于一点,则它的六条边外切于一条二次曲线.

设二次曲线的相异六条切线为 $\xi,\eta,\zeta,\varphi,\psi,\theta$,则可以按不同顺序组成 60 个不同的外切六边形,因而得到 60 个 Brianchon 点. 这些点的分布也有许多规律,建议读者自己讨论.

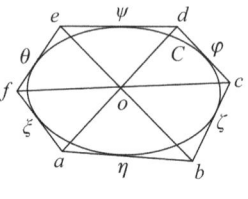

图 3-24

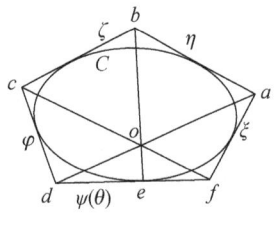

图 3-25

把边数少于六的二次曲线的外切多边形(即五、四、三线形)看做有(一、二、三条)边重合的外切六边形,从而都可以应用 Brianchon 定理. 要注意的是,两条相重合的边所确定的顶点就是这条切线的切点. 具体讨论如下:

(1) 如图 3-25 所示,二次曲线 C 的外切五线形 $\xi\eta\zeta\varphi(\theta)$ 可看做 ψ 和 θ 两边相重合的外切六边形,$\psi\times\theta$ 是 ψ 的切点 e,三对对顶点 a 和 d, b 和 e(切点), c 和 f 连线共点 o. 这种情况的 Brianchon 定理可写成:在二次曲线的外切五线形中,连接两对不相邻顶点的直线与连接第五个顶点和它的对边上切点的直线相交于一点.

(2) 如图 3-26 和图 3-27 所示,二次曲线 C 的外切四线形 $\xi\eta\varphi\psi$ 或 $\xi\zeta\psi\theta$ 可以看做有两对

重合的边的六线形 $\xi\eta(\zeta)\varphi\psi(\theta)$ 或 $\xi(\eta)\zeta(\varphi)\psi\theta$. 这时，Brianchon 定理可写成：在二次曲线的外切四线形中，两条对顶线与连接对边切点的两直线共点，或一条对顶线和连接另两个顶点与相邻的两对边上的切点的直线共点.

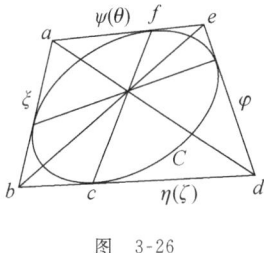

图 3-26

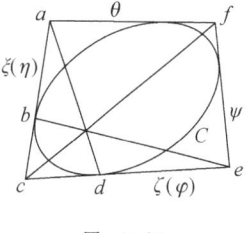

图 3-27

（3）如图 3-28 所示，二次曲线 C 的外切三线形 $\xi\zeta\psi$，可以看做有三重合的边的六线形 $\xi(\eta)\zeta(\varphi)\psi(\theta)$. 这时 Brianchon 定理可写成：在二次曲线的外切三线形中，每一顶点与其对边上切点的连线共点.

上述各种情形，如果把二次曲线特殊化为一个圆，这些定理便是初等几何的内容，建议读者自己讨论.

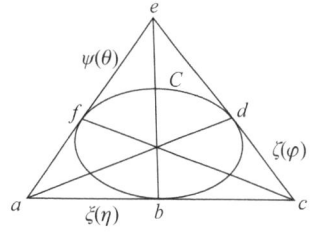

图 3-28

习 题 3.3

1. 设 ABC, ABD 为两三点形，一条二次曲线过点 A, B，且分别交边 AC, BC 于点 L, M，同时分别交边 AD, BD 于点 P, Q，求证：CD, LQ, MP 三直线共点.

2. 设 $ABCDEF$ 为二次曲线的内接六点形，求证：直线 AC 与 DF，DE 与 BC，AE 与 BF 的交点共线.

3. 设一直线分别交三点形 ABC 的边 BC, CA, AB 于点 L, M, N，而 D 为任一点，直线 LD 分别交边 AB, AC 于点 P, P'，直线 MD 分别交边 BC, BA 于点 Q, Q'，直线 ND 分别交边 CA, CB 于点 R, R'，求证：点 P, P', Q, Q', R, R' 在一条二次曲线上.

4. 设 A, B, C, A', B', C' 为一条二次曲线上的点，直线 AA', BB', CC' 共点 O，P 为此二次曲线上的任一点，直线 PA', PB', PC' 分别交直线 BC, CA, AB 于点 L, M, N，求证：O, L, M, N 四点共线.

5. 已知不共线三点 a, b, c 及直线 ξ, η，且 $a \in \xi, b \in \eta$，求作一点 d，使得点 a, b, c, d 在同一条二次曲线 C 上，且 ξ, η 都是二次曲线 C 的切线.

6. 设 ξ, η, ζ, θ 是某二次曲线的相异四切线，切点分别是 a, b, c, d，证明：$a \times c, b \times d$，$(\xi \times \eta) \times (\zeta \times \theta), (\theta \times \xi) \times (\zeta \times \eta)$ 四直线共点.

7. 设三点形 abc 外切于一条二次曲线,三边 $b\times c, c\times a, a\times b$ 上的切点分别是 x,y,z,求证:$a\times x, b\times y, c\times z$ 三直线共点.

§3.4 二次曲线上的射影变换与二次曲线的射影分类

一、二次曲线上的射影变换

1. 射影变换的定义

定义 4.1 二次曲线 C 上所有点组成的集合称为二次曲线 C 上的点列,简称**二次点列**,其中二次曲线 C 称为二次点列的**底**.

显然,在同一底上可以有不同的二次点列. 设在一条二次曲线 C 上有两个点列 $a,b,c,\cdots$ 和 $a',b',c',\cdots$. 在二次曲线 C 上任取一点 s, 得到两个线束 $s(s\times a, s\times b, s\times c, \cdots)$ 和线束 $s(s\times a', s\times b', s\times c', \cdots)$. 如果
$$s(s\times a, s\times b, s\times c, \cdots) \bar{\wedge} s(s\times a', s\times b', s\times c', \cdots),$$
则称点列 $a,b,c,\cdots$ 与 $a',b',c',\cdots$ 是二次曲线 C 上的两个**射影点列**,并把由此所确定点列 $a,b,c,\cdots$ 到点列 $a',b',c',\cdots$ 的映射 Φ 叫做**二次曲线 C 上的射影变换**,记做
$$\Phi: s(s\times a, s\times b, s\times c, \cdots) \bar{\wedge} s(s\times a', s\times b', s\times c', \cdots). \tag{4.1}$$

射影变换 (4.1) 是通过引进二次曲线 C 上任一点 s,再利用线束的对应来定义的,但是它与点 s 的位置无关. 事实上,若另取任一点 s'(图 3-29),则有

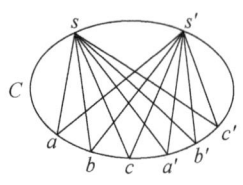

图 3-29

$$s'(s'\times a, s'\times b, s'\times c, \cdots) \bar{\wedge} s(s\times a, s\times b, s\times c, \cdots)$$
$$\bar{\wedge} s(s\times a', s\times b', s\times c', \cdots)$$
$$\bar{\wedge} s'(s'\times a', s'\times b', s'\times c', \cdots).$$

所以 $s'(s'\times a, s'\times b, s'\times c, \cdots) \bar{\wedge} s'(s'\times a', s'\times b', s'\times c', \cdots)$. 也就是说,这样两个点列的射影对应与所取线束中心 s 的位置无关,只取决于两个二次点列本身. 故通常也将 (4.1) 式记为
$$\Phi: (a,b,c,\cdots) \bar{\wedge} (a',b',c',\cdots).$$

2. 射影对应轴

设二次曲线 C 的一个射影变换是
$$\Phi: (a,b,c,\cdots) \bar{\wedge} (a',b',c',\cdots) \quad \text{(图 3-30)},$$
则有
$$a'(a'\times a, a'\times b, a'\times c, \cdots) \bar{\wedge} a'(a'\times a', a'\times b', a'\times c', \cdots)$$
$$\bar{\wedge} a(a\times a', a\times b', a\times c', \cdots),$$

故 $a'(a'\times a, a'\times b, a'\times c, \cdots) \bar{\wedge} a(a\times a', a\times b', a\times c', \cdots)$.
由于这两个线束有公共直线 $a\times a'$ 自对应,所以

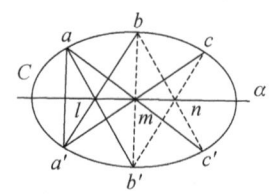

图 3-30

§3.4 二次曲线上的射影变换与二次曲线的射影分类

$$a'(a'\times a, a'\times b, a'\times c, \cdots) \barwedge a(a\times a', a\times b', a\times c', \cdots). \quad (4.2)$$

于是,这两个线束的对应直线交点在一条直线 α 上.我们把这条直线 α 叫做二次曲线 C 在射影变换下 Φ 的**对应轴**(简称**射影对应轴**).

要指出的是,这样定义的二次曲线 C 的射影对称轴 α,虽然引用了一对对应点作为透视线束的中心,但是它与所取的一对对应点 a, a' 无关.也就是说,如果我们另取一对对应点 b,b' 作为透视中心,所得到的射影对应轴仍然是直线 α.事实上,把 $ab'ca'bc'$ 看做二次曲线 C 的内接六点形,由 Pascal 定理我们可以知道,$n=(b\times c')\times(b'\times c)$,$m=(c\times a')\times(c'\times a)$,$l=(a\times b')\times(a'\times b)$ 三点共线(图 3-30).这就说明了

$$b'(b'\times a, b'\times b, b'\times c, \cdots) \barwedge b(b\times a', b\times b', b\times c', \cdots). \quad (4.3)$$

它们所成的射影对应轴 $l\times n$ 与由线束 a 和线束 a' 所成的射影对应轴 $l\times m$ 是同一条直线 α,故射影对应轴与线束中心的选取无关.

3. 射影变换的确定条件

定理 4.1 二次曲线上的射影变换,由三对对应点唯一确定.

证明 设 a 和 a',b 和 b',c 和 c' 为二次曲线 C 上的三对对应点 (图 3-31).因 $a'(a'\times a, a'\times b, a'\times c, \cdots)$ 与 $a(a\times a', a\times b', a\times c', \cdots)$ 的对应直线的交点在射影对应轴 α 上,故对于二次曲线 C 上任一点 d,只要连接 $a'\times d$ 交射影对应轴 α 于一点 l,再连接 $a\times l$ 交二次曲线 C 于点 d',点 d' 就是点 d 的对应点.因为三对对应点可唯一确定射影对应轴 α,因而也就唯一确定这个射影变换.

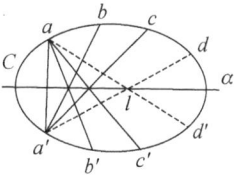

图 3-31

4. 射影变换的类型

由上述确定条件可知,射影对应轴 α 与二次曲线 C 的交点 m 的对应点仍为它自身,因此 m 是二重点.根据射影对应轴 α 与二次曲线 C 的位置不同,二重点的个数也就不同,因此二次曲线 C 上的射影变换可分为三种类型:

(1) 当射影对应轴 α 与二次曲线 C 相交于相异两点 m, n 时(图 3-32(a)),二次曲线 C 上的射影变换有两个二重点,这类射影变换叫做**双曲型射影变换**;

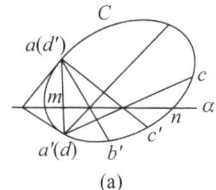 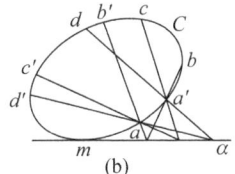 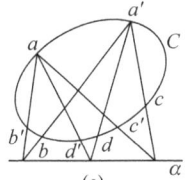

(a) (b) (c)

图 3-32

(2) 当射影对应轴 a 与二次曲线 C 相切于点 m 时(图 3-32(b)),二次曲线 C 上的射影变换只有一个二重点,这类射影变换叫做**抛物型射影变换**;

(3) 当射影对应轴 a 与二次曲线 C 不相交时(图 3-32(c)),二次曲线 C 上的射影变换没有二重点,这类射影变换叫做**椭圆型射影变换**.

二、二次曲线上的对合变换

1. 对合变换的定义

定义 4.2 设二次曲线 C 上有两个点列 $a,b,c,\cdots$ 和 $a',b',c',\cdots$. 在二次曲线 C 上任取一点 s. 若

$$\Phi: s(s\times a, s\times b, s\times c, \cdots) \barwedge s(s\times a', s\times b', s\times c', \cdots), \qquad (4.4)$$

且满足 $\Phi^2 = I$,则这一二次曲线 C 上的射影变换 Φ 叫做二次曲线 C 上的**对合变换**.

显然,二次曲线 C 上的对合变换是二次曲线 C 上的射影变换的特例,它与在二次曲线 C 上的所取点 s 无关. 这时,射影对应轴叫做**对合对应轴**.

与直线上的对合变换一样,在二次曲线上的对合变换下,若点 a 变为点 a',则点 a' 也变为点 a. 也就是说,二次曲线上的对合变换交换每一对对应点.

2. 对合变换的确定条件

定理 4.2 二次曲线上的对合变换由两对对应点唯一确定.

证明 设 a, a' 和 b, b' 是二次曲线 C 上的两对对应点(图 3-33). 由于对合变换交换着每对对应点,即把点 a, b, b' 分别变为点 a', b', b,于是对合对应轴 α 由交点 $p = (a\times a') \times (b\times b'), s = (a\times b) \times (a'\times b')$ 唯一确定. 对于二次曲线 C 上任一点 c,直线 $b' \times c$ 与对合对应轴 α 交于一点 q,直线 $b \times q$ 交二次曲线 C 于一点 c',则 c' 就是点 c 在对合变换下的对应点.

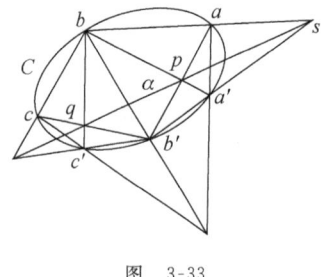

图 3-33

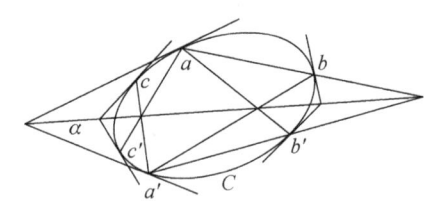

图 3-34

3. 对合变换的性质

定理 4.3 过二次曲线上的对合变换的每对对应点的切线相交于对合对应轴上.

证明 设两对对应点 a, a' 和 b, b' 唯一确定对合对应轴 α(图 3-34). 由内接四点形的

§3.4 二次曲线上的射影变换与二次曲线的射影分类

Pascal 定理(Pascal 定理的特殊情形)我们知道,二次曲线 C 在 a 与 a' 处,b 与 b' 处的切线分别交于对合对应轴 α;对于任意第三对对应点 c 与 c',由内接四点形 $aa'c'c$ 的 Pascal 定理知,二次曲线 C 的分别过点 c,c' 的切线也相交于对合对应轴 α.

定理 4.4 二次曲线上的对合变换的每对对应点的连线过一个定点;反之,过一个定点的直线与二次曲线的两个交点是该二次曲线上的一个对合变换的一对对应点.

证明 设 a,a' 和 b,b' 是二次曲线 C 上的一个对合变换的两对对应点(图 3-35),c,c' 是这个对合变换下任意的第三对对应点. 就三点形 abc 与 $a'b'c'$ 而论,对应边 $a \times b$ 与 $a' \times b'$,$b \times c$ 与 $b' \times c'$,$c \times a$ 与 $c' \times a'$ 的交点 Z,X,Y 在对合对应轴 α 上. 根据 Desargues 定理的逆定理可知,直线 $a \times a'$,$b \times b'$,$c \times c'$ 必过一个定点 s.

反之,设 a 和 a',b 和 b',c 和 c' 分别是经过定点 s 的三条直线与二次曲线 C 的交点,那么由两对对应点 a,a' 和 b,b' 就确定二次曲线 C 的一个对合变换,且在这个对合变换下,每对对应点的连线都要经过点 s. 因此,c,c' 是这个对合变换下的一对对应点. 事实上,每对对应点的连线所过的定点 s 就是对合对应轴的极点.

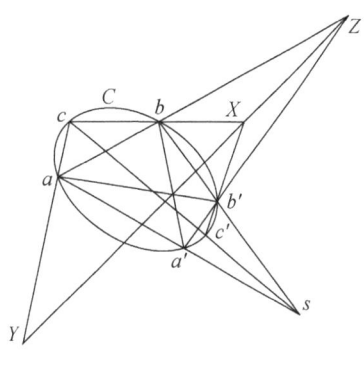

图 3-35

二次曲线上的对合变换的对应点连线的交点叫做**对合中心**.

4. 对合变换的类型

我们知道,对合对应轴 α 与二次曲线 C 的交点是对合变换下的二重点. 因此根据二重点的个数可以把对合变换进行分类:

(1) 当对合对应轴 α 与二次曲线 C 有两个交点时(图 3-36),对合变换有两个二重点 u,v,这类对合变换叫做**双曲型对合变换**;

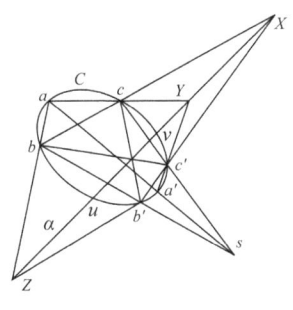

图 3-36

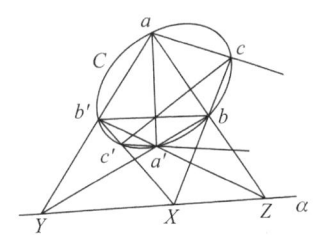

图 3-37

(2) 当对合对应轴 a 与二次曲线 C 没有交点时(图 3-37)，即对合对应轴 a 为二次曲线 C 的不相交直线时，对合变换没有二重点，这类对合变换叫做**椭圆型对合变换**；

(3) 当对合对应轴 a 与二次曲线 C 只有一个公共点时，即对合对应轴 a 为二次曲线 C 的切线时，切点 p 就是直线 a 的极点，过点 p 的直线与二次曲线 C 的交点都是点 p 的对应点，这种对合变换是不存在的.

因此，二次曲线 C 上的对合变换只有两种，或是双曲型对合变换，或是椭圆型对合变换.

三、一次点列与二次点列的透视对应

现在我们来研究二次曲线上的射影变换与直线(或线束)上的射影变换之间的关系. 为此，先引入如下定义：

定义 4.3 给定一条二次曲线 C 和一条直线 ξ，在二次曲线 C 上取一点 s (点 s 不在直线 ξ 上)，以点 s 为投射中心把二次曲线 C 上各点投射到直线 ξ 上. 也就是说，二次曲线 C 上任意一点 x 和点 s 的连线交直线 ξ 于点 x'. 这样就有二次曲线 C 上的点 x 到直线 ξ 上的点 x' 的映射(图 3-38)，这一映射叫做以点 s 为投射中心的二次曲线 C 到直线 ξ 上的**透视映射**，或者叫做二次点列 $C(x)$ 到一次点列 $\xi(x')$ 上的透视映射，记做

$$C(x) \overline{\wedge} \xi(x').$$

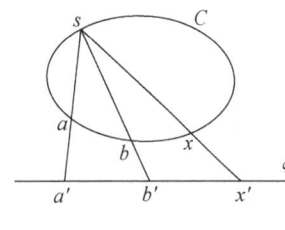

图 3-38

在射影平面上，上面定义的这种透视映射是一一的，因而是可逆的，所以也可以说成直线 ξ 到二次曲线 C 上的透视映射. 它们的对应是由一个中心在二次曲线 C 上的线束联系着的，因而又可以说成中心在二次曲线 C 上的线束在二次曲线 C 和直线 ξ 上的截影所成的透视映射.

定理 4.5 在以二次曲线 C 上一点 s (点 s 不在直线 ξ 上)为中心的透视映射 $C(x) \overline{\wedge} \xi(x')$ 下，二次曲线 C 上两射影点列投射到直线 ξ 上两射影点列，其逆也成立.

证明 如图 3-39 所示，设 $a,b,c,d,\cdots$ 与 $\overline{a},\overline{b},\overline{c},\overline{d},\cdots$ 是二次曲线 C 上的两射影点列，即

$$(a,b,c,d,\cdots) \wedge (\overline{a},\overline{b},\overline{c},\overline{d},\cdots),$$

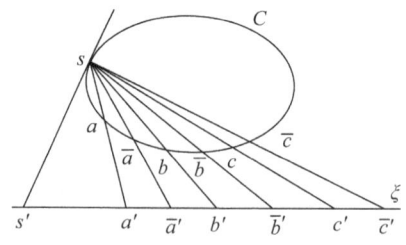

图 3-39

§3.4 二次曲线上的射影变换与二次曲线的射影分类

则有
$$s(s\times a, s\times b, s\times c, s\times d, \cdots) \barwedge (s\times \bar{a}, s\times \bar{b}, s\times \bar{c}, s\times \bar{d}, \cdots).$$
于是
$$R(s\times a, s\times b; s\times c, s\times d) = R(s\times \bar{a}, s\times \bar{b}; s\times \bar{c}, s\times \bar{d}). \tag{4.5}$$
根据成配景对应的交比不变性有
$$R(a', b'; c', d') = R(s\times a, s\times b; s\times c, s\times d), \tag{4.6}$$
$$R(\bar{a}', \bar{b}'; \bar{c}', \bar{d}') = R(s\times \bar{a}, s\times \bar{b}; s\times \bar{c}, s\times \bar{d}). \tag{4.7}$$
所以
$$\xi(a', b', c', d', \cdots) \barwedge \xi(\bar{a}', \bar{b}', \bar{c}', \bar{d}', \cdots). \tag{4.8}$$
反之，从后式逆推可得
$$(a, b, c, d, \cdots) \barwedge (\bar{a}, \bar{b}, \bar{c}, \bar{d}, \cdots).$$

推论 二次曲线 C 上两个射影点列投射到直线 ξ 上两个射影点列，其特征不变（即类型相同）。

因为二次曲线 C 上与直线 ξ 上的两个射影点列保持同样的特征，即保持相同的类型，也就是保持着相同个数的二重元素（点），因此利用这种关系可以作出直线 ξ 上两射影点列的二重点。

例 1 设直线 ξ 上两点列的射影对应由如下给定的三对对应点确定：
$$\xi(a, b, c, \cdots) \barwedge \xi(a', b', c', \cdots),$$
求作其二重点。

解 作圆 C（圆是二次曲线的特殊情形，它可用圆规作出，故可以用它代替二次曲线），在圆 C 上任取一点 s（点 s 不在直线 ξ 上）（图 3-40）。连接 $s\times a, s\times b, s\times c, s\times a', s\times b', s\times c'$，分别交圆 C 于点 x, y, z, x', y', z'。作点 $h = (x\times y')\times (x'\times y), g = (y\times z')\times (y'\times z)$。设直线 $h\times g$ 交圆 C 于点 $\bar{u}, \bar{v}$，直线 $s\times \bar{u}, s\times \bar{v}$ 分别交直线 ξ 于点 u, v，则点 u, v 即为所求的二重点。

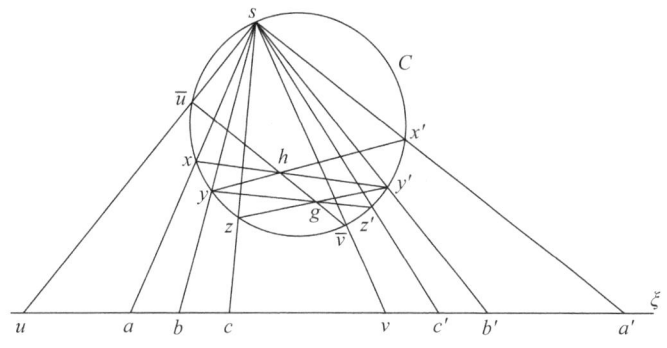

图 3-40

事实上,因为

$$\xi(a,b,c,u,v,\cdots) \bar{\wedge} C(x,y,z,\bar{u},\bar{v},\cdots)$$
$$\bar{\wedge} C(x',y',z',\bar{u},\bar{v},\cdots)$$
$$\bar{\wedge} \xi(a',b',c',u,v,\cdots),$$

故 $\xi(a,b,c,u,v,\cdots) \bar{\wedge} \xi(a',b',c',u,v,\cdots)$,即 u,v 是所求的二重点.

若直线 $h \times g$ 与圆 C 相切,则点 $\bar{u},\bar{v}$ 重合,因而点 u,v 重合,仅得一个二重点;若直线 $h \times g$ 与圆 C 无公共点,则点列 $a,b,c,\cdots$ 与 $a',b',c',\cdots$ 无二重点.

例 2 证明:如果两三点形 abc 和 $a'b'c'$ 内接于一条二次曲线,而且两三点形的顶点不重合,那么这两三点形的边外切于一条二次曲线.

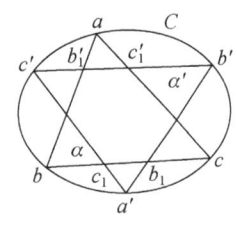

图 3-41

证明 如图 3-41 所示,设直线 $a' \times b'$ 与 $a' \times c'$ 分别交直线 $b \times c$ 于点 b_1 与 c_1,直线 $a \times b$ 与 $a \times c$ 分别交直线 $b' \times c'$ 于点 b_1' 与 c_1',那么

$$\alpha(b,c,b_1,c_1,\cdots) \stackrel{a'}{\bar{\wedge}} C(b,c,b',c',\cdots)$$
$$\stackrel{a}{\bar{\wedge}} \alpha'(b_1',c_1',b',c',\cdots).$$

因此

$$\alpha(b,c,b_1,c_1,\cdots) \bar{\wedge} \alpha'(b_1',c_1',b',c',\cdots).$$

由 Steiner 定理的对偶定理知,两个不同底的射影点列对应点的连线外切于一条二次曲线,即两三点形 abc 和 $a'b'c'$ 的边外切于一条二次曲线.

四、二次曲线的射影分类

前面讲到射影平面上一个双曲型配极变换的自共轭点的轨迹是一条实二次曲线,它的方程是一个齐次的二次方程. 本小节来讨论任意给定的一个齐次二次方程

$$\sum_{i,k=1}^{3} a_{ik} x_i x_k = 0, \quad a_{ik} = a_{ki}, \quad i,k = 1,2,3. \tag{4.9}$$

这个方程所表示的曲线可能是上面提到的实二次曲线,也可能不是,在这一节中我们将其统称为二次曲线,而把方程(4.9)叫做二次曲线方程.

1. 二次曲线的奇异点

1.1 二次曲线奇异点的定义

定义 4.4 设二次曲线 C 的方程为

$$\sum_{i,k=1}^{3} a_{ik} x_i x_k = 0, \quad a_{ik} = a_{ki}, \quad i,k = 1,2,3, \tag{4.10}$$

则满足方程组

§3.4 二次曲线上的射影变换与二次曲线的射影分类

$$\begin{cases} a_{11}y_1 + a_{12}y_2 + a_{13}y_3 = 0, \\ a_{21}y_1 + a_{22}y_2 + a_{23}y_3 = 0, \\ a_{31}y_1 + a_{32}y_2 + a_{33}y_3 = 0 \end{cases} \quad (4.11)$$

的点 $y(y_1,y_2,y_3)$ 叫做二次曲线 C 的**奇异点**.

令

$$D = |a_{ik}| = \begin{vmatrix} a_{11} & a_{22} & a_{33} \\ a_{21} & a_{22} & a_{23} \\ a_{31} & a_{32} & a_{33} \end{vmatrix}, \quad (4.12)$$

把 D 叫做二次曲线 C 的**判别式**. 下面分三种情形来讨论二次曲线 C 的奇异点：

(1) 当 $D \neq 0$ 时，方程组 (4.11) 没有非零解，因此二次曲线 C 上没有奇异点，这种二次曲线 C 叫做**常态的二次曲线**；

(2) 当 $D = 0$，且 D 的二阶子行列式至少有一个不为零时，方程组 (4.11) 有一组非零解 (y_1, y_2, y_3)，这时二次曲线 C 有且只有一个奇异点；

(3) 当 $D = 0$，且 D 的所有二阶子行列式都等于零时，方程组 (4.11) 中只有一个独立的方程，因而有无穷多组非零解，即有一条直线上所有点的坐标都是方程组的解，这时二次曲线 C 的奇异点组成了一条直线.

有奇异点的二次曲线叫做**退化的二次曲线**.

1.2 奇异点关于退化的二次曲线的极线

由于对二次曲线的概念做了扩充，因而关于二次曲线的极点、极线的概念也有必要做如下的扩充：

如果点 $x(x_1,x_2,x_3)$ 与直线 $\xi(\xi_1,\xi_2,\xi_3)$ 满足关系

$$\begin{cases} \rho\xi_1 = a_{11}x_1 + a_{12}x_2 + a_{13}x_3, \\ \rho\xi_2 = a_{21}x_1 + a_{22}x_2 + a_{23}x_3, \\ \rho\xi_3 = a_{31}x_1 + a_{32}x_2 + a_{33}x_3, \end{cases} \quad (4.13)$$

则称直线 ξ 是点 x 关于二次曲线 (4.10) 的**极线**，点 x 是直线 ξ 关于二次曲线 (4.10) 的**极点**. 显然，这个定义对于常态的实二次曲线来说，仍与前面极点、极线的定义一致. 由于奇异点 $r(r_1,r_2,r_3)$ 的坐标满足方程组 (4.11)，故奇异点 $r(r_1,r_2,r_3)$ 的极线的坐标只能是 $[0,0,0]$. 因此，奇异点的极线是不确定的，也就是说奇异点的极线不存在.

1.3 非奇异点关于退化的二次曲线的极线

设 $s(s_1,s_2,s_3)$ 是二次曲线 (4.10) 的任意一个非奇异点，点 s 关于二次曲线 (4.10) 的极线的方程可写成

$$\sum_{i,k=1}^{3} a_{ik}x_i s_k = 0, \quad a_{ik} = a_{ki}, \ i,k = 1,2,3, \quad (4.14)$$

即
$$(a_{11}s_1 + a_{12}s_2 + a_{13}s_3)x_1 + (a_{21}s_1 + a_{22}s_2 + a_{23}s_3)x_2 + (a_{31}s_1 + a_{32}s_2 + a_{33}s_3)x_3 = 0.$$
(4.15)

把奇异点 $r(r_1, r_2, r_3)$ 的坐标代入(4.15)式左端得

$$\begin{aligned}
&(a_{11}s_1 + a_{12}s_2 + a_{13}s_3)r_1 + (a_{21}s_1 + a_{22}s_2 + a_{23}s_3)r_2 + (a_{31}s_1 + a_{32}s_2 + a_{33}s_3)r_3 \\
&= (a_{11}r_1 + a_{21}r_2 + a_{31}r_3)s_1 + (a_{12}r_1 + a_{22}r_2 + a_{32}r_3)s_2 + (a_{13}r_1 + a_{23}r_2 + a_{33}r_3)s_3 \\
&= (a_{11}r_1 + a_{12}r_2 + a_{13}r_3)s_1 + (a_{21}r_1 + a_{22}r_2 + a_{23}r_3)s_2 + (a_{31}r_1 + a_{32}r_2 + a_{33}r_3)s_3 \\
&= 0 \cdot s_1 + 0 \cdot s_2 + 0 \cdot s_3 = 0.
\end{aligned}$$

故有结论：任意一个非奇异点关于退化二次曲线 C 的极线，必过二次曲线 C 上的奇异点.

2. 二次曲线的分类

给定一条二次曲线

$$C: \sum_{i,k=1}^{3} a_{ik} x_i x_k = 0, \quad a_{ik} = a_{ki}, \quad i,k = 1,2,3.$$

(1) 当判别式 $D = |a_{ik}| \neq 0$ 时，C 是一条常态的二次曲线.

取一个关于二次曲线 C 的自配极三点形作为新的坐标三点形进行坐标变换，在新的坐标系下二次曲线 C 的方程是

$$b_1 x_1'^2 + b_2 x_2'^2 + b_3 x_3'^2 = 0 \tag{4.16}$$

(这一方程称为常态二次曲线 C 的**标准方程**). 由于

$$D' = \begin{vmatrix} b_1 & 0 & 0 \\ 0 & b_2 & 0 \\ 0 & 0 & b_3 \end{vmatrix} = b_1 b_2 b_3,$$

所以 b_1, b_2, b_3 均不为零. 否则 $D' = 0$，从而 $D = 0$，与 $D \neq 0$ 的假设矛盾. 对于系数 $b_i (i=1,2,3)$，或者同号，或者不同号.

若 $b_i (i=1,2,3)$ 同号，则可令它们全为正. 于是再进行坐标变换

$$\begin{cases} x_1'' = \sqrt{b_1}\, x_1', \\ x_2'' = \sqrt{b_2}\, x_2', \\ x_3'' = \sqrt{b_3}\, x_3', \end{cases} \tag{4.17}$$

可使二次曲线 C 在这个新坐标系下的方程为

$$x_1''^2 + x_2''^2 + x_3''^2 = 0. \tag{4.18}$$

这是一条常态的虚二次曲线.

若 $b_i (i=1,2,3)$ 不同号，不失问题的一般性，则可令 b_1, b_2 为正，b_3 为负. 于是再经过坐标变换

§3.4 二次曲线上的射影变换与二次曲线的射影分类

$$\begin{cases} x_1'' = \sqrt{b_1}\, x_1', \\ x_2'' = \sqrt{b_2}\, x_2', \\ x_3'' = \sqrt{-b_3}\, x_3' \end{cases} \tag{4.19}$$

可使二次曲线 C 在这个新坐标系下的方程为

$$x_1''^2 + x_2''^2 - x_3''^2 = 0. \tag{4.20}$$

这是一条常态的实二次曲线.

(2) 当判别式 $D=|a_{ik}|=0$ 时，C 是一条退化的二次曲线.

① 当退化的二次曲线 C 只有一个奇异点时，取这个奇异点作为新坐标三点形的顶点 $d_3(0,0,1)$. 由于奇异点 $r(r_1, r_2, r_3)$ 的坐标要满足方程组

$$\begin{cases} a_{11}' r_1 + a_{12}' r_2 + a_{13}' r_3 = 0, \\ a_{21}' r_1 + a_{22}' r_2 + a_{23}' r_3 = 0, \\ a_{31}' r_1 + a_{32}' r_2 + a_{33}' r_3 = 0, \end{cases} \tag{4.21}$$

把 $(0,0,1)$ 代入方程组 (4.21) 得 $a_{13}'=a_{23}'=a_{33}'=0$，因而二次曲线 C 的方程为

$$a_{11}' x_1'^2 + 2a_{12}' x_1 x_2 + a_{22}' x_2'^2 = 0. \tag{4.22}$$

在平面上任取一个不同于奇异点的点作为新坐标三点形的顶点 $d_2(0,1,0)$，则这个点的极线 δ_2 必过奇异点 $d_3(0,0,1)$. 在这条极线 δ_2 上任取一个不同于奇异点 d_3 的点作为新坐标三点形的另一个顶点 $d_1(1,0,0)$，则点 d_1 的极线必过点 d_2 和点 d_3.

点 $(0,1,0)$ 的极线为 $x_2'=0$. 就方程 (4.22) 来说，点 $y(y_1', y_2', y_3')$ 的极线应为

$$(y_1', y_2', y_3') \begin{bmatrix} a_{11}' & a_{12}' & 0 \\ a_{21}' & a_{22}' & 0 \\ 0 & 0 & 0 \end{bmatrix} \begin{bmatrix} x_1' \\ x_2' \\ x_3' \end{bmatrix} = 0, \tag{4.23}$$

即

$$a_{11}' y_1' x_1' + a_{21}' y_2' x_1' + a_{12}' y_1' x_2' + a_{22}' y_2' x_2' = 0. \tag{4.24}$$

把 $y=(y_1', y_2', y_3')=(0,1,0)$ 代入 (4.24) 式得

$$a_{21}' x_1' + a_{22}' x_2' = 0, \tag{4.25}$$

再与 $x_2'=0$ 比较得知 $a_{21}'=a_{12}'=0$. 所以，在新坐标系下二次曲线 C 的方程为

$$a_{11}' x_1^2 + a_{22}' x_2^2 = 0. \tag{4.26}$$

这里的 a_{11}', a_{22}' 都不为零，否则判别式 D 的所有二阶子式都为零，与奇异点只有一个相矛盾.

若 a_{11}', a_{22}' 同号，可假设它们都为正，再进行一次坐标变换：

$$\begin{cases} x_1'' = \sqrt{a_{11}'}\, x_1', \\ x_2'' = \sqrt{a_{22}'}\, x_2', \\ x_3'' = x_3', \end{cases} \tag{4.27}$$

则二次曲线 C 在这个新坐标系下的方程为
$$x_1''^2 + x_2''^2 = 0. \tag{4.28}$$
它是两条虚直线,或者说是一个实点 $(0,0,1)$.

若 a_{11}',a_{22}' 异号,可假设 a_{11}' 为正,a_{22}' 为负,再进行一次坐标变换:
$$\begin{cases} x_1'' = \sqrt{a_{11}'}\, x_1', \\ x_2'' = \sqrt{-a_{22}'}\, x_2', \\ x_3'' = x_3', \end{cases} \tag{4.29}$$
则二次曲线 C 在这个新坐标系下的方程为
$$x_1''^2 - x_2''^2 = 0, \tag{4.30}$$
即
$$(x_1'' - x_2'')(x_1'' + x_2'') = 0. \tag{4.31}$$
这是两条不同的直线.

② 当退化的二次曲线 C 的奇异点组成一条直线 ξ 时,取直线 ξ 作为新坐标三点形的一条边 $\delta_1: x_1' = 0$. 这条直线上的每一点都是奇异点 $r(r_1, r_2, r_3)$,且其坐标 $r_1 = 0, r_2, r_3$ 可取任何数.由奇异点的定义可得
$$\begin{cases} a_{12}' r_2 + a_{13}' r_3 = 0, \\ a_{22}' r_2 + a_{23}' r_3 = 0, \\ a_{32}' r_2 + a_{33}' r_3 = 0, \end{cases} \tag{4.32}$$
因此 $a_{12}' = a_{13}' = a_{22}' = a_{23}' = a_{32}' = a_{33}' = a_{31}' = a_{21}' = 0$. 另外,必有 $a_{11}' \neq 0$,否则 D 对应矩阵的秩为零,与二次曲线 C 的奇异点组成一条直线 ξ 矛盾.故二次曲线方程 C 为
$$a_{11}' x_1'^2 = 0, \tag{4.33}$$
即
$$x_1'^2 = 0. \tag{4.34}$$
它是两条重合的直线.

上述讨论整理如下:

对于点二次曲线
$$C: \sum_{i,k=1}^{3} a_{ik} x_i x_k = 0, \quad a_{ik} = a_{ki}, \, i,k = 1,2,3,$$
它的判别式为
$$D = |a_{ik}| = \begin{vmatrix} a_{11} & a_{12} & a_{13} \\ a_{21} & a_{22} & a_{23} \\ a_{31} & a_{32} & a_{33} \end{vmatrix}.$$

(1) 当判别式 $D \neq 0$ 时，C 是常态的二次曲线，适当地选取射影坐标系，可以把二次曲线 C 的方程化为
$$x_1'^2 + x_2'^2 + x_3'^2 = 0 \text{——虚二次曲线}$$
或
$$x_1'^2 + x_2'^2 - x_3'^2 = 0 \text{——实二次曲线}.$$

(2) 当判别式 $D=0$ 时，C 是退化的二次曲线，这时可分为两种情况：

① 若判别式 D 的二阶子式至少有一个不为零，则二次曲线 C 有一个奇异点. 此时适当地选取射影坐标系，可以把二次曲线 C 的方程化为
$$x_1'^2 + x_2'^2 = 0 \text{——两条虚直线}$$
或
$$x_1'^2 - x_2'^2 = 0 \text{——两条实直线}.$$

② 若判别式 D 的二阶子式全为零，则二次曲线 C 有一条由奇异点组成的直线. 此时适当地选取射影坐标系，可以把二次曲线 C 的方程化为
$$x_1'^2 = 0 \text{——两条相重合的直线}.$$

对偶地，对于线二次曲线
$$C': \sum_{i,k=1}^{3} A_{ik} \xi_i \xi_k = 0, \quad A_{ik} = A_{ki}, \ i,k = 1,2,3,$$

它的判别式为
$$\Delta = |A_{ik}| = \begin{vmatrix} A_{11} & A_{12} & A_{13} \\ A_{21} & A_{22} & A_{23} \\ A_{31} & A_{32} & A_{33} \end{vmatrix}.$$

(1) 当判别式 $\Delta \neq 0$ 时，C' 是常态的二次曲线，适当地选取射影坐标系，可以把二次曲线 C 的方程化为
$$\xi_1'^2 + \xi_2'^2 + \xi_3'^2 = 0 \text{——虚二次曲线}$$
或
$$\xi_1'^2 + \xi_2'^2 - \xi_3'^2 = 0 \text{——实二次曲线}.$$

(2) 当判别式 $\Delta = 0$ 时，C' 是退化的二次曲线，这时分两种情况：

① 若判别式 Δ 的二阶子式至少有一个不为零，则二次曲线 C' 有一条奇异直线. 此时适当地选取射影坐标系，可以把二次曲线 C' 的方程化为
$$\xi_1'^2 + \xi_2'^2 = 0 \text{——两个虚点}$$
或
$$\xi_1'^2 - \xi_2'^2 = 0 \text{——两个实点}.$$

② 若判别式 Δ 的二阶子式全为零，则二次曲线 C' 有一个由奇异直线组成的线束. 此时适当地选取射影坐标系，可以把二次曲线 C' 的方程化为
$$\xi_1'^2 = 0 \text{——两个相重合的点}.$$

注 退化的点二次曲线和退化的线二次曲线从图形来说有所不同，但为了统一起见，仍统称为退化的二次曲线.

习 题 3.4

1. 证明：二次曲线 C 上的射影变换由它的射影对应轴和一对对应点确定．

2. 二次曲线的射影对应轴的对偶是怎样的？如何确定它？

3. 已知二次曲线 C 上的一个对合变换 Φ 由该二次曲线上两对对应的点 a,a' 和 b,b' 所确定，求作此对合变换 Φ 的中心和轴．

4. 证明：二次曲线 C 上的对合变换的任意一对对应点和两个二重点成调和共轭点集（二次曲线 C 上四个点成调和共轭点集，是指这四个点与二次曲线 C 上另一个点连成的四条直线成调和线束）．

5. 化下列二次曲线方程为标准方程：

(1) $x_1^2 + x_2^2 + x_3^2 + 2x_1x_2 + 2x_1x_3 - 6x_2x_3 = 0$；

(2) $4x_1^2 + 15x_2^2 - 5x_3^2 + 16x_1x_2 - 8x_1x_3 - 22x_2x_3 = 0$；

(3) $x_1x_2 + x_2x_3 + x_3x_1 = 0$；

(4) $x_1^2 + 4x_2^2 + 9x_3^2 + 4x_1x_2 + 12x_2x_3 + 6x_1x_3 = 0$．

6. 试证二次曲线 C：$2\xi_1^2 + \xi_2^2 - 2\xi_3^2 - 3\xi_1\xi_2 - 3\xi_1\xi_2 + \xi_2\xi_3 = 0$ 是退化的二次曲线，并求它所包含的点．

习 题 三

1. 求对射变换，使得点 $x(1,2,1), y(-1,1,1), z(2,-1,0), u(1,-1,1)$ 分别变为直线 $\xi[1,0,0], \eta[0,1,0], \zeta[0,0,1], \varphi[1,1,1]$，并求点 $v(1,0,-1), w(0,-1,1)$ 的像直线．

2. 已知对射变换

$$\rho\xi' = x\begin{bmatrix} 1 & -1 & 0 \\ -1 & 2 & 3 \\ 0 & 3 & 1 \end{bmatrix},$$

试求点 $x(1,0,-1), y(0,1,-1)$ 的像直线 ξ', η'．

3. 试证：给出一个自配极三点形及一对对应的点（不在三点形的边上）和直线（不过三点形的顶点），可以唯一确定一个配极变换．

4. 设配极变换 Γ 的自配极三点形是坐标三点形，而且点 $(1,2,3)$ 的极线是 $[1,2,3]$，求配极变换 Γ．

5. 判别下列配极变换 $\Gamma: x \to \xi$ 的类型：

(1) $\begin{cases} \rho\xi_1 = 2x_1 + x_2 - x_3, \\ \rho\xi_2 = x_1 + 5x_2 - 3x_3, \\ \rho\xi_3 = -x_1 - 3x_2 - 10x_3 \end{cases}$ $(\rho \neq 0)$；

(2) $\begin{cases} \rho\xi_1 = 2x_1 + x_2 - x_3, \\ \rho\xi_2 = x_1 + 3x_2 + 3x_3, \\ \rho\xi_3 = -x_1 + 3x_2 - 8x_3 \end{cases}$ $(\rho \neq 0)$．

6. 化二次曲线方程
$$2x^2 + 3y^2 - 3z^2 - 4xy - 4yz + 2xz = 0$$
为标准形式和简化形式，并确定其类型.

7. 设 abc 是二次曲线 C 的内接三点形，ξ,η,ζ 分别是二次曲线 C 的以 a,b,c 为切点的切线，且有 $(b\times c)\times\xi=x, (c\times a)\times\eta=y, (a\times b)\times\zeta=z$，求证：$x,y,z$ 三点共线.

8. 设 a,b,c,d 是二次曲线 C 上给定的四点，p,q 是二次曲线 C 上的两流动点，且有 $(p\times a)\times(q\times c)=r, (p\times b)\times(q\times d)=t$，求证：直线 $r\times t$ 必过一定点.

9. 试证：在给定的双曲型配极变换下，自配极三点形的顶点 x,y 和 z 恰有一个是无切线点，其余两个是二切线点.

10. 已知二次曲线 C 上的五个点，求作二次曲线 C 上其余的点.

11. 已知二次曲线 C 的五条切线，求作二次曲线 C 的其余切线.

12. 利用 Pascal 定理，作二次曲线 C 上给定一点的切线.

13. 设三点形 abc 外切于一条二次曲线，在 $b\times c, c\times a, a\times b$ 三边上的切点分别是 a',b',c'，求证：$p=(b\times c)\times(b'\times c'), q=(c\times a)\times(c'\times a'), r=(a\times b)\times(a'\times b')$ 三点共线.

14. 已知三点形 abc 的两个顶点 b 和 c 分别在两条定直线 α 和 β 上滑动，而且三条边分别过不共线的三点 x,y,z，求这个三点形顶点 a 的轨迹.

15. 证明 Pappus 定理是退化的点二次曲线的 Pascal 定理，试叙述退化的线二次曲线的 Brianchon 定理.

16. 设六点形 H_1 内接于一条二次曲线 C，它的三对对边的交点共线 α，又设六点形 H_2 外切于二次曲线 C，各边的切点就是 H_1 的顶点，H_2 的三对对应点的连线共点 a，求证：点 a 关于二次曲线 C 的极线是 α.

17. 设 a,a' 和 b,b' 是二次曲线 C 上的一个对合变换的两对对应点，m,n 是这个对合变换的两个二重点，证明：m 和 n，a 和 b，a' 和 b' 是二次曲线 C 上的另一个对合变换的三对对应点.

18. 试证：对于退化的二次曲线
$$C: \sum_{i,k=1}^{3} a_{ik} x_i x_k = 0,$$
若 (a_{ik}) 的秩为 2，则有奇异点，且恰是此二次曲线方程所分解成的两条直线的交点.

第四章 射影观点下的仿射几何与欧氏几何

> 本章将仿射几何与欧氏几何纳入射影几何的范畴,把它们作为射影几何的子几何来讨论,利用前三章的理论研究它们的一些基本的知识.就具体内容而言,将讨论二次曲线的仿射性质与度量性质.本章最后介绍克莱因(F. Klein)的变换群观点,对三种几何作一个综合的比较.

§4.1 仿射变换与仿射几何

一、仿射平面

在第一章中,我们为欧氏平面添加了一条理想直线——无穷远直线,并把这条直线与其他直线同等看待,从而得到了射影平面.这里与之相反,我们从射影平面任意抽去一条直线,并把剩余的部分称为**仿射平面**,记做 A^2.仿射平面上的直线称为**仿射直线**,仿射平面上的点称为**仿射点**.

应当注意,从射影平面抽去一条直线后剩余的部分绝对不是欧氏平面,因为我们并没有在这个平面上导入度量的概念.而仿射平面与射影平面的差异仅仅在于一条直线.为了利用已有的射影平面的知识讨论仿射平面,今后我们将允许被抽去的直线"借居"于仿射平面.为了方便,我们称被抽去的那条直线称为**绝对直线**或**无穷远直线**,而称绝对直线上的点为**无穷远点**.在今后的讨论中,我们将借助于绝对直线,以它为媒介,利用射影平面的知识讨论仿射平面,不过务必时刻注意,绝对直线并非仿射平面上的元素.

显然,仿射平面与仿射直线都不是封闭的.实际上,仿射直线就是将射影直线划去一个点的剩余部分,被划去的那个点就是射影直线与绝对直线的交点(无穷远点).

在仿射平面上,可以引入一些射影平面上不可能有的概念.例如,在射影平面上任意两条相异直线总有一个交点,在仿射平面上则不然,如果两条相异的仿射直线相交于绝对直线上,由于绝对直线不是仿射平面的元素,因此这两条仿射直线就没有交点. 根据传统的观念,称这两条直线是相互平行的,即有下面的定义:

定义 1.1 若仿射平面上两条直线 ξ 与 η 相交于绝对直线上,则称直线 ξ 与 η 互相**平行**,记做 $\xi \parallel \eta$.

在仿射平面上研究图形的几何性质,这就是平面仿射几何的内容. 因此,仿射平面就是仿射几何的活动基地.

二、平面仿射坐标系

在射影平面 P^2 上任给无三点共线的四点 $d_1(1,0,0), d_2(0,1,0), d_3(0,0,1), e(1,1,1)$,就构成了一个平面射影坐标系(图 4-1(a)). 令

$$e^1 = (d_1 \times e) \times \delta_1 = (0,1,1), \quad e^2 = (d_2 \times e) \times \delta_2 = (1,0,1),$$

即

$$e^1 = d_2 + d_3, \quad e^2 = d_1 + d_3.$$

设 m 为射影平面 P^2 上任意一点. 若

$$m = x_1 d_1 + x_2 d_2 + x_3 d_3,$$

则点 m 在这个射影坐标系下的射影坐标为 (x_1, x_2, x_3). 又令

$$m^1 = (d_1 \times m) \times \delta_1 = (0, x_2, x_3), \quad m^2 = (d_2 \times m) \times \delta_2 = (x_1, 0, x_3).$$

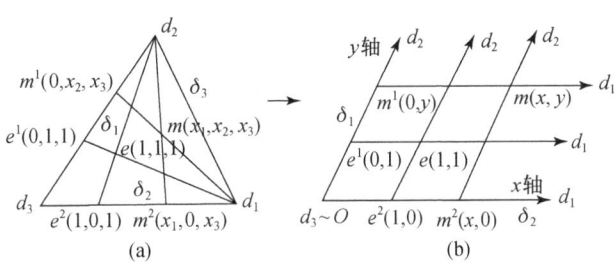

图 4-1

不失一般性,我们取 δ_3 作为绝对直线(为明确起见,今后将绝对直线写做 δ_∞),构成仿射平面 A^2. 这样,在图 4-1(a)中,由于 $\delta_2, e \times e^1, m \times m^1$ 三条直线相交于直线 δ_3 上的点 d_1,因此它们是互相平行的;同样,$\delta_1, e \times e^2, m \times m^2$ 三条直线交于直线 δ_3 上的点 d_2,因此它们也是互相平行的. 这样一来,在仿射平面上 A^2 我们就可以把图 4-1(a)改画成图 4-1(b)的样子,这就得到平面仿射坐标系.

在仿射平面 A^2 上,由于我们取定 $\delta_3 : x_3 = 0$ 为绝对直线,因而仿射平面 A^2 上点的坐标的第三个数总不会为 0,即恒有 $x_3 \neq 0$. 所以仿射平面 A^2 上任一点的射影坐标 (x_1, x_2, x_3) 总

可以写成$(x,y,1)$的形式,其中
$$x = \frac{x_1}{x_3}, \quad y = \frac{x_2}{x_3}. \tag{1.1}$$

这样,仿射平面A^2上任一点P的坐标都可以用有序二实数组(x,y)来表示. 我们将有序二实数组(x,y)称为点P的**仿射坐标**,其中x称为该点的**横坐标**,y称为该点的**纵坐标**. 同时把仿射坐标系中的直线δ_2称为x**轴**或**横轴**,直线δ_1称为y**轴**或**纵轴**(图4-1(b)).

特别地,d_3的仿射坐标是$(0,0)$,通常用O代替d_3,称之为仿射坐标系的**原点**;e的仿射坐标为$(1,1)$,称之为仿射坐标系的**单位点**;e^2和e^1的仿射坐标分别为$(1,0)$和$(0,1)$;m^1和m^2的仿射坐标分别为$(0,y)$和$(x,0)$.

对于仿射直线
$$l: \xi_1 x_1 + \xi_2 x_2 + \xi_3 x_3 = 0,$$
由(1.1)式知,l的方程可以写成
$$l: \xi_1 x + \xi_2 y + \xi_3 = 0.$$
这里ξ_1, ξ_2不同时为零,否则ξ_1, ξ_2, ξ_3同时为零,与我们前面的规定矛盾. 因此,任意一条仿射直线的方程都可以写成如下形式:
$$Ax + By + C = 0,$$
其中A, B不同时为零.

但应注意,若已知两点a,b的仿射坐标(x_a, y_a)和(x_b, y_b),求过a,b两点的直线时,我们还是要写成原来的射影坐标,以便利用有序三实数组的运算,即写成
$$a \times b = (x_a, y_a, 1) \times (x_b, y_b, 1).$$

三、仿射比

在射影几何中,基本的射影不变量是交比. 在仿射几何中,与交比地位相当的量是仿射比.

定义1.2 设p_∞表示仿射直线ξ上的无穷远点(即$p_\infty = \xi \times \delta_\infty$),$a,b,c$是直线$\xi$上三个相异的点,则称交比$R(p_\infty, a; b, c)$为直线$\xi$上三相异点$a,b,c$的**仿射比**或**单比**,记做$A(a,b,c)$,即
$$A(a,b,c) = R(p_\infty, a; b, c).$$

定理1.1 设仿射直线ξ上三相异点a,b,c关于某一仿射坐标系的坐标分别为(a_1, a_2),(b_1, b_2),(c_1, c_2),则
$$A(a,b,c) = \frac{c_1 - a_1}{b_1 - a_1} = \frac{c_2 - a_2}{b_2 - a_2}. \tag{1.2}$$

证明 已知a,b,c三点用射影坐标来表示分别为

$$a=(a_1,a_2,1), \quad b=(b_1,b_2,1), \quad c=(c_1,c_2,1).$$

因为 a,b,c 三点共线且相异,故存在非零实常数 λ,μ,使得

$$c = \lambda a + \mu b. \tag{1.3}$$

将 a,b,c 的射影坐标代入(1.3)式,并比较两端,得

$$c_1 = \lambda a_1 + \mu b_1, \quad c_2 = \lambda a_2 + \mu b_2, \quad 1 = \lambda + \mu. \tag{1.4}$$

将 $\lambda+\mu=1$ 代入(1.3)式,得

$$c = (1-\mu)a + \mu b. \tag{1.5}$$

点 $a-b$ 的射影坐标为 $(a_1-b_1,a_2-b_2,0)$,所以它应该在绝对直线 δ_∞ 上(因为 $x_3=0$). 另外,点 $a-b$ 还应该在直线 ξ 上(因为点 a,b 在直线 ξ 上). 因此 $a-b$ 是直线 ξ 与绝对直线 δ_∞ 的交点 p_∞,即 $p_\infty = a-b$,从而

$$b = -p_\infty + a. \tag{1.6}$$

将其代入(1.5)式,得 $c=(1-\mu)a+\mu(a-p_\infty)$,即

$$c = -\mu p_\infty + a. \tag{1.7}$$

由(1.6),(1.7)两式,根据交比定义,有

$$R(p_\infty,a;b,c) = \frac{1\times(-\mu)}{(-1)\times 1} = \mu.$$

而由(1.4)式解得 $\mu = \dfrac{c_1-a_1}{b_1-a_1} = \dfrac{c_2-a_2}{b_2-a_2}$,故有

$$A(a,b,c) = R(p_\infty,a;b,c) = \mu = \frac{c_1-a_1}{b_1-a_1} = \frac{c_2-a_2}{b_2-a_2}.$$

注 由于 a,b 两点相异,上式的两个分母不能同时为零,因此上面的计算仿射比的公式是实用的. 若有一个分母为零,其分子也为零,仿射比由另一式确定.

例 1 已知仿射平面上三相异点 $a=(2,4), b=(4,6), c=(3,5)$,证明 a,b,c 三点共线,并求 $A(a,b,c)$.

解 因为 a,b,c 三点用射影坐标来表示分别为

$$a=(2,4,1), \quad b=(4,6,1), \quad c=(3,5,1),$$

且

$$|a,b,c| = \begin{vmatrix} 2 & 4 & 1 \\ 4 & 6 & 1 \\ 3 & 5 & 1 \end{vmatrix} = \begin{vmatrix} 2 & 4 & 1 \\ 2 & 2 & 0 \\ 1 & 1 & 0 \end{vmatrix} = 0,$$

因此 a,b,c 三点共线. 由定理 1.1 有

$$A(a,b,c) = \frac{3-2}{4-2} = \frac{1}{2}.$$

下面的定理给出了仿射比与交比之间的关系.

第四章 射影观点下的仿射几何与欧氏几何

定理 1.2 设 a,b,c,d 是仿射直线 ξ 上的相异四点，则
$$R(a,b;c,d) = \frac{A(d,a,b)}{A(c,a,b)}. \tag{1.8}$$

证明 设仿射直线 ξ 上的无穷远点为 p_∞，则由 §2.1 的公式(2.22)，对于共线于 ξ 的五个相异点 a,b,c,d,p_∞ 有
$$R(a,b;c,d) = R(a,b;c,p_\infty)\, R(a,b;p_\infty,d).$$

而
$$R(a,b;c,p_\infty) = R(c,p_\infty;a,b) = \frac{1}{R(p_\infty,c;a,b)} = \frac{1}{A(c,a,b)},$$
$$R(a,b;p_\infty,d) = R(p_\infty,d;a,b) = A(d,a,b).$$

因此
$$R(a,b;c,d) = \frac{A(d,a,b)}{A(c,a,b)}.$$

定义 1.3 点 $c = \frac{1}{2}(a+b)$ 称为 a,b 两点的**仿射中心**。

关于仿射中心，我们有如下的定理：

定理 1.3 点 c 为 a,b 两点的仿射中心的充分必要条件是 $c, p_\infty = \delta_\infty \times (a \times b)$ 调和分隔 a,b。

证明 **必要性** 因为
$$c = \frac{1}{2}(a+b) = \frac{1}{2}a + \frac{1}{2}b, \quad p_\infty = a - b \quad \text{（参见定理 1.1 的证明），}$$

故有
$$R(a,b;c,p_\infty) = \frac{\frac{1}{2} \times 1}{\frac{1}{2} \times (-1)} = -1.$$

因此 c, p_∞ 调和分隔 a,b。

充分性 设 c, p_∞ 调和分隔 a,b，则
$$R(a,b;c,p_\infty) = -1.$$

设 $c = \lambda a + \mu b$，而 $p_\infty = a - b$，则
$$R(a,b;c,p_\infty) = \frac{\mu \times 1}{\lambda(-1)} = -\frac{\mu}{\lambda}.$$

所以有 $\lambda = \mu$，从而
$$c = \lambda(a+b).$$

设 a,b,c 三点的射影坐标分别为 $(a_1,a_2,1),(b_1,b_2,1),(c_1,c_2,1)$，代入上式可知 $\lambda = \frac{1}{2}$，所以 $c = \frac{1}{2}(a+b)$，即 c 是 a,b 两点的仿射中心。

在欧氏几何中，一组平行线在两相交直线上截得的线段成比例，这是大家熟知的事实. 下面的例题给出了与这一事实相类似的结论.

例 2 证明：如果相交于点 u 的两条不同的直线 ξ, ξ' 被三条平行线 η_1, η_2, η_3 分别截于点 a, b, c 和 a', b', c'，那么
$$A(u,a,b) = A(u,a',b'), \quad A(a,b,c) = A(a',b',c').$$

证明 如图 4-2 所示，由于直线 η_1, η_2, η_3 互相平行，因此四直线 $\eta_1, \eta_2, \eta_3, \delta_\infty$ 共点于 q_∞（无穷远点）. 设 $p_\infty = \xi \times \delta_\infty$，$p'_\infty = \xi' \times \delta_\infty$，则
$$\xi(u,a,b,c,p_\infty) \overline{\overline{\wedge}}^{q_\infty} \xi'(u,a',b',c',p'_\infty).$$

因此
$$R(p_\infty, u; a, b) = R(p'_\infty, u; a', b'),$$
$$R(p_\infty, a; b, c) = R(p'_\infty, a'; b', c'),$$

从而有
$$A(u,a,b) = A(u,a',b'),$$
$$A(a,b,c) = A(a',b',c').$$

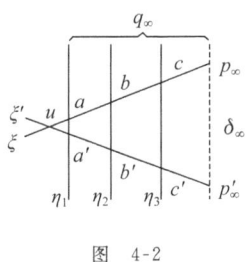

图 4-2

四、仿射变换

1. 仿射变换的定义与基本的仿射性质（不变量）

定义 1.4 在仿射平面 A^2 上，保持绝对直线 δ_∞ 不变的直射变换称为**仿射变换**.

通常用 α 来表示仿射变换. 由定义知，仿射变换 α 是直射变换（二维射影变换）的一种特例，它使得绝对直线 δ_∞ 上的任意一点 x 变到绝对直线 δ_∞ 上的一点 $x' = \alpha(x)$（但不一定有 $x' = x$）.

由这个定义可推得，任一仿射变换 α 的逆变换 α^{-1} 也是仿射变换，任意两个仿射变换 α_1, α_2 的积 $\alpha_1 \alpha_2$ 也是仿射变换. 这是因为这些变换也都保持绝对直线 δ_∞ 不变. 于是，我们有下面的定理：

定理 1.4 仿射平面 A^2 上的所有仿射变换组成的集合 Γ_a 构成一个群，它是二维射影变换群 Γ 的子群.

根据仿射变换的定义，我们还可以推得仿射变换的两个重要性质，就是下面的定理 1.5 和定理 1.6.

定理 1.5 仿射变换把互相平行的直线变为互相平行的直线，即仿射变换保持平行性不变.

证明 设 α 是任一仿射变换，由于仿射变换是直射变换的特例，因此仿射变换也保持同素性，即 α 把直线变为直线.

第四章 射影观点下的仿射几何与欧氏几何

如图 4-3 所示，设 ξ 与 η 是两条平行直线，即 $\xi /\!/ \eta$，则 $\xi \times \eta = p_\infty \in \delta_\infty$. 又设 $\xi' = \alpha(\xi)$，$\eta' = \alpha(\eta)$，$p'_\infty = \alpha(p_\infty)$，而 $\delta_\infty = \alpha(\delta_\infty)$. 由于 ξ, η, δ_∞ 三直线共点 p_∞，并且仿射变换是直射变换的特例，因此把相交于一点的直线仍变成相交于一点的直线. 所以 $\xi', \eta', \delta_\infty$ 三直线也共点，这一点当然就是 p'_∞，即直线 ξ' 与 η' 相交于绝对直线 δ_∞ 上. 故有 $\xi' /\!/ \eta'$.

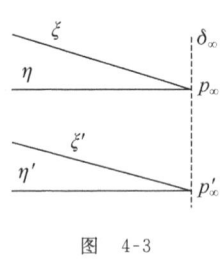

图 4-3

定理 1.6 设 a, b, c 是共线的三相异点，则在仿射变换 α 下 $a' = \alpha(a), b' = \alpha(b), c' = \alpha(c)$ 也是共线的三相异点，并且 $A(a, b, c) = A(a', b', c')$，即仿射变换保持仿射比不变.

证明 由于仿射变换是直线变换的特例，所以 α 使共线三相异点 a, b, c 变成共线三相异点 a', b', c'.

设点 a, b, c 共线于直线 ξ，点 a', b', c' 共线于直线 ξ'（则 $\xi' = \alpha(\xi)$），又设

$$\xi \times \delta_\infty = p_\infty, \quad \xi' \times \delta_\infty = p'_\infty,$$

则 $p'_\infty = \alpha(p_\infty)$. 这样一来，直线 ξ 上的四相异点 a, b, c, p_∞ 在 α 下分别变成直线 ξ' 上四相异点 a', b', c', p'_∞. 由于仿射变换是直射变换的特例，因此 α 保持交比不变，即

$$R(p_\infty, a; b, c) = R(p'_\infty, a'; b', c').$$

由仿射比定义有

$$A(a, b, c) = A(a', b', c').$$

图形在仿射变换下保持不变的非射影的性质（不变量），称为图形的**仿射性质**（**不变量**）. 上面两个定理说明了，平行性是仿射性质，仿射比是仿射不变量，它们是基本的仿射性质和基本的仿射不变量. 研究图形的仿射性质与仿射不变量的学科就是仿射几何学（参阅 §4.5）.

2. 仿射变换的确定条件

在第二章中我们知道，一对对应的四点形确定唯一的直射变换. 由于仿射变换是直射变换的特例，自然会想到确定仿射变换的条件一定不会这么强. 事实上，确定唯一的仿射变换只需一对对应的三点形就足够了. 这就是下面的定理.

定理 1.7 设 a, b, c 是仿射平面 A^2 上任意给定的不共线三点，a', b', c' 也是仿射平面 A^2 上任意给定的不共线三点，则存在唯一的仿射变换 α，使得

$$a' = \alpha(a), \quad b' = \alpha(b), \quad c' = \alpha(c).$$

简言之，任意一对对应的不共线三点确定唯一的仿射变换.

证明 设

$$p_\infty = (a \times b) \times \delta_\infty, \quad q_\infty = (a \times c) \times \delta_\infty, \quad p'_\infty = (a' \times b') \times \delta_\infty, \quad q'_\infty = (a' \times c') \times \delta_\infty,$$

则存在唯一的一个直射变换 Ψ，使得无三点共线的四点 b, p_∞, c, q_∞ 分别变成无三点共线的四点 $b', p'_\infty, c', q'_\infty$. 由于直射变换 Ψ 保持点与直线的结合关系，所以 Ψ 把直线 $b \times p_\infty$ 与 $c \times q_\infty$ 的交点 a 变成直线 $b' \times p'_\infty$ 与 $c' \times q'_\infty$ 的交点 a'. 于是，Ψ 使得点 a, b, c 分别变成了点

a', b', c'. 又由于 Ψ 把绝对直线 δ_∞ 上的两点 p_∞, q_∞ 分别变成绝对直线 δ_∞ 上的两点 p'_∞, q'_∞，所以 Ψ 把绝对直线 δ_∞ 上的点变成绝对直线 δ_∞ 上的点，即保持绝对直线不变. 因此这个 Ψ 就是仿射变换 α. 这就证明了定理的存在性.

若再有一个仿射变换 α' 把点 a, b, c 分别变成点 a', b', c'，则 α' 把直线 $a \times b$ 与 δ_∞ 的交点 p_∞ 变成直线 $a' \times b'$ 与 δ_∞ 的交点 p'_∞，又把直线 $a \times c$ 与 δ_∞ 的交点 q_∞ 变成直线 $a' \times c'$ 与 δ_∞ 的交点 q'_∞. 于是 α' 与 α 同时使得无三点共线的四点 b, p_∞, c, q_∞ 分别变成无三点共线的四点 $b', p'_\infty, c', q'_\infty$，因此 α' 与 α 是同一个仿射变换. 这就证明了定理的唯一性.

3. 仿射变换的表达式

下面我们推导仿射变换的表达式. 首先让我们回忆一下直射变换的表达式，它是

$$\rho x'_i = \sum_{k=1}^{3} a_{ik} x_k, \quad \rho |a_{ik}| \neq 0, \ i = 1, 2, 3, \tag{1.9}$$

相应的线坐标变换式为

$$\sigma \xi'_i = \sum_{k=1}^{3} A_{ik} \xi_k, \quad \sigma |A_{ik}| \neq 0, \ i = 1, 2, 3, \tag{1.10}$$

其中 A_{ik} 是 $|a_{ik}|$ 中 a_{ik} 的代数余子式.

取 $\delta_3 = [0, 0, 1]$ 为绝对直线. 因为仿射变换保持绝对直线不变，所以只要将直线 $[0, 0, 1]$ 不变的条件代入直射变换式，便可得到仿射变换的表达式.

将 $[0, 0, 1] \rightarrow [0, 0, 1]$ 代入直射变换式 (1.10)，得

$$A_{13} = 0, \quad A_{23} = 0.$$

由此得 $A_{33} \neq 0$，否则将会有 $|A_{ik}| = 0$，与条件 $\sigma |A_{ik}| \neq 0$ 矛盾. 而

$$A_{13} = \begin{vmatrix} a_{21} & a_{22} \\ a_{31} & a_{32} \end{vmatrix}, \quad A_{23} = -\begin{vmatrix} a_{11} & a_{12} \\ a_{31} & a_{32} \end{vmatrix}, \quad A_{33} = \begin{vmatrix} a_{11} & a_{12} \\ a_{21} & a_{22} \end{vmatrix},$$

于是

$$\begin{cases} a_{11} a_{32} - a_{12} a_{31} = -A_{23} = 0, \\ a_{21} a_{32} - a_{22} a_{31} = A_{13} = 0, \end{cases} \tag{1.11}$$

$$\begin{vmatrix} a_{11} & a_{12} \\ a_{21} & a_{22} \end{vmatrix} = A_{33} \neq 0. \tag{1.12}$$

因此，如果把 (1.11) 式看成以 a_{32}, a_{31} 为未知量的线性齐次方程组，由于其系数行列式不为零，故只有零解：

$$a_{32} = a_{31} = 0. \tag{1.13}$$

但 $a_{33} \neq 0$，否则将出现 $|a_{ik}| = 0$，与条件 $\rho |a_{ik}| \neq 0$ 矛盾. \tag{1.14}

将 (1.13), (1.14) 两式代入直射变换式 (1.9)，得

第四章 射影观点下的仿射几何与欧氏几何

$$\begin{cases} \rho x_1' = a_{11}x_1 + a_{12}x_2 + a_{13}x_3, \\ \rho x_2' = a_{21}x_1 + a_{22}x_2 + a_{23}x_3, \\ \rho x_3' = a_{33}x_3, \end{cases} \rho \begin{vmatrix} a_{11} & a_{12} \\ a_{21} & a_{22} \end{vmatrix} \neq 0, a_{33} \neq 0. \quad (1.15)$$

反之,直射变换式(1.15)必然保持绝对直线 $\delta_\infty(\delta_3)$ 不变,因为(1.15)式使所有坐标的第三个分量为零($x_3=0$)的点变成坐标的第三个分量为零($x_3'=0$)的点,即保持 δ_∞ 不变. 因此(1.15)式就是用射影坐标表示的仿射变换的表达式.

如果使用仿射坐标,此时 $x_3=1$. 因为矩阵(a_{ik})的元素可以成比例地变化,而 $a_{33}\neq 0$,故可取 $a_{33}=1$,从而 $\rho=1$. 再令 $x_1=x, x_2=y, a_{13}=a_1, a_{23}=a_2$,于是由(1.15)式可以得到用仿射坐标表示的仿射变换的表达式:

$$\begin{cases} x' = a_{11}x + a_{12}y + a_1, \\ y' = a_{21}x + a_{22}y + a_2, \end{cases} \begin{vmatrix} a_{11} & a_{12} \\ a_{21} & a_{22} \end{vmatrix} \neq 0. \quad (1.16)$$

例 3 求使点$(0,0),(1,1),(1,-1)$分别变为点$(2,3),(2,5),(3,-7)$的仿射变换.

解 容易证明$(0,0),(1,1),(1,-1)$和$(2,3),(2,5),(3,-7)$分别是不共线的三点组,由定理 1.7,它们确定唯一的仿射变换. 设这一仿射变换为

$$\begin{cases} x' = a_{11}x + a_{12}y + a_1, \\ y' = a_{21}x + a_{22}y + a_2. \end{cases}$$

由$(0,0)\to(2,3)$得

$$\begin{cases} 2 = a_1, \\ 3 = a_2; \end{cases}$$

由$(1,1)\to(2,5)$得

$$\begin{cases} 2 = a_{11} + a_{12} + a_1, \\ 5 = a_{21} + a_{22} + a_2; \end{cases}$$

由$(1,-1)\to(3,-7)$得

$$\begin{cases} 3 = a_{11} - a_{12} + a_1, \\ -7 = a_{21} - a_{22} + a_2. \end{cases}$$

解得所求的仿射变换为

$$\begin{cases} x' = \frac{1}{2}x - \frac{1}{2}y + 2, \\ y' = -4x + 6y + 3, \end{cases} \begin{vmatrix} \frac{1}{2} & -\frac{1}{2} \\ -4 & 6 \end{vmatrix} = 1 \neq 0.$$

例 4 用代数法证明定理 1.7:一对对应的不共线三点确定唯一的仿射变换.

证明 设 $x(x_1,x_2)\to x'(x_1',x_2'), y(y_1,y_2)\to y'(y_1',y_2'), z(z_1,z_2)\to z'(z_1',z_2')$是仿射平面上任意不共线的三对对应点,所谓由这三对对应点确定唯一的仿射变换,就是指将这三对对应点的坐标代入仿射变换公式

$$\begin{cases} x' = a_{11}x + a_{12}y + a_1, \\ y' = a_{21}x + a_{22}y + a_2, \end{cases}$$

能够唯一地确定其系数 $a_{11}, a_{12}, a_{21}, a_{22}$ 和 a_1, a_2, 并且满足 $\begin{vmatrix} a_{11} & a_{12} \\ a_{21} & a_{22} \end{vmatrix} \neq 0$.

将所给的三对对应点的坐标代入仿射变换公式, 得

$$x_1' = a_{11}x_1 + a_{12}x_2 + a_1, \quad x_2' = a_{21}x_1 + a_{22}x_2 + a_2;$$
$$y_1' = a_{11}y_1 + a_{12}y_2 + a_1, \quad y_2' = a_{21}y_1 + a_{22}y_2 + a_2;$$
$$z_1' = a_{11}z_1 + a_{12}z_2 + a_1, \quad z_2' = a_{21}z_1 + a_{22}z_2 + a_2.$$

由于 x, y, z 三点不共线, 所以有

$$\begin{vmatrix} x_1 & x_2 & 1 \\ y_1 & y_2 & 1 \\ z_1 & z_2 & 1 \end{vmatrix} \neq 0.$$

于是由上面左边的三个方程可以解出唯一的一组解 a_{11}, a_{12}, a_1, 而由右边的三个方程可以解出唯一的一组解 a_{21}, a_{22}, a_2, 即仿射变换公式的系数能够唯一确定. 下面证明, 如此得到的 $a_{11}, a_{12}, a_{21}, a_{22}$ 满足 $\Delta = \begin{vmatrix} a_{11} & a_{12} \\ a_{21} & a_{22} \end{vmatrix} \neq 0$.

假设 $\Delta = 0$, 则 $\dfrac{a_{11}}{a_{21}} = \dfrac{a_{12}}{a_{22}} = k$ (k 为某实常数), 即 $a_{11} = a_{21}k, a_{12} = a_{22}k$. 于是有

$$\begin{vmatrix} x_1' & x_2' & 1 \\ y_1' & y_2' & 1 \\ z_1' & z_2' & 1 \end{vmatrix} = \begin{vmatrix} y_1' - x_1' & y_2' - x_2' \\ z_1' - x_1' & z_2' - x_2' \end{vmatrix}$$
$$= \begin{vmatrix} a_{11}(y_1 - x_1) + a_{12}(y_2 - x_2) & a_{21}(y_1 - x_1) + a_{22}(y_2 - x_2) \\ a_{11}(z_1 - x_1) + a_{12}(z_2 - x_2) & a_{21}(z_1 - x_1) + a_{22}(z_2 - x_2) \end{vmatrix}$$
$$= \begin{vmatrix} k[a_{21}(y_1 - x_1) + a_{22}(y_2 - x_2)] & a_{21}(y_1 - x_1) + a_{22}(y_2 - x_2) \\ k[a_{21}(z_1 - x_1) + a_{22}(z_2 - x_2)] & a_{21}(z_1 - x_1) + a_{22}(z_2 - x_2) \end{vmatrix}$$
$$= 0.$$

这说明 x', y', z' 三点共线, 与题设矛盾. 因此必有 $\begin{vmatrix} a_{11} & a_{12} \\ a_{21} & a_{22} \end{vmatrix} \neq 0$.

4. 仿射变换的特例

在 §2.5 中, 我们利用二重直线和二重点的位置关系划分了直射变换. 由于仿射变换是直射变换的特例, 因此我们将借用那里的结论来划分仿射变换.

我们知道, 使得绝对直线 $\delta_\infty(\delta_3)$ 上的每一点都不动的直射变换 Ψ 的表达式为

第四章 射影观点下的仿射几何与欧氏几何

$$\begin{cases} \rho x_1' = bx_1 + a_1 x_3, \\ \rho x_2' = bx_2 + a_2 x_3, \quad \rho \neq 0, b \neq 0. \\ \rho x_3' = x_3, \end{cases} \tag{1.17}$$

这种直射变换 Ψ 显然是特殊的仿射变换. 如果采用仿射坐标,(1.17)式可以写成

$$\begin{cases} x' = bx + a_1, \\ y' = by + a_2. \end{cases} \tag{1.18}$$

(1.18)式就是使绝对直线 δ_∞ 上每一点都不动的特殊的仿射变换(注意：一般的仿射变换只是保持 δ_∞ 不动,但 δ_∞ 上的点可能窜动).

下面我们将根据(1.18)式系数的取值划分这种特殊的仿射变换.

4.1 平移变换

当 $b=1$,且 a_1,a_2 不全为零时,(1.18)式变成了

$$\begin{cases} x' = x + a_1, \\ y' = y + a_2. \end{cases} \tag{1.19}$$

由§2.5中的讨论知,作为直射变换的特例,它是合射变换. 在这里,我们称这种仿射的合射变换为**平移变换**.

根据合射变换的定义,平移变换(1.19)作为合射变换来说,它的合射轴是直线 δ_∞,合射中心是点 $(a_1,a_2,0)$(在合射轴上),除了直线 δ_∞ 上的点以外它再也没有不动点了,但过中心的每一条直线都是它的不动直线. 因此我们有以下定理:

定理 1.8 平移变换(1.19)在仿射平面上没有不动点,但它使得仿射平面上经过无穷远点 $(a_1,a_2,0)$ 的一组平行线中的每一条直线都是不动直线.

对于不过无穷远点 $(a_1,a_2,0)$ 的直线,在平移变换(1.19)下它的像直线又是怎样的呢? 下面的定理回答了这个问题.

定理 1.9 设平移变换(1.19)把仿射平面上的点 $a(x_a,y_a),b(x_b,y_b)$ 分别变为点 $a'(x_a',y_a'),b'(x_b',y_b')$,则 $a\times b // a'\times b'$(包含 $a\times b$ 与 $a'\times b'$ 重合的情况).

证明 由已知有

$$a \times b = (x_a,y_a,1) \times (x_b,y_b,1) = [y_a - y_b, x_b - x_a, x_a y_b - x_b y_a],$$

又由平移变换式(1.19)有

$$a' \times b' = (x_a',y_a',1) \times (x_b',y_b',1) = (x_a+a_1,y_a+a_2,1) \times (x_b+a_1,y_b+a_2,1)$$
$$= [y_a - y_b, x_b - x_a, *].$$

所以 $(a\times b)\times(a'\times b')=(*,*,0)$,这里用"$*$"表示某个数. 这说明直线 $a\times b$ 与 $a'\times b'$ 的交点在绝对直线 δ_∞ 上,故有 $a\times b // a'\times b'$.

注 当 $b=1, a_1=a_2=0$ 时,(1.19)式变成了

§4.1 仿射变换与仿射几何

$$\begin{cases} x' = x, \\ y' = y. \end{cases} \quad (1.20)$$

这是恒等变换. 根据我们的定义, 恒等变换不是平移变换, 它只不过是一种特殊的仿射变换罢了, 对于它没有更多可讨论的. 我们这里定义的平移变换的全体不能构成群(无单位元). 但是如果把恒等变换加进来, 做成一个扩大的平移变换的集合, 那么这个扩大的平移变换集合构成一个可换群. 因此, 有的平移变换的定义并不限制 a_1, a_2 不同时为零的条件, 这样恒等变换就是平移变换的特例了, 而且平移变换的全体构成一个群——平移群. 我们这里没有这样做, 是为了把平移变换与合射变换对应起来, 以便利用合射变换的一些性质来讨论平移变换, 同时也是为了前后呼应. 下面的讨论也是如此.

4.2 伸缩变换

当 $b \neq 1$ 时, 由 §2.5 中的讨论知, (1.17)式表示以直线 δ_∞ 为轴, 点 $(a_1, a_2, 1-b)$ 为中心的透射变换, 用仿射坐标表示就是(1.18)式. 这种仿射的透射变换, 我们称它为仿射平面上的**伸缩变换**, 其中心是 $\left(\dfrac{a_1}{1-b}, \dfrac{a_2}{1-b}\right)$. 如果把中心取作仿射坐标系的原点 $(0,0)$, 则伸缩变换可以写成

$$\begin{cases} x' = bx, \\ y' = by, \end{cases} \quad b \neq 0, 1. \quad (1.21)$$

由于射影平面上的透射变换除了轴上的每一点是不动点之外, 中心(不在轴上)也是不动点, 经过中心的每一条直线都是不动直线, 因此, 我们有如下的定理:

定理 1.10 在伸缩变换下, 其中心是不动点, 经过中心的每一条直线是不动直线.

4.3 中心反射变换

当 $b = -1$ 时, 由 §2.5 中的讨论知, (1.17)式表示以直线 δ_∞ 为轴, 点 $(a_1, a_2, 1-b) = (a_1, a_2, 2)$ 为中心的调和透射变换, 此时(1.18)式变成了

$$\begin{cases} x' = -x + a_1, \\ y' = -y + a_2. \end{cases} \quad (1.22)$$

我们称这种仿射的调和透射变换为**中心反射变换**或**中心对称变换**, 其中心是 $\left(\dfrac{a_1}{2}, \dfrac{a_2}{2}\right)$. 若取中心作为仿射坐标系的原点 $(0,0)$, 则中心反射变换式为

$$\begin{cases} x' = -x, \\ y' = -y. \end{cases} \quad (1.23)$$

由于调和透射变换除了具有透射变换的性质外, 还具有性质"任意一对对应点调和分隔中心和这对对应点的连线与轴的交点", 因此我们有如下定理:

定理 1.11 仿射平面上的中心反射变换的中心是不动点, 过中心的每一条直线都是不动直

线,不是中心的每一点 x 与其像点 x' 的连线过中心,而且中心是任意一对对应点的仿射中心.

中心反射变换与平移变换之间有如下关系:

定理 1.12 两个相异的中心反射变换之积是一个平移变换;反之,每一个平移变换必可分解为两个中心反射变换之积.

证明 设有两个相异的中心反射变换:
$$A_1: \begin{cases} x' = -x + a_1, \\ y' = -y + a_2; \end{cases} \quad A_2: \begin{cases} x'' = -x' + b_1, \\ y'' = -y' + b_2. \end{cases}$$

消去 x', y',得
$$A_1 A_2: \begin{cases} x'' = x + (b_1 - a_1), \\ y'' = y + (b_2 - a_2). \end{cases}$$

由于 A_1, A_2 是相异的中心反射变换,所以 $b_1 - a_1$ 与 $b_2 - a_2$ 不会同时为零,从而 $A_1 A_2$ 是一个平移变换.

反之,设有平移变换
$$T: \begin{cases} x' = x + a_1, \\ y' = y + a_2. \end{cases}$$

作两中心反射变换:
$$B_1: \begin{cases} \bar{x} = -x, \\ \bar{y} = -y; \end{cases} \quad B_2: \begin{cases} x' = -\bar{x} + a_1, \\ y' = -\bar{y} + a_2. \end{cases}$$

显然,平移变换 T 是中心反射变换 B_1 与 B_2 之积,即 $T = B_1 B_2$.

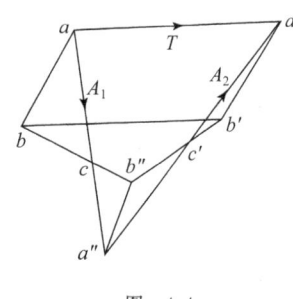

图 4-4

这个定理可以用图 4-4 来说明.设平移变换 T 把点 a, b 分别变成点 a', b',则平移变换 T 是以点 c 为中心的反射变换 A_1 (把点 a, b 分别变成点 a'', b'') 和以点 c' 为中心的反射变换 A_2 (把点 a'', b'' 分别变成点 a', b') 的乘积.

注 以上讨论的三种特殊的仿射变换与我们熟悉的欧氏几何中相同名称的变换,从表面上看它们是一样的.不过在欧氏几何中它们是用度量概念定义的,因此相应地讨论它们的度量性质.在这里,定义它们并没有涉及度量概念,因此也只能讨论它们的一些仿射性质(当然这些性质在欧氏几何里也成立).它们的代数表达式在两种几何中是一致的,但应注意一个是在仿射坐标系下得出的,另一个则是在直角坐标系下得出的.

在本节即将结束之际,我们给出仿射变换的一个直观解释,这对于加深我们对以上内容的理解或许会有些帮助.它就是:仿射变换是连续进行若干次的平行投影.可以证明,仿射变换的这种解释与我们的定义是一致的(参见梅向明编的《高等几何》).但应注意,今后在证明、解答问题时,不能依据这种直观理解,这是因为我们以上的讨论都不是建立在这种直观解释的基础之上的.

习 题 4.1

1. 设线束 $x(\xi,\eta,\zeta,\varphi,\psi,\cdots) \barwedge x'(\xi',\eta',\zeta',\varphi',\psi',\cdots)$,且 $\xi'/\!/\xi,\eta'/\!/\eta,\zeta'/\!/\zeta$,证明:
$$\varphi'/\!/\varphi, \quad \psi'/\!/\psi, \quad \cdots.$$
2. 三仿射点 $x(x_1,x_2),y(y_1,y_2),z(z_1,z_2)$ 共线的充分必要条件是什么?
3. 证明 $a(2,2),b(4,6),c(3,4)$ 三点共线,并求 $A(a,b,c)$.
4. 已知仿射平面上三点 $x(1,0),y(0,1),z(1,1)$,求仿射变换 α,使得
$$\alpha(x)=y, \quad \alpha(y)=z, \quad \alpha(z)=x.$$
5. 在仿射平面上,伸缩变换的全体是否构成群?中心反射变换全体呢?
6. 用仿射变换的直观解释说明,在仿射变换下,正方形的哪些性质不变,哪些性质会变,菱形的哪些性质不变,下列图形将变成什么图形:

(1) 平行四边形;   (2) 梯形;   (3) 矩形;   (4) 三点形;
(5) 等腰三角形;   (6) 三角形重心;   (7) 圆;   (8) 椭圆;
(9) 等轴双曲线;   (10) 线段中点.

§4.2 二次曲线的仿射理论

我们知道,仿射变换是使绝对直线 δ_∞ 保持不变的直射变换.本节先借助绝对直线 δ_∞ 来讨论二次曲线的中心、直径、渐近线等几个仿射概念,然后根据二次曲线的方程对二次曲线进行仿射分类.

一、二次曲线的仿射性质

由于绝对直线 δ_∞ 在仿射变换下不变,因此根据二次曲线与绝对直线 δ_∞ 交点的个数,就可以把仿射平面上的二次曲线区分开来.

定义 2.1 在仿射平面上,与绝对直线 δ_∞ 不相交、相切、相交于两点的二次曲线分别称为**椭圆型**、**抛物型**、**双曲型的二次曲线**.特别地,常态的椭圆型、抛物型、双曲型的二次曲线分别称为**椭圆**、**抛物线**、**双曲线**(图 4-5).

注 我们根据绝对直线 δ_∞ 与二次曲线的位

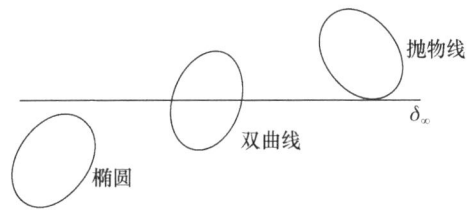

图 4-5

置关系把仿射平面上的二次曲线分成三种类型,这种分类的依据是:由于任何一个仿射变换把绝对直线变成自身,因此在仿射变换下二次曲线与绝对直线的位置关系保持不变. 也就是说,在仿射变换下,与绝对直线没有交点的二次曲线变成与绝对直线没有交点的二次曲线,与绝对直线有一个交点的二次曲线变成与绝对直线有一个交点的二次曲线,与绝对直线有两个交点的二次曲线变成与绝对直线有两个交点的二次曲线. 换句话说,椭圆型变成椭圆型,抛物型变成抛物型,双曲型变成双曲型. 特别地,椭圆变成椭圆,抛物线变成抛物线,双曲线变成双曲线. 因此,我们对二次曲线的这种分类在仿射变换下不变. 然而,这种分类在射影几何里是没有意义的. 这是因为,在直射变换下,绝对直线不一定是不动直线,与绝对直线有两个交点的二次曲线可能变成与绝对直线没有交点(或有一个交点)的二次曲线,即双曲线可能变成椭圆(或抛物线). 因此,在直射变换下,常态的实二次曲线是不能互相区别的.

设二次曲线的方程为
$$a_{11}x_1^2 + a_{22}x_2^2 + a_{33}x_3^2 + 2a_{12}x_1x_2 + 2a_{13}x_1x_3 + 2a_{23}x_2x_3 = 0. \tag{2.1}$$
在仿射平面上,$x_3 \neq 0$,用 x_3 除(2.1)式两端,并记
$$x = \frac{x_1}{x_3}, \quad y = \frac{x_2}{x_3},$$
则用仿射坐标(x,y)表示的二次曲线方程(仿射方程)为
$$a_{11}x^2 + 2a_{12}xy + a_{22}y^2 + 2a_{13}x + 2a_{23}y + a_{33} = 0. \tag{2.2}$$
若考虑二次曲线(2.1)与绝对直线 $\delta_\infty : x_3 = 0$ 的交点,只需把(2.1)式与 $x_3 = 0$ 联立求解. 将 $x_3 = 0$ 代入(2.1)式,得
$$a_{11}x_1^2 + 2a_{12}x_1x_2 + a_{22}x_2^2 = 0. \tag{2.3}$$
设 $\Delta = \begin{vmatrix} a_{11} & a_{12} \\ a_{12} & a_{22} \end{vmatrix} = a_{11}a_{22} - a_{12}^2$,则

当 $\Delta > 0$ 时,方程(2.3)没有异于$(0,0)$的实解,因此二次曲线(2.1)与绝对直线 δ_∞ 无交点(因$(0,0,0)$不代表点),从而为椭圆型的;

当 $\Delta = 0$ 时,方程(2.3)有唯一实解,因此二次曲线(2.1)与绝对直线 δ_∞ 相切,从而为抛物线型的.

当 $\Delta < 0$ 时,方程(2.3)有两个不等的实解,因此二次曲线(2.1)与绝对直线 δ_∞ 有两个交点,从而为双曲线型的.

综上,有以下结论:

结论 仿射平面上的二次曲线(2.2),当 $\Delta > 0$ 时为椭圆型的,当 $\Delta = 0$ 时为抛物型的,当 $\Delta < 0$ 时为双曲型的. 特别地,二次曲线(2.2)为常态的二次曲线时,即 $|a_{ik}| \neq 0$ 时,若 $\Delta > 0$,则它为椭圆;若 $\Delta = 0$,则它为抛物线;若 $\Delta < 0$,则它为双曲线.

§4.2 二次曲线的仿射理论

为了保证极点与极线的一一对应关系,下面仅就常态的二次曲线讨论它们的仿射性质,即我们只讨论椭圆、抛物线和双曲线的一些仿射性质. 对此以下不再特殊声明.

1. 二次曲线的中心

定义 2.2 绝对直线 δ_∞ 关于二次曲线 C 的极点,称为二次曲线 C 的**中心**.

由这个定义显然可见,椭圆和双曲线都有唯一的中心(椭圆的中心是无切线点,双曲线的中心是二切线点),因此我们称椭圆和双曲线为**有心二次曲线**. 对于抛物线,绝对直线 δ_∞ 是它的切线,从而抛物线的中心就是绝对直线 δ_∞ 与它的切点,即抛物线的中心是个无穷远点,而它不是仿射平面上的点,因此抛物线没有中心. 故称抛物线为**无心二次曲线**(有时也说中心为无穷远点的二次曲线).

下面的定理说明了这里关于二次曲线中心的定义与我们熟知的解析几何中关于二次曲线(对称)中心的定义是一致的,而且也说明了二次曲线的中心具有仿射性质.

定理 2.1 点 O 为有心二次曲线 C 的中心的充分必要条件是点 O 为过它的任意弦的两端点的仿射中心(二次曲线 C 上任意两点间的部分直线称为二次曲线 C 的弦).

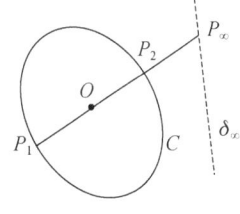

图 4-6

证明 **必要性** 如图 4-6 所示,设点 O 是有心二次曲线 C 的中点,$\overline{P_1P_2}$ 是过中心 O 的二次曲线 C 的任意弦,P_1,P_2 是它的两个端点. 设弦 $\overline{P_1P_2}$ 所在的直线与绝对直线 δ_∞ 的交点是 P_∞,则点 O, P_∞ 是关于二次曲线 C 的共轭点对,且点 O, P_∞ 都不在二次曲线 C 上(因为 C 是有心二次曲线). 由 §3.2 中的定理 2.5 知
$$R(O, P_\infty; P_1, P_2) = -1,$$
即 O, P_∞ 调和分隔 P_1, P_2,则由 §4.1 中的定理 1.3 知,O 是 P_1, P_2 两点的仿射中心.

充分性 设点 O 是过它的任意弦 $\overline{P_1P_2}$ 的仿射中心,则由 §4.1 中的定理 1.3 有
$$R(O, P_\infty; P_1, P_2) = -1.$$
于是由 §3.2 中的定理 2.5 知,O, P_∞ 为共轭点对. 因此绝对直线 δ_∞ 上的任意一点都是点 O 的共轭点,从而绝对直线 δ_∞ 是点 O 的极线,即点 O 是二次曲线 C 的中心.

已知二次曲线的仿射方程(2.2),下面求它的中心坐标. 方程(2.2)若用射影坐标来表示即为方程(2.1),它是由下列配极变换 γ 确定的:

$$\begin{cases} \rho \xi_1 = a_{11}x_1 + a_{12}x_2 + a_{13}x_3, \\ \rho \xi_2 = a_{21}x_1 + a_{22}x_2 + a_{23}x_3, \quad \rho|a_{ik}| \neq 0, a_{ik} = a_{ki}, i,k = 1,2,3 \\ \rho \xi_3 = a_{31}x_1 + a_{32}x_2 + a_{33}x_3, \end{cases}$$

或

$$\begin{cases} \sigma x_1 = A_{11}\xi_1 + A_{12}\xi_2 + A_{13}\xi_3, \\ \sigma x_2 = A_{21}\xi_1 + A_{22}\xi_2 + A_{23}\xi_3, \quad \sigma|A_{ik}| \neq 0, A_{ik} = A_{ki}, i,k = 1,2,3, \\ \sigma x_3 = A_{31}\xi_1 + A_{32}\xi_2 + A_{33}\xi_3, \end{cases}$$

其中 A_{ik} 是 $|a_{ik}|$ 中元素 a_{ik} 的代数余子式. 绝对直线 $\delta_\infty : x_3 = 0$ 的坐标为 $[0,0,1]$, 代入上面的变换式可以得到绝对直线 δ_∞ 的极点 O 的坐标, 即二次曲线(2.2)的中心 O 的坐标:
$$\lambda x_1 = A_{31}, \quad \lambda x_2 = A_{32}, \quad \lambda x_3 = A_{33} \quad (\lambda \neq 0),$$
从而二次曲线(2.2)的中心 O 的仿射坐标 (x,y) 为
$$\begin{cases} x = \dfrac{x_1}{x_3} = \dfrac{A_{31}}{A_{33}}, \\ y = \dfrac{x_2}{x_3} = \dfrac{A_{32}}{A_{33}}. \end{cases} \tag{2.4}$$

从这里可以看出, 当 $A_{33} \neq 0$, 即 $\Delta = a_{11}a_{22} - a_{12}^2 \neq 0$ 时, 二次曲线(2.2)有唯一确定的中心 $\left(\dfrac{A_{31}}{A_{33}}, \dfrac{A_{32}}{A_{33}}\right)$, 即为有心二次曲线; 当 $A_{33} = 0$, 即 $\Delta = 0$ 时, 中心为 $(A_{31}, A_{32}, 0)$, 它在绝对直线 δ_∞ 上, 因此二次曲线(2.2)为无心二次曲线. 这与我们以前的讨论是一致的.

例 1 已知二次曲线 $C: x^2 + 2xy + 2y^2 + 4x + 2y + 1 = 0$, 证明它是一个椭圆, 并求其中心坐标.

解 这里有
$$|a_{ik}| = \begin{vmatrix} 1 & 1 & 2 \\ 1 & 2 & 1 \\ 2 & 1 & 1 \end{vmatrix} = -4 \neq 0, \quad \Delta = \begin{vmatrix} 1 & 1 \\ 1 & 2 \end{vmatrix} = 1 > 0,$$
因此二次曲线 C 为椭圆.

下面求二次曲线 C 的中心坐标 (x, y):
$$x = \begin{vmatrix} 1 & 2 \\ 2 & 1 \end{vmatrix} \bigg/ \begin{vmatrix} 1 & 1 \\ 1 & 2 \end{vmatrix} = -3, \quad y = -\begin{vmatrix} 1 & 2 \\ 1 & 1 \end{vmatrix} \bigg/ \begin{vmatrix} 1 & 1 \\ 1 & 2 \end{vmatrix} = 1,$$
因此二次曲线 C 的中心坐标为 $(-3, 1)$.

2. 二次曲线的直径

定义 2.3 过二次曲线中心的仿射直线, 称为二次曲线的**直径**.

由这个定义立即可以得到如下两个结论:

结论 1 抛物线的直径互相平行, 椭圆的直径都是其割线.

这是因为抛物线的中心是无穷远点, 而椭圆的中心是无切线点.

结论 2 二次曲线的直径是无穷远点关于二次曲线的极线.

这是因为二次曲线的中心是绝对直线关于二次曲线的极点, 而直径过中心, 即直径过绝对直线的极点. 由配极原则, 直径的极点必在绝对直线上(是无穷远点), 因此无穷远点的极线必为直径.

显然, 结论 2 可以作为二次曲线直径的等价定义.

§4.2 二次曲线的仿射理论

在解析几何中,我们把二次曲线的直径定义为"一组平行弦中点的轨迹".下面的定理说明了我们关于二次曲线直径的定义与解析几何中的定义是一致的,而且也说明了二次曲线的直径具有仿射性质.

定理 2.2 二次曲线的任意一组平行弦的仿射中心(即中点)在一条直线上,这条直线是二次曲线的一条直径,反之;二次曲线的直径是一组平行弦的仿射中心的轨迹.

证明 如图 4-7 所示,设二次曲线 C 的任意一组平行弦的公共无穷远点为 P_∞,其中任意一条弦 $\overline{P_1P_2}$ 的仿射中心为 P,则由 §4.1 中的定理 1.3 有 $R(O,P_\infty;P_1,P_2)=-1$.再由 §3.2 中的定理 2.5 知,P,P_∞ 是关于二次曲线 C 的一对共轭点.因此,平行弦中每一条弦的仿射中心都是点 P_∞ 的共轭点,从而平行弦的仿射中心都在点 P_∞ 的极线 η 上. 由结论 2 知,极线 η 为二次曲线 C 的一条直径.

反之,设 η 是二次曲线 C 的任意一条直径,直线 η 的极点为 P_∞(无穷远点),下面证明以 P_∞ 为公共点的一组平行弦的仿射中心都在直线 η 上.事实上,设弦 $\overline{P_1P_2}$ 是这组平行弦中的任意一条,它的仿射中心为 P,则由 §4.1 中的定理 1.3 有 $R(O,P_\infty;P_1,P_2)=-1$.因此,由 §3.2 中的定理 2.5 知,P,P_∞ 是关于二次曲线 C 的一对共轭点,则点 P 在点 P_∞ 的极线上.

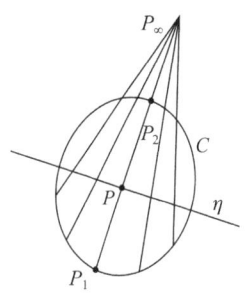

图 4-7

定义 2.4 如果二次曲线的两条直径互为共轭直线,则称这两条直径互为**共轭直径**.换句话说,过二次曲线中心的两条共轭直线称为二次曲线的共轭直径.

由这个定义显然可见,抛物线没有互相共轭的直径,因此共轭直径的概念只适用于有心二次曲线.

这里定义的共轭直径也与解析几何中的定义一致,即有以下定理:

定理 2.3 二次曲线的直径平分与它的共轭直径平行的弦;反之,平分与直径 ξ 平行的弦的直线 ξ' 必为直径 ξ 的共轭直径.

证明 如图 4-8 所示,设 ξ,ξ' 是二次曲线 C 的一对共轭直径,则直径 ξ 的无穷远点 P_∞ 是直径 ξ' 的极点.过 P_∞ 引直线交二次曲线 C 于点 a,b,则有 $a\times b /\!/ \xi$.设 $c=(a\times b)\times\xi'$,则 P_∞ 与 c 是共轭点对.由 §3.2 中的定理 2.5 有 $R(P_\infty,c;a,b)=-1$.因此,由 §4.1 中的定理 1.3 知,c 是 a,b 两点的仿射中心(即中点),所以直径 ξ' 平分与直径 ξ 平行的一组弦.

反之,若直线 ξ' 平分平行于直径 ξ 的一组弦,由定理 2.2,ξ' 也是一条直径,而且直径 ξ 的无穷远点 P_∞ 是 ξ' 的极点.因此 ξ 与 ξ' 是一对共轭直径.

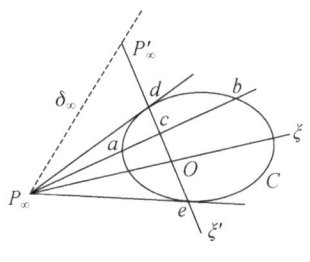

图 4-8

如图 4-8 所示,若设直线 ξ' 与二次曲线 C 交于 d,e 两点,则分别过点 d,e 的两条切线必都过直线 ξ' 的极点 P_∞,从而这

两条切线与直径 ξ 平行. 所以作为定理 2.3 的极端情况, 我们有如下的推论:

推论 过直径与二次曲线交点的切线平行于该直径的共轭直径.

由共轭直径及中心的定义可立即得到下面的定理:

定理 2.4 二次曲线的任意两条共轭直径与绝对直线构成的三点形是该二次曲线的一个自配极三点形.

例 2 证明: 如果一个平行四边形内接于一条有心二次曲线, 那么它的两条对角线是该二次曲线的两条直径, 它的一对邻边分别平行于该二次曲线的一对共轭直径.

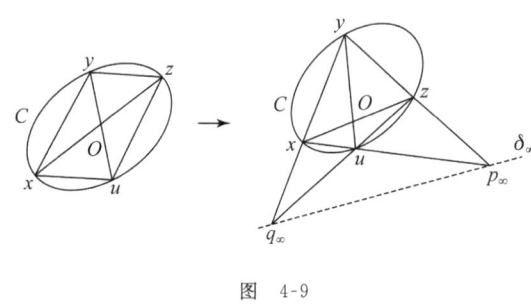

图 4-9

证明 如图 4-9 所示, 设内接于二次曲线 C 的平行四边形 $xyzu$ 的两对对边分别交于无穷远点 p_∞, q_∞, 对角线的交点为 O, 则三点形 $Op_\infty q_\infty$ 是四边形 $xyzu$ 的对边三点形. 由 §3.2 中的定理 2.6 知, 三点形 $Op_\infty q_\infty$ 是二次曲线 C 的一个自配极三点形, 因此绝对直线 $\delta_\infty = p_\infty \times q_\infty$ 的极点是 O, 从而 O 是二次曲线 C 的中心. 故平行四边形 $xyzu$ 的两条对角线 $x \times z, y \times u$ 是二次曲线 C 的两条直径.

由于三点形 $Op_\infty q_\infty$ 是自配极的, 因此直径 $O \times p_\infty$ 与 $O \times q_\infty$ 是二次曲线 C 的一对共轭直径, 而且

$$y \times z /\!/ O \times p_\infty (交于点\ p_\infty), \quad x \times y /\!/ O \times q_\infty (交于点\ q_\infty).$$

故平行四边形 $xyzu$ 的一组邻边分别平行于二次曲线 C 的一对共轭直径.

例 3 已知二次曲线

$$C: a_{11}x^2 + 2a_{12}xy + a_{22}y^2 + 2a_{13}x + 2a_{23}y + a_{33} = 0 \quad (|a_{ik}| \neq 0)$$

和直线

$$\xi: lx + my = 0 \quad (l, m\ 不同时为零),$$

求二次曲线 C 的直径, 使其所平分的弦与直线 ξ 平行.

解 直线 ξ 上的无穷远点为 $p_\infty(m, -l, 0)$, 点 p_∞ 的极线即为所求的直径.

将点 p_∞ 的坐标代入确定二次曲线 C 的配极变换

$$\gamma: \begin{cases} \rho \xi_1 = a_{11}x_1 + a_{12}x_2 + a_{13}x_3, \\ \rho \xi_2 = a_{21}x_1 + a_{22}x_2 + a_{23}x_3, \\ \rho \xi_3 = a_{31}x_1 + a_{32}x_2 + a_{33}x_3, \end{cases} \quad \rho |a_{ik}| \neq 0, a_{ik} = a_{ki}, i, k = 1, 2, 3,$$

得

$$\begin{cases} \rho\xi_1 = a_{11}m - a_{12}l, \\ \rho\xi_2 = a_{21}m - a_{22}l, \\ \rho\xi_3 = a_{31}m - a_{32}l, \end{cases}$$

则所求直径的坐标为 $[a_{11}m-a_{12}l, a_{21}m-a_{22}l, a_{31}m-a_{32}l]$，射影坐标方程为
$$(a_{11}m-a_{12}l)x_1 + (a_{21}m-a_{22}l)x_2 + (a_{31}m-a_{32}l)x_3 = 0.$$
若用仿射坐标，所求直径的方程为
$$(a_{11}m-a_{12}l)x + (a_{21}m-a_{22}l)y + (a_{31}m-a_{32}l) = 0.$$

3. 二次曲线的渐近线

定义 2.5 在二次曲线与绝对直线的交点处切于二次曲线的直线，称为二次曲线的**渐近线**.

双曲线与绝对直线有两个交点，所以双曲线有两条渐近线；椭圆与绝对直线没有交点，所以椭圆没有实的渐近线（从复仿射几何的角度来看，椭圆有两条虚的渐近线）；抛物线与绝对直线相切，所以抛物线的渐近线就是绝对直线，即在仿射平面上抛物线没有渐近线.

因此，就实仿射几何而言，只有双曲线存在渐近线（这与解析几何的结论是一致的）. 所以我们下面只讨论双曲线的渐近线的一些性质.

定理 2.5 双曲线的两条渐近线相交于它的中心.

证明 设双曲线 C 与绝对直线 δ_∞ 交于 p_∞, q_∞ 两点（图 4-10），则分别过点 p_∞, q_∞ 的切线——两条渐近线的交点 O 必为绝对直线 δ_∞ 的极点. 因此 O 是双曲线 C 的中心.

由这个定理知，双曲线的渐近线是过中心且与双曲线切于无穷远点的直线. 这与解析几何中关于双曲线的渐近线的定义是一致的.

定理 2.6 双曲线的两条渐近线调和分隔任意两条共轭直径.

证明 如图 4-10 所示，设 O 是双曲线 C 的中心，绝对直线 δ_∞ 与双曲线 C 交于 p_∞, q_∞ 两点，则 $\xi = O \times p_\infty, \xi' = O \times q_\infty$ 是双曲线 C 的两条渐近线.

又设 η, η' 是双曲线 C 的任意一对共轭直径，且 $r_\infty = \eta \times \delta_\infty, s_\infty = \eta' \times \delta_\infty$，则由定理 2.4 知三点形 $Or_\infty s_\infty$ 是双曲线 C 的一个自配极三点形. 因此，r_∞, s_∞ 是双曲线 C 的一对共轭点，从而由 §3.2 中的定理 2.5 有 $R(r_\infty, s_\infty; p_\infty, q_\infty) = -1$. 再由 §2.2 中的定理 2.1 有

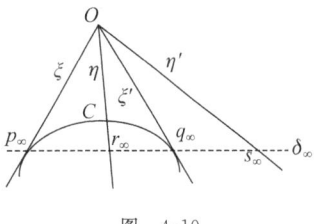

图 4-10

$$R(\eta, \eta'; \xi, \xi') = R(r_\infty, s_\infty; p_\infty, q_\infty) = -1,$$
即双曲线 C 的两条渐近线 ξ, ξ' 调和分隔共轭直径 η, η'.

例 4 求双曲线 $C: x^2 - 4y^2 + 2x + 8y = 0$ 的渐近线.

解 所给双曲线方程的射影坐标形式为

$$x_1^2 - 4x_2^2 + 2x_1 x_3 + 8x_2 x_3 = 0.$$

先求双曲线 C 与绝对直线 $\delta_\infty : x_3 = 0$ 的交点. 将 $x_3 = 0$ 代入双曲线方程的射影坐标形式得两个交点为

$$p_\infty = (2,1,0), \quad q_\infty = (2,-1,0).$$

再求双曲线 C 在点 p_∞, q_∞ 处的切线,即为双曲线 C 的两条渐近线. 将点 p_∞, q_∞ 的坐标代入二次曲线的切线方程(见 §3.2 中的定理 2.8),得双曲线 C 的两条切线为

$$x_1 - 2x_2 + 3x_3 = 0 \quad 与 \quad x_1 + 2x_2 - x_3 = 0,$$

用仿射坐标表示为

$$x - 2y + 3 = 0 \quad 与 \quad x + 2y - 1 = 0.$$

这就是所求的两条渐近线方程.

4. 二次曲线仿射理论在解析几何中的应用举例

下面我们举例说明前面所讲的二次曲线的仿射理论在解析几何中的一些应用.

例 5 证明:抛物线的任意两条切线不平行.

证明 假设在仿射平面上两条互相平行的直线 ξ, η 都是抛物线 C 的切线,并设 $\xi \times \eta = p_\infty \in \delta_\infty$. 在射影平面上,绝对直线 δ_∞ 也是抛物线 C 的一条切线. 这样一来,过点 p_∞ 有二次曲线 C 的三条相异的切线 ξ, η, δ_∞,矛盾. 因此抛物线的任意两条切线不会互相平行.

例 6 设双曲线的任意一条切线交两条渐近线于两点,试证:切点是此两点所连线段的中点.

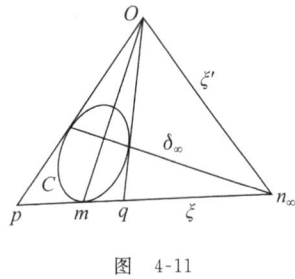

图 4-11

证明 如图 4-11 所示,设 ξ 是双曲线 C 的任意一条切线,它分别交两条渐近线于点 p, q,切点为 m,又设双曲线 C 的中心为 O,直径 $O \times m$ 的共轭直径为 ξ',则由定理 2.3 的推论知 $\xi' // \xi$. 设 $\xi \times \xi' = n_\infty$(无穷远点). 而由定理 2.5 知,两条渐近线 $O \times p, O \times q$ 调和分隔共轭直径 $O \times m, \xi'$,即

$$R(O \times p, O \times q; O \times m, \xi') = -1,$$

则

$$R(p, q; m, n_\infty) = R(O \times p, O \times q; O \times m, \xi') = -1.$$

由 §4.1 中的定理 1.3 知,m 是 p, q 两点的仿射中心,即 m 是线段 pq 的中点.

例 7 证明:如果双曲线的一条弦 $a \times b$ 分别交两条渐近线于 p, q 两点(图 4-12),那么有 $|ap| = |bq|$.

证明 设弦 $a \times b$ 被直径 $O \times r$ 平分于点 r(O 是双曲线的中心). 由定理 2.3 知,与直径 $O \times r$ 共轭的直径是与弦 $a \times b$ 平行的直径 $O \times s_\infty$(s_∞ 是弦 $a \times b$ 所在直线上的无穷远点). 再由定理 2.6 知,渐近线 $O \times p, O \times q$ 调和分隔共轭直径 $O \times r, O \times s_\infty$,即

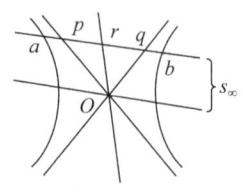

图 4-12

$$R(O\times p, O\times q; O\times r, O\times s_\infty) = -1.$$

所以
$$R(p,q;r,s_\infty) = -1.$$

由 §4.1 中的定理 1.3 知，r 是 p,q 两点的仿射中心，即 r 是线段 pq 的中点，故 r 是线段 ab 与 pq 的公共中点，因此有

$$|ap| = |bq|.$$

二、二次曲线的仿射分类与标准方程

在本节开头，我们根据二次曲线与绝对直线的交点个数把二次曲线分为双曲型、椭圆型和抛物型三类。这是二次曲线的一种分类，不过这种分类尚不够细腻。下面我们将根据二次曲线的方程对二次曲线进行较细的仿射分类，并给出其标准方程。这种分类与二次曲线射影分类的方法是相平行的（请参阅 §3.4 中的第四小节）。

设二次曲线 C 的仿射坐标方程为
$$a_{11}x^2 + 2a_{12}xy + a_{22}y^2 + 2a_{13}x + 2a_{23}y + a_{33} = 0, \tag{2.5}$$
它的射影坐标形式为
$$a_{11}x_1^2 + a_{22}x_2^2 + a_{33}x_3^2 + 2a_{12}x_1x_2 + 2a_{13}x_1x_3 + 2a_{23}x_2x_3 = 0 \quad (a_{ik} = a_{ki}). \tag{2.6}$$
记
$$D = |a_{ik}| = \begin{vmatrix} a_{11} & a_{12} & a_{13} \\ a_{21} & a_{22} & a_{23} \\ a_{31} & a_{32} & a_{33} \end{vmatrix}, \quad \Delta = \begin{vmatrix} a_{11} & a_{12} \\ a_{21} & a_{22} \end{vmatrix}.$$

(1) 当 $D \neq 0$ 时，C 是常态的二次曲线.

① 若 $\Delta \neq 0$，C 是有心二次曲线，取其两条共轭直径与绝对直线 δ_∞ 所构成的自配极三点形为新的坐标三点形，则二次曲线 C 的方程 (2.6) 可以化成
$$b_1 x_1'^2 + b_2 x_2'^2 + b_3 x_3'^2 = 0. \tag{2.7}$$

对方程 (2.7) 作一次仿射变换：
$$\begin{cases} x_1'' = \sqrt{|b_1|}\, x_2', \\ x_2'' = \sqrt{|b_2|}\, x_2', \\ x_3'' = \sqrt{|b_3|}\, x_3', \end{cases}$$

则因方程 (2.7) 右端各项符号的不同可以分成以下三种情况：

① $x_1''^2 + x_2''^2 + x_3''^2 = 0$.

此时 $\Delta'' = \begin{vmatrix} 1 & 0 \\ 0 & 1 \end{vmatrix} > 0$，故二次曲线 C 为椭圆型的，它上面没有实点，因此称之为虚椭圆。它的仿射坐标方程为

$$x^2 + y^2 + 1 = 0 \quad \text{或} \quad x^2 + y^2 = -1.$$

通常称之为**虚椭圆的标准仿射方程**.

ⅱ) $x_1''^2 + x_2''^2 - x_3''^2 = 0.$

此时 $\Delta'' = \begin{vmatrix} 1 & 0 \\ 0 & 1 \end{vmatrix} > 0$,故二次曲线 C 为实椭圆,它的仿射坐标方程为

$$x^2 + y^2 - 1 = 0 \quad \text{或} \quad x^2 + y^2 = 1.$$

通常称之为**实椭圆的标准仿射方程**.

ⅲ) $x_1''^2 - x_2''^2 - x_3''^2 = 0.$

此时 $\Delta'' = \begin{vmatrix} 1 & 0 \\ 0 & -1 \end{vmatrix} < 0$,故二次曲线 C 为双曲线,它的仿射坐标方程为

$$x^2 - y^2 - 1 = 0 \quad \text{或} \quad x^2 - y^2 = 1.$$

通常称之为**双曲线的标准仿射方程**.

② 若 $\Delta = 0$, C 是无心曲线(抛物线). 因为抛物线没有共轭直径,因此不能像①那样取自配极三点形把方程(2.6)化简,但是我们可以像§3.2 中的第三小节(二次曲线方程的另一简化形式)那样取新的坐标三点形把方程(2.6)简化成

$$x_2'^2 - k x_1' x_3' = 0 \quad (k \neq 0)$$

特别地,再把单位点 $e(1,1,1)$ 取在二次曲线 C 上,则进一步可以化成

$$x_2'^2 - x_1' x_3' = 0.$$

它的仿射坐标方程为

$$y^2 - x = 0 \quad \text{或} \quad y^2 = x.$$

我们称之为**抛物线的标准仿射方程**.

(2) 当 $D = 0$,C 为退化的二次曲线.

此时二次曲线 C 必有奇异点. 在这里与射影分类不同的是应区别奇异点是否在绝对直线 δ_∞ 上(因为 δ_∞ 不是仿射平面上的直线).

① 若 D 的二阶子式不全为零(即矩阵 (a_{ik}) 的秩为 2),则二次曲线 C 有且仅有一个奇异点. 此时可分两种情况讨论:

ⅰ) 奇异点不是无穷远点.

像§3.4 中的第四小节那样,取这个奇异点作为新坐标三点形的一个顶点 $d_3(0,0,1)$,其余两个顶点 $d_1(1,0,0)$,$d_2(0,1,0)$ 取在绝对直线 δ_∞ 上,可以将方程(2.6)化为

$$x_1''^2 + x_2''^2 = 0 \quad \text{或} \quad x_1''^2 - x_2''^2 = 0,$$

它们的仿射坐标方程为

$$x^2 + y^2 = 0 \quad \text{与} \quad x^2 - y^2 = 0.$$

前一个方程代表一点 $(0,0)$,或者说两条相交于 $(0,0)$ 的虚直线,后一方程表示两条相交的实

直线 $x+y=0$ 与 $x-y=0$.

ⅱ) 奇异点是无穷远点.

把这个奇异点取作新坐标三点形的顶点 $d_1(1,0,0)$, 再在绝对直线 δ_∞ 上任取一个非奇异点作为 $d_2(0,1,0)$. 仿照二次曲线的射影分类可将方程(2.6)化为
$$x_2''^2 + x_3''^2 = 0 \quad \text{或} \quad x_2''^2 - x_3''^2 = 0,$$
它们的仿射坐标方程为
$$y^2 + 1 = 0 \quad \text{与} \quad y^2 - 1 = 0.$$
前一方程表示两条虚的平行直线, 后一方程表示两条实的平行直线 $y=1$ 与 $y=-1$.

② 若 D 的二阶子式全为零(但一阶子式不能全为零, 故此时矩阵 (a_{ik}) 的秩为 1), 则二次曲线 C 有一条由奇异点组成的奇异直线. 此时也可分两种情况讨论:

ⅰ) 奇异直线不是绝对直线.

与 §3.4 中的第四小节类似, 取这条奇异直线作为新坐标三点形的一条边 $\delta_2: x_2'=0$, 则方程(2.6)可以化为
$$x_2'^2 = 0,$$
其仿射坐标方程为
$$y^2 = 0.$$
这是两条重合的实直线: $y=0$.

ⅱ) 若奇异直线是绝对直线, 取它为 $\delta_3: x_3'=0$, 则方程(2.6)化为
$$x_3'^2 = 0.$$
它代表绝对直线, 不是仿射直线.

综合上述讨论, 仿射平面上的二次曲线可以分为如下九类:

$$\text{常态的二次曲线} \atop (D \neq 0) \begin{cases} \text{有心二次曲线} \atop (\Delta \neq 0) \begin{cases} \text{实椭圆}: x^2+y^2=1 \\ \text{虚椭圆}: x^2+y^2=-1 \end{cases} (\Delta > 0) \\ \text{双曲线}: x^2-y^2=1 \ (\Delta < 0) \\ \text{无心二次曲线}: \text{抛物线}: y^2=x \atop (\Delta = 0) \end{cases}$$

$$\text{退化的二次曲线} \atop (D \neq 0) \begin{cases} \text{有一个奇异点} \atop (D\text{的二阶子式不全为零}) \begin{cases} \text{两相交实直线}: x^2-y^2=0 \\ \text{两相交虚直线}: x^2+y^2=0 \\ \text{两平行实直线}: y^2=1 \\ \text{两平行虚直线}: y^2=-1 \end{cases} \\ \text{有一条奇异直线}: y^2=0 \atop (D\text{的二阶子式全为零}) \end{cases}$$

从上面的分类可以看出, 虽然二次曲线的仿射分类较比射影分类进了一步, 能够把二次曲线区分为椭圆、双曲线、抛物线等, 但是同一类中的二次曲线还是不能互相区别. 例如, 在

仿射平面上圆与椭圆是不能互相区别的,等轴双曲线与一般的双曲线也是不能互相区别的,还有开口大小不同的抛物线是不能互相区别的. 换句话说,在仿射平面上存在把圆变成椭圆,把等轴双曲线变为一般的双曲线,把一条抛物线变成另一条与之不同的抛物线的仿射变换. 由仿射变换的直观解释,这是不难想象的.

例 8 证明 $x^2+3xy-4y^2+2x-10y=0$ 是一条双曲线,并求仿射变换把它化为标准方程.

解 所给方程的射影坐标形式为
$$x_1^2+3x_1x_2-4x_2^2+2x_1x_3-10x_2x_3=0,$$
对应此方程有
$$D=\begin{vmatrix} 1 & 3/2 & 1 \\ 3/2 & -4 & -5 \\ 1 & -5 & 0 \end{vmatrix}=-36\neq 0, \quad \Delta=\begin{vmatrix} 1 & 3/2 \\ 3/2 & -4 \end{vmatrix}=-\frac{25}{4}<0,$$
因此所给方程代表一条双曲线.

为化成标准方程,先把所给方程配方. 因为
$$x^2+3xy-4y^2+2x-10y=\left(x+\frac{3}{2}y+1\right)^2-\left(\frac{5}{2}y+\frac{13}{5}\right)^2+\frac{144}{25},$$
所以原方程可以写成
$$\left[\frac{5}{12}\left(\frac{5}{2}y+\frac{13}{5}\right)\right]^2-\left[\frac{5}{12}\left(x+\frac{3}{2}y+1\right)\right]^2=1,$$
即
$$\left(\frac{25}{24}y+\frac{13}{12}\right)^2-\left(\frac{5}{12}x+\frac{5}{8}y+\frac{5}{12}\right)^2=1.$$
作仿射变换
$$\alpha:\begin{cases} x'=\frac{25}{24}y+\frac{13}{12}, \\ y'=\frac{5}{12}x+\frac{5}{8}y+\frac{5}{12}, \end{cases} \quad \begin{vmatrix} 0 & \frac{25}{24} \\ \frac{5}{12} & \frac{5}{8} \end{vmatrix}\neq 0,$$
则在仿射变换 α 下,所给方程的标准方程:
$$x'^2-y'^2=1.$$

习 题 4.2

1. 求二次曲线 $x^2+2xy+2y^2+4x+2y+1=0$ 的中心与过点 $(1,1)$ 的直径及其共轭直径.

2. 已知二次曲线 $x^2-y^2+3x+y-2=0$,求与直线 $2x+y=0$ 平行的直径.

3. 求双曲线 $xy+y^2-x-3y-2=0$ 和 $xy-a^2=0$ 的渐近线.

4. 若二次曲线内接六点形有两对对边平行,证明:第三对对边也互相平行.

5. 证明:有心二次曲线的直径与共轭直径的对应为对合对应.

6. 求仿射变换,把下列二次曲线化为标准方程:

(1) $x^2+2xy+2y^2-6x-2y+9=0$;

(2) $2x^2-2xy-y^2+2x+5y-8=0$.

§4.3 运动变换与欧氏几何

本节以射影观点阐述欧氏几何的主要概念,从而把欧氏几何也纳入射影几何的范畴.

一、虚元素的引进

以前我们用来表示射影平面上的点和直线的坐标都限于实数,从而构成了实射影平面. 在今后某些问题的研究中将要遇到以虚数表示坐标的点和直线. 为此,我们把表示点或直线的三数组中含有虚数(假定 $i=\sqrt{-1}$ 不能约去)的点和直线分别称为**虚点**和**虚直线**,统称为**虚元素**. 引进了虚元素之后的射影平面成为复射影平面. 在复射影平面上本来应该把实元素与虚元素同等看待,但为了与实平面比较,今后仍把虚元素与实元素加以区别.

关于虚元素我们不打算作更多的介绍,只提出以下值得注意的几点:

(1) 有些点或直线形式上似乎是虚元素而实际上是实元素,例如点 (2i, 0, 4i) 和 (2+2i, 0, 4+4i) 实际上都是实点 (1, 0, 2).

(2) 任一实直线上必有无穷多个虚点,任一虚直线上有且只有一个实点;对偶地,任一实点必有无穷多条虚直线通过,任一虚点有且只有一条实直线通过(见习题 4.3 第 1 题). 因此,两个虚点的连线可以是实直线,两条虚直线的交点可以是实点,例如

$$(1, i, 0) \times (1, -i, 0) = [0, 0, 2i] \sim [0, 0, 1] = \delta_3.$$

在我们今后的讨论中,有两个很重要的虚点及一类很重要的虚直线,它们是如下定义的圆点和迷向直线:

定义 3.1 虚点 $I=(1, i, 0)$ 与 $J=(1, -i, 0)$ 称为**圆点**,过圆点 I 或 J 的任一虚直线称为**迷向直线**或**极小直线**.

由上面的例子可知,两圆点的连线 $I \times J = [0, 0, 1] = \delta_3$ 是一条实直线(因此 δ_3 虽然过圆点但不是迷向直线). 换句话说,圆点 I, J 是 $\delta_3 = [0, 0, 1]$ 上的两个不同的虚点.

二、运动变换

1. 运动变换的定义与性质

现在我们来讨论一种特殊的仿射变换. 我们知道,两个圆点 $I=(1, i, 0)$ 与 $J=(1, -i, 0)$

第四章 射影观点下的仿射几何与欧氏几何

是 $\delta_3: x_3 = 0$ 上的两个不同的虚点,保持圆点不变的直射变换当然保持 δ_3(即 δ_∞)不动,因此它是一种特殊的仿射变换.下面求出其代数表达式.

保持圆点不变有两种可能:$I \to I, J \to J$ 和 $I \to J, J \to I$.下面我们仅就第一种情况进行讨论,类似地可以讨论第二种情况.

设直射变换为

$$\begin{cases} \rho x_1' = a_{11}x_1 + a_{12}x_2 + a_{13}x_3, \\ \rho x_2' = a_{21}x_1 + a_{22}x_2 + a_{23}x_3, \quad \rho |a_{ik}| \neq 0. \\ \rho x_3' = a_{31}x_1 + a_{32}x_2 + a_{33}x_3, \end{cases} \quad (3.1)$$

若 $I(1, i, 0), J(1, -i, 0)$ 是上述直射变换的不动点,将 $(1, i, 0) \to (1, i, 0), (1, -i, 0) \to (1, -i, 0)$ 代入(3.1)式得

$$\begin{cases} \rho_1 = a_{11} + ia_{12}, \\ i\rho_1 = a_{21} + ia_{22}, \\ 0 = a_{31} + ia_{32}. \end{cases} \quad \text{和} \quad \begin{cases} \rho_2 = a_{11} - ia_{12}, \\ -i\rho_2 = a_{21} - ia_{22}, \\ 0 = a_{31} - ia_{32}. \end{cases}$$

由此得到

$$a_{11} = a_{22}, \quad -a_{12} = a_{21}, \quad a_{31} = a_{32} = 0,$$

并且 $a_{33} \neq 0$(否则 $|a_{ik}| = 0$).因此,保持圆点不变的直射变换为

$$\begin{cases} \rho x_1' = a_{11}x_1 + a_{12}x_2 + a_{13}x_3, \\ \rho x_2' = -a_{12}x_1 + a_{11}x_2 + a_{23}x_3, \\ \rho x_3' = a_{33}x_3. \end{cases} \quad (3.2)$$

用第三式去除第一、二式,并使用点的仿射坐标,再令

$$\frac{a_{11}}{a_{33}} = a, \quad \frac{-a_{12}}{a_{33}} = b, \quad \frac{a_{13}}{a_{33}} = k, \quad \frac{a_{23}}{a_{33}} = h,$$

则(3.2)式可以写成

$$\begin{cases} x' = ax + by + k, \\ y' = bx + ay + h, \end{cases} \quad \begin{vmatrix} a & -b \\ b & a \end{vmatrix} = a^2 + b^2 > 0. \quad (3.3)$$

注 变换(3.3)称为**同向相似变换**,其中 $\sqrt{a^2 + b^2}$ 称为**相似比**.类似地,保持 $I \to J, J \to I$ 的仿射变换称为**异向相似变换**.研究相似变换的几何学是抛物几何.

如果再添加条件

$$\begin{vmatrix} a & -b \\ b & a \end{vmatrix} = 1, \quad \text{即} \quad a^2 + b^2 = 1,$$

可令 $a = \cos\theta, b = \sin\theta$,则变换式(3.3)可以写成

$$\begin{cases} x' = x\cos\theta - y\sin\theta + k, \\ y' = x\sin\theta + y\cos\theta + h. \end{cases} \quad (3.4)$$

§4.3 运动变换与欧氏几何

我们把变换式(3.4)所代表的特殊的仿射变换称为**运动变换**,它与解析几何所讲的运动变换的公式是一致的. 特别地,有

(1) 当 $\theta=0$ 时,(3.4)式变成了

$$\begin{cases} x' = x+k, \\ y' = y+h, \end{cases} \tag{3.5}$$

称为**平移变换**(简称**平移**).

(2) 当 $k=h=0$ 时,(3.4)式变成了

$$\begin{cases} x' = x\cos\theta - y\sin\theta, \\ y' = x\sin\theta + y\cos\theta, \end{cases} \tag{3.6}$$

称为(绕原点的)**旋转变换**(简称**旋转**).

(3) 当 $\theta=\pi$ 时,(3.4)式变成了

$$\begin{cases} x' = -x+k, \\ y' = -y+k, \end{cases} \tag{3.7}$$

称为**中心反射变换**(简称**中心反射**)或**中心对称变换**.

下面的定理是显然的.

定理 3.1 一个运动变换或者是一个平移,或者是一个旋转,或者是一个旋转与一个平移的乘积.

定理 3.2 全体运动变换的集合构成群,称为**运动变换群**,它也是仿射变换群的子群.

证明 对于任意一个运动变换

$$m: \begin{cases} x' = x\cos\theta - y\sin\theta + k, \\ y' = x\cos\theta + y\sin\theta + k, \end{cases}$$

其逆变换

$$m^{-1}: \begin{cases} x = x'\cos\theta + y'\sin\theta + k', \\ y = -x'\sin\theta + y'\cos\theta + h' \end{cases}$$

也是一个运动变换(其中 $k'=-k\cos\theta-h\sin\theta, h'=k\sin\theta-h\cos\theta$).

设有两个运动变换 m_1, m_2 分别为

$$m_1: \begin{cases} x' = x\cos\theta_1 - y\sin\theta_1 + k_1, \\ y' = x\sin\theta_1 + y\cos\theta_1 + h_1, \end{cases}$$

$$m_2: \begin{cases} x'' = x'\cos\theta_2 - y'\sin\theta_2 + k_2, \\ y'' = x'\sin\theta_2 + y'\cos\theta_2 + h_2, \end{cases}$$

则 m_1 与 m_2 之积

$$m_1 m_2: \begin{cases} x'' = x\cos(\theta_1+\theta_2) - y\sin(\theta_1+\theta_2) + k'', \\ y'' = x\sin(\theta_1+\theta_2) - y\cos(\theta_1+\theta_2) + h'' \end{cases}$$

也是一个运动变换(其中 $k''=k_1\cos\theta_2-h_1\sin\theta_2+k_2$, $h''=k_1\sin\theta_2+h_2\cos\theta_2+h_2$).

因此,运动变换的全体构成一个群.

2. 基本的度量不变量和度量性质

我们把图形在运动变换之下保持不变的那些非射影、非仿射的性质和不变量称为图形的**度量性质**和**度量不变量**.

下面我们证明两点之间的距离、两直线的夹角以及图形的全等性在运动变换下都保持不变,它们是基本的度量不变量和基本的度量性质.

我们首先在仿射平面上定义一个与两个点 $a(x_1,y_1)$, $b(x_2,y_2)$ 有关的一个函数:

$$d(a,b)=\sqrt{(x_2-x_1)^2+(y_2-y_1)^2}.$$

这个函数显然具有以下三条**性质**(证明留给读者):

(1) 对于仿射平面上任意点 a,都有 $d(a,a)=0$;

(2) 对于仿射平面上任意两点 a,b,都有 $d(a,b)=d(b,a)$;

(3) 对于仿射平面上任意三点 a,b,c,都有 $d(a,b)+d(b,c)\geqslant d(a,c)$.

这三条性质正是一般距离所要具备的(称它们为**距离公理**),因此我们有理由把函数 $d(a,b)$ 定义为 a,b 两点之间的距离.

定义 3.2 定义仿射平面上 $a(x_1,y_1)$, $b(x_2,y_2)$ 两点之间的**距离**为

$$d(a,b)=\sqrt{(x_2-x_1)^2+(y_2-y_1)^2}. \tag{3.8}$$

例 1 求证:迷向直线上任意两相异的非无穷远点之间的距离等于零(这正是迷向直线又称为极小直线的原因).

证明 设 $a(x_1,y_1)$, $b(x_2,y_2)$ 是一迷向直线上的两个相异的非无穷远点,它们的连线

$$a\times b=(x_1,y_1,1)\times(x_2,y_2,1)=[y_1-y_2,x_2-x_1,x_1y_2-x_2y_1]$$

是迷向直线,所以圆点 $I(1,i,0)$, $J(1,-i,0)$ 必有其一在直线 $a\times b$ 上,即有

$$(a\times b)\cdot I=0 \quad \text{或} \quad (a\times b)\cdot J=0,$$

从而

$$1\cdot(y_1-y_2)\pm i(x_2-x_1)+0\cdot(x_1y_2-x_2y_1)=0,$$

即

$$y_2-y_1=\pm i(x_2-x_1), \quad \text{亦即} \quad (y_2-y_1)^2=-(x_2-x_1)^2.$$

所以有

$$d(a,b)=\sqrt{(x_2-x_1)^2+(y_2-y_1)^2}=0.$$

下面我们来证明运动变换保持两点之间的距离不变,即距离是度量不变量.

定理 3.3 运动变换保持两点之间的距离不变,即若两点 a,b 在运动变换下分别变为 a',b',则

$$d(a',b')=d(a,b).$$

证明 设运动变换为
$$\begin{cases} x' = x\cos\theta - y\sin\theta + k, \\ y' = x\sin\theta + y\cos\theta + h, \end{cases}$$
又设 $a = (x_1, y_1)$, $b = (x_2, y_2)$, $a' = (x_1', y_1')$, $b' = (x_2', y_2')$, 于是有
$$x_1' = x_1\cos\theta - y_1\sin\theta + k, \quad y_1' = x_1\sin\theta + y_1\cos\theta + h,$$
$$x_2' = x_2\cos\theta - y_2\sin\theta + k, \quad y_2' = x_2\sin\theta + y_2\cos\theta + h,$$
从而
$$(x_2' - x_1')^2 = [(x_2 - x_1)\cos\theta - (y_2 - y_1)\sin\theta]^2$$
$$= (x_2 - x_1)^2\cos^2\theta + (y_2 - y_1)^2\sin^2\theta - 2(x_2 - x_1)(y_2 - y_1)\sin\theta\cos\theta,$$
$$(y_2' - y_1')^2 = [(x_2 - x_1)\sin\theta - (y_2 - y_1)\cos\theta]^2$$
$$= (x_2 - x_1)^2\sin^2\theta + (y_2 - y_1)^2\cos^2\theta + 2(x_2 - x_1)(y_2 - y_1)\sin\theta\cos\theta.$$
上两式相加,得
$$(x_2' - x_1')^2 + (y_2' - y_1')^2 = (x_2 - x_1)^2 + (y_2 - y_1)^2,$$
故有
$$\sqrt{(x_2' - x_1')^2 + (y_2' - y_1')^2} = \sqrt{(x_2 - x_1)^2 + (y_2 - y_1)^2}, \quad 即 \quad d(a', b') = d(a, b).$$

定义 3.3 若两个平面图形 A 与 A' 的所有点之间有一一对应关系,且对应线段的长度相等,则称图形 A 与 A' **全等**,记为 $A \cong A'$.

显然,这个定义与平面几何中关于两图形全等的定义是一致的. 由定理 3.3 立即可以得到下面的推论:

推论 运动变换把平面图形变成与之全等的图形,即全等性是度量不变性质.

下面讨论两直线的夹角. 我们定义两直线夹角如下:

定义 3.4 两直线
$$\xi: \xi_1 x + \xi_2 y + \xi_3 = 0 \quad (\xi_1, \xi_2 \text{ 不同时为零}),$$
$$\eta: \eta_1 x + \eta_2 y + \eta_3 = 0 \quad (\eta_1, \eta_2 \text{ 不同时为零})$$
的**夹角** $\angle(\xi, \eta)$ 定义为
$$\angle(\xi, \eta) = \arccos\frac{\xi_1\eta_1 + \xi_2\eta_2}{\sqrt{\xi_1^2 + \xi_2^2} \cdot \sqrt{\eta_1^2 + \eta_2^2}}. \tag{3.9}$$

例 2 求证:迷向直线与任意直线的夹角是不定的(这就是"迷向"一词的来历).

证明 因为任一个非无穷远点 $a(a_1, a_2, 1)$ 与一个圆点的连线都是迷向直线,而
$$a \times I = (a_1, a_2, 1) \times (1, i, 0) = [-i, 1, ia_1 - a_2],$$
$$a \times J = (a_1, a_2, 1) \times (1, -i, 0) = [i, 1, -ia_1 - a_2],$$
所以过圆点 I 的任一条迷向直线的方程为

第四章 射影观点下的仿射几何与欧氏几何

$$g_1: -\mathrm{i}x + y + l = 0,$$

过圆点 J 的任一条迷向直线的方程为

$$g_2: \mathrm{i}x + y + m = 0,$$

对于 g_1, g_2,都有

$$\sqrt{(\pm \mathrm{i})^2 + 1^2} = 0,$$

从而夹角定义中的函数 $\dfrac{\xi_1 \eta_1 + \xi_2 \eta_2}{\sqrt{\xi_1^2 + \xi_2^2} \cdot \sqrt{\eta_1^2 + \eta_2^2}}$ 的分母恒为零,因此迷向直线与任意其他直线的夹角都是不定的.

下面我们证明两直线的夹角在运动变换下保持不变,即夹角是度量不变量.

定理 3.4 运动变换保持两直线的夹角不变,即:若两直线 ξ, η 在运动变换下分别变为 ξ', η',则

$$\angle(\xi', \eta') = \angle(\xi, \eta).$$

证明 设运动变换为

$$m: \begin{cases} x' = x\cos\theta - y\sin\theta + k, \\ y' = x\sin\theta + y\cos\theta + h. \end{cases}$$

解出 x, y,得

$$x = x'\cos\theta + y'\sin\theta - k\cos\theta - h\sin\theta,$$
$$y = -x'\sin\theta + y'\cos\theta + k\sin\theta - h\cos\theta.$$

将其代入两直线 ξ, η 的方程

$$\xi: \xi_1 x + \xi_2 y + \xi_3 = 0 \quad (\xi_1, \xi_2 \text{ 不同时为零}),$$
$$\eta: \eta_1 x + \eta_2 y + \eta_3 = 0 \quad (\eta_1, \eta_2 \text{ 不同时为零}),$$

得到直线 ξ', η' 的方程分别为

$$\xi': (\xi_1 \cos\theta - \xi_2 \sin\theta)x' + (\xi_1 \sin\theta + \xi_2 \cos\theta)y'$$
$$- (\xi_1 \cos\theta - \xi_2 \sin\theta)k - (\xi_1 \sin\theta + \xi_2 \cos\theta)h + \xi_3 = 0,$$
$$\eta': (\eta_1 \cos\theta - \eta_2 \sin\theta)x' + (\eta_1 \sin\theta + \eta_2 \cos\theta)y'$$
$$- (\eta_1 \cos\theta - \eta_2 \sin\theta)k - (\eta_1 \sin\theta + \eta_2 \cos\theta)h + \eta_3 = 0.$$

令

$$\xi_1' = \xi_1 \cos\theta - \xi_2 \sin\theta, \quad \xi_2' = \xi_1 \sin\theta + \xi_2 \cos\theta, \quad \xi_3' = -\xi_1' k - \xi_2' h + \xi_3,$$
$$\eta_1' = \eta_1 \cos\theta - \eta_2 \sin\theta, \quad \eta_2' = \eta_1 \sin\theta + \eta_2 \cos\theta, \quad \eta_3' = -\eta_1' k - \eta_2' h + \eta_3,$$

则直线 ξ, η 在运动变换 m 之下分别变成了

$$\xi': \xi_1' x' + \xi_2' y + \xi_3' = 0, \quad \eta': \eta_1' x + \eta_2' y + \eta_3' = 0.$$

这里 ξ_1', ξ_2' 不同时为零,否则,由

$$\begin{cases} \xi_1\cos\theta - \xi_2\sin\theta = 0, \\ \xi_1\sin\theta + \xi_2\cos\theta = 0 \end{cases}$$

得到 $\xi_1 = \xi_2 = 0$，与假设它们不同时为零矛盾. 同理，η_1', η_2' 也不同时为零.

容易证明
$$\xi_1'\eta_1' + \xi_2'\eta_2' = \xi_1\eta_1 + \xi_2\eta_2, \quad {\xi_1'}^2 + {\xi_2'}^2 = \xi_1^2 + \xi_2^2, \quad {\eta_1'}^2 + {\eta_2'}^2 = \eta_1^2 + \eta_2^2,$$

因此
$$\frac{\xi_1'\eta_1' + \xi_2'\eta_2'}{\sqrt{{\xi_1'}^2 + {\xi_2'}^2} \cdot \sqrt{{\eta_1'}^2 + {\eta_2'}^2}} = \frac{\xi_1\eta_1 + \xi_2\eta_2}{\sqrt{\xi_1^2 + \xi_2^2} \cdot \sqrt{\eta_1^2 + \eta_2^2}},$$

即
$$\angle(\xi', \eta') = \angle(\xi, \eta).$$

可以证明，我们以上定义的两点之间的距离（即线段的长度）、两图形的全等以及两直线的夹角在射影变换和仿射变换下都不是保持不变的. 因此，凡是与距离（长度）、夹角以及全等性有关的内容都是欧氏几何的内容，而不属于仿射几何和射影几何.

注意：我们上面关于距离和夹角的定义与解析几何中的定义是一致的. 在仿射平面上定义了距离、夹角和全等性这样一些度量概念之后，这个仿射平面就成了欧氏平面. 把欧氏平面上图形关于运动变换的不变量和不变性质作为研究对象的几何就是平面欧氏几何，也称为平面度量几何. 我们熟悉的平面初等几何就是平面欧氏几何.

从上面的讨论可以看出，所谓的运动变换就是我们现实生活中的搬动（或称移动），用物理学的语言说就是刚体运动，它在几何学上的表达式就是我们所说的运动变换式. 因此，正如本书开头所说的那样，所谓欧氏几何就是研究图形那些不因"搬动"而改变的性质和量（如长度、角度、面积等）的学科. 换句话说，欧氏几何就是研究那些与图形的特定位置无关的性质和量的学科. 用这里的语言说，欧氏几何就是研究图形的度量性质和度量不变量的学科（参阅§4.5）.

三、笛卡儿直角坐标系

下面我们说明，在定义了距离和角度的仿射平面——欧氏平面上，原来的仿射坐标系将变成我们在解析几何里熟知的笛卡儿直角坐标系.

首先回顾一下仿射坐标系的相关内容. 在那里，原点 O 的坐标是 $(0,0)$，单位点 e 的坐标是 $(1,1)$. 若任一点 P 的坐标为 (x,y)，过点 e 和 P 分别作 Oy 轴和 Ox 轴的平行线交 Ox 轴于点 e^2, P^2，交 Oy 轴于点 e^1, P^1，则点 e^1 的坐标是 $(0,1)$，点 e^2 的坐标是 $(1,0)$，点 P^1 的坐标是 $(0,y)$，点 P^2 的坐标是 $(x,0)$（图 4-13）.

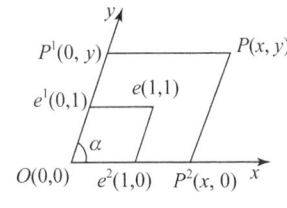

图 4-13

根据上面定义的两点之间的距离公式(3.8)和两直线的夹角公式(3.9)，我们有

第四章 射影观点下的仿射几何与欧氏几何

$$d(0,e^2) = \sqrt{(1-0)^2+(0-0)^2} = 1, \quad d(0,e^1) = \sqrt{(0-0)^2+(0-1)^2} = 1,$$
$$d(0,P^2) = \sqrt{(x-0)^2+(0-0)^2} = |x|, \quad d(0,P^1) = \sqrt{(0-0)^2+(0-y)^2} = |y|.$$

又因为 Ox 轴 $\sim \delta_2 : y=0$，即 $\xi_1=0, \xi_2=1$，而 Oy 轴 $\sim \delta_1 : x=0$，即 $\eta_1=1, \eta_2=0$，若设两坐标轴夹角为 α，则

$$\cos\alpha = \frac{0 \times 1 + 1 \times 0}{\sqrt{0^2+1} \cdot \sqrt{1^2+0^2}} = 0.$$

所以两坐标轴的夹角为 $\pi/2$。

综合上面的讨论，在欧氏平面上图 4-13 所示的坐标系具有如下**性质**：

(1) 两坐标轴上的测度单位相等，且都等于 1；

(2) 两坐标轴夹角为直角。

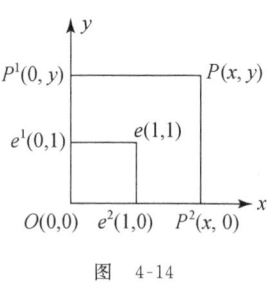

图 4-14

这两条性质正是笛卡儿直角坐标系的特征。因此，在欧氏平面上，图 4-13 所示的仿射坐标系变成了图 4-14 所示的笛卡儿直角坐标系。欧氏平面上任意一点 P 在这个坐标系下的坐标 (x,y) 称为 P 点的**笛卡儿直角坐标**（简称**直角坐标**）。

以下凡是讨论欧氏几何的问题，我们都在笛卡儿直角坐标系下进行，不再另行声明。但因为笛卡儿直角坐标系是仿射坐标系的特例，运动变换是仿射变换的特例，所以在仿射坐标系下得到的结论在笛卡儿直角坐标系下仍然成立。

四、拉格儿公式

下面我们根据前面所学的知识，推导一个十分重要的公式——拉格儿(Laguerre)公式。

定理 3.5 设两条非迷向直线 ξ_1, ξ_2 的夹角为 θ，过直线 ξ_1 与 ξ_2 交点的两条迷向直线分别为 g_I（过点 $I=(1,i,0)$）和 g_J（过点 $J=(1,-i,0)$），且交比 $R(\xi_1, \xi_2; g_J, g_I) = \mu$，则有

$$\theta = \frac{1}{2i}\ln\mu. \tag{3.10}$$

这个公式称为**拉格儿公式**。

证明 不失一般性，我们取直线 ξ_1 与 ξ_2 的交点为坐标系原点，ξ_1 为 Ox 轴建立笛卡儿直角坐标系（图 4-15），则直线 ξ_1 的方程为

$$y = 0. \tag{3.11}$$

又设直线 ξ_2 的斜率为 k，则 ξ_2 的方程为

$$y = kx, \quad 即 \quad kx - y = 0. \tag{3.12}$$

于是，由我们定义的夹角公式，容易算出与解析几何一致的结果：

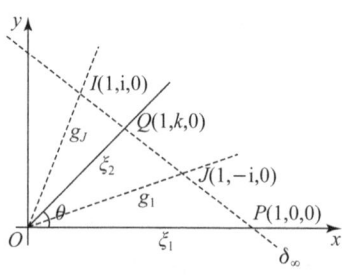

图 4-15

$$k = \tan\theta. \tag{3.13}$$

显然,直线 ξ_1, ξ_2, g_I, g_J 与直线 $\delta_\infty = [0,0,1]$ 的交点坐标分别为 $P(1,0,0), Q(1,k,0), I(1,\mathrm{i},0), J(1,-\mathrm{i},0)$,则

$$P = \frac{1}{2}J + \frac{1}{2}I, \quad Q = \frac{1}{2}(1+\mathrm{i}k)J + \frac{1}{2}(1-\mathrm{i}k)I.$$

由交比的定义有

$$R(J,I;P,Q) = \frac{\frac{1}{2} \cdot \frac{1}{2}(1+\mathrm{i}k)}{\frac{1}{2} \cdot \frac{1}{2}(1-\mathrm{i}k)} = \frac{1+\mathrm{i}k}{1-\mathrm{i}k}.$$

所以,有

$$\mu = R(\xi_1, \xi_2; g_J, g_I) = R(P,Q;J,I) = R(J,I;P,Q)$$
$$= \frac{1+k\mathrm{i}}{1-k\mathrm{i}} = \frac{1+\mathrm{i}\tan\theta}{1-\mathrm{i}\tan\theta} = \frac{\cos\theta + \mathrm{i}\sin\theta}{\cos\theta - \mathrm{i}\sin\theta} = \frac{\mathrm{e}^{\mathrm{i}\theta}}{\mathrm{e}^{-\mathrm{i}\theta}} = \mathrm{e}^{2\mathrm{i}\theta}.$$

上式两端取自然对数(取对数函数的主值),得

$$\theta = \frac{1}{2\mathrm{i}}\ln\mu.$$

推论 两条非迷向直线互相垂直的充分必要条件是这两条直线与过其交点的两条迷向直线调和共轭,即两条非迷向直线互相垂直的充分必要条件是这两条直线上的无穷远点与两圆点调和共轭.

证明 充分性 若两条非迷向直线 ξ_1, ξ_2 与过其交点的迷向直线 g_I, g_J 调和共轭,则

$$\mu = R(\xi_1, \xi_2; g_J, g_I) = -1.$$

由拉格儿公式知,直线 ξ_1 与 ξ_2 的夹角为

$$\theta = \frac{1}{2\mathrm{i}}\ln\mu = \frac{1}{2\mathrm{i}}\ln(-1) = \frac{1}{2\mathrm{i}} \cdot \mathrm{i}\pi = \frac{\pi}{2}.$$

即 $\xi_1 \perp \xi_2$.

必要性 若两条非迷向直线 ξ_1, ξ_2 互相垂直,将其夹角 $\theta = \frac{\pi}{2}$ 代入拉格儿公式,得

$$\ln\mu = \mathrm{i}\pi, \quad 从而 \quad R(\xi_1, \xi_2; g_J, g_I) = \mu = \mathrm{e}^{\mathrm{i}\pi} = -1,$$

则 ξ_1, ξ_2 与 g_J, g_I 调和共轭.

拉格儿公式十分重要,它及其推论分别以交比与调和比这两个射影概念表达了夹角与垂直两个度量概念,形成了夹角与垂直概念的射影解释,从而把欧氏几何与射影几何联系起来了.

例 3 应用拉格儿公式,求过原点的两直线

$$ax^2 + 2hxy + by^2 = 0 \tag{3.14}$$

的夹角.

解 设 (3.14) 式表示的两条直线分别为 ξ_1, ξ_2，其斜率分别为 k_1, k_2，则其方程分别为
$$\xi_1: y = k_1 x, \quad \xi_2: y = k_2 x. \tag{3.15}$$
它们与绝对直线 δ_∞ 的交点分别为 $P(1, k_1, 0), Q(1, k_2, 0)$. 过原点的两条迷向直线 g_I, g_J 分别交绝对直线 δ_∞ 于圆点 $I(1, i, 0), J(1, -i, 0)$. 于是
$$\mu = R(\xi_1, \xi_2; g_J, g_I) = R(P, Q; J, I) = R(J, I; P, Q),$$
而
$$P = \frac{1}{2}(1 + k_1 i)J + \frac{1}{2}(1 - k_1 i)I, \quad Q = \frac{1}{2}(1 + k_2 i)J + \frac{1}{2}(1 - k_2 i)I,$$
从而
$$\mu = R(J, I; P, Q) = \frac{(1-k_1 i)(1+k_2 i)}{(1+k_1 i)(1-k_2 i)} = \frac{k_1 k_2 + 1 + i(k_2 - k_1)}{k_1 k_2 + 1 - i(k_2 - k_1)}. \tag{3.16}$$
由此有
$$i \frac{\mu - 1}{\mu + 1} = \frac{k_2 - k_1}{k_1 k_2 + 1} = \pm \frac{\sqrt{(k_1 + k_2)^2 - 4 k_1 k_2}}{k_1 k_2 + 1}. \tag{3.17}$$
因为所给方程：$ax^2 + 2hxy + by^2 = 0$ 分解为过原点的两直线 $\xi_1: y = k_1 x, \xi_2: y = k_2 x$，因此有
$$\lambda(ax^2 + 2hxy + by^2) = (k_1 x - y) \cdot (k_2 x - y)$$
$$= k_1 k_2 x^2 - (k_1 + k_2)xy + y^2,$$
从而
$$k_1 k_2 = \frac{a}{b}, \quad k_1 + k_2 = -\frac{2}{b}h.$$
代入 (3.17) 式，得
$$i \frac{\mu - 1}{\mu + 1} = \pm \frac{2\sqrt{h^2 - ab}}{a + b}. \tag{3.18}$$
设 $\angle(\xi_1, \xi_2) = \theta$，由拉格儿公式 $\theta = \frac{1}{2} \ln \mu$，则 $\ln \mu = 2i\theta, \mu = e^{2i\theta}$. 因此
$$i \frac{\mu - 1}{\mu + 1} = i \frac{e^{2i\theta} - 1}{e^{2i\theta} + 1} = -\tan \theta. \tag{3.19}$$
由 (3.18),(3.19) 两式可得出,过原点的两直线 $ax^2 + 2hxy + by^2 = 0$ 的夹角 θ 应满足：
$$\tan \theta = \pm \frac{2\sqrt{h^2 - ab}}{a + b}. \tag{3.20}$$
由 (3.20) 式还可得出,过原点的两直线 $ax^2 + 2hxy + by^2 = 0$ 互相垂直的条件为
$$a + b = 0.$$

习 题 4.3

1. 证明：任一实直线上必有无穷多个虚点，任一虚直线上有且仅有一个实点；任一个实点必有无穷多条虚直线通过，任一虚点有且仅有一条实直线通过．
2. 利用运动变换的表达式证明：运动变换把圆点变为圆点，把迷向直线变为迷向直线．
3. 证明：欧氏平面上具有同一个中心的所有旋转的全体构成一个群．
4. 在直线 $x+y+2=0$ 上，求与原点距离为零的点．
5. 试求过原点的两直线 $ax^2+2hxy+by^2=0$ 所夹角的平分线方程（参考例 3）．

§4.4 二次曲线的度量理论

本节我们将用射影的观点来讨论二次曲线的主轴、顶点、焦点和准线等度量概念．我们将在复（欧氏）平面上讨论，从而就可以讨论椭圆（或圆）的渐近线问题．

一、圆的一些性质

由于运动变换保持圆点 $I(1,i,0)$ 和 $J(1,-i,0)$ 不变，因此二次曲线的一些度量性质是以圆点为基础进行讨论的．而圆点与圆有密切的关系，所以我们首先以圆点为基础讨论圆的一些性质．

定理 4.1 一条椭圆型二次曲线是圆（实圆、虚圆或点圆）的充分必要条件是它过两个圆点 I,J（这正是"圆点"一词的来历）．

证明 设椭圆型二次曲线的方程为
$$a_{11}x^2 + 2a_{12}xy + a_{22}y^2 + 2a_{13}x + 2a_{23}y + a_{33} = 0, \tag{4.1}$$

其中 $\Delta = \begin{vmatrix} a_{11} & a_{12} \\ a_{12} & a_{22} \end{vmatrix} > 0$．若使用射影坐标，方程 (4.1) 变为

$$a_{11}x_1^2 + a_{22}x_2^2 + a_{33}x_3^2 + 2a_{12}x_1x_2 + 2a_{13}x_1x_3 + 2a_{23}x_2x_3 = 0. \tag{4.2}$$

充分性 若椭圆型二次曲线 (4.1) 过圆点 $I(1,i,0)$ 和 $J(1,-i,0)$，将其坐标代入方程 (4.2)，有

$$a_{11} - a_{22} + a_{12}i = 0, \tag{4.3}$$

$$a_{11} - a_{22} - a_{12}i = 0. \tag{4.4}$$

(4.3) 式减去 (4.4) 式得 $a_{12}=0$；(4.3) 式加上 (4.4) 式得 $a_{11}=a_{12}$．又有 $\Delta = \begin{vmatrix} a_{11} & 0 \\ 0 & a_{11} \end{vmatrix} = a_{11}^2$．将以上结果代入方程 (4.1)，得

$$a_{11}(x^2+y^2) + 2a_{13}x + 2a_{23}y + a_{33} = 0 \quad (a_{11} \neq 0). \tag{4.5}$$

这正是圆的方程.

必要性 若方程(4.1)表示圆,则方程(4.1)必可写成方程(4.5)的形式. 显然,圆点 $I(1,i,0)$ 与 $J(1,-i,0)$ 都满足方程(4.5),故圆过圆点 I,J.

由这个定理可以看出,所谓圆点就是平面上所有圆的公共点. 因此我们也把圆定义为经过圆点 I 和 J 的二次曲线. 由于平面上(无三点共线的)五个点确定唯一一条二次曲线,因此我们有如下的推论:

推论 平面上不共线的三点确定唯一一个圆.

这与我们熟知的结论是一致的.

定理 4.2 圆的任意一对共轭直径是互相垂直的.

证明 因为圆与绝对直线 δ_∞ 的交点是两圆点 I,J,因此过圆的中心的两条迷向直线是圆的两条渐近线. 由 §4.2 中的定理 2.6 知,圆的任意两条共轭直径与过圆的中心的两条迷向直线(渐近线)调和共轭. 再由 §4.3 中定理 3.5 的推论知,圆的任意两条共轭直径是互相垂直的.

定理 4.3 一圆中同弧上的圆周角相等.

证明 如图 4-16 所示,设 $\widehat{AB}$ 上的两个圆周角为 $\angle APB, \angle AP'B$,则点 I,J,A,B,P,P' 在同一圆周上. 于是,由 Steiner 定理有

$$P(P \times A, P \times B, P \times J, P \times I) \barwedge P(P' \times A, P' \times B, P' \times J, P' \times I),$$

从而

$$\mu \triangleq R(P \times A, P \times B; P \times J, P \times I)$$
$$= R(P' \times A, P' \times B; P' \times J, P' \times I) \triangleq \mu'.$$

由拉格儿公式有

$$\angle APB = \frac{1}{2i}\ln\mu = \frac{1}{2i}\ln\mu' = \angle AP'B.$$

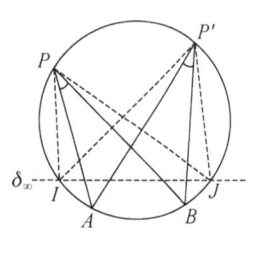

图 4-16

以上几个关于圆的性质定理虽然都是我们熟悉的,但是我们这里都是使用射影几何的观点来证明的. 下面我们也用同样的观点来讨论二次曲线的主轴、顶点、焦点以及准线这些我们所熟悉的度量概念. 从这里我们可以体会到学习射影几何对于理解初等几何和解析几何的指导意义.

二、二次曲线的主轴和顶点

定义 4.1 二次曲线的一条直径如果平分一组与它垂直的弦,则此直线叫做二次曲线的**主轴**,主轴与二次曲线的交点叫做二次曲线的**顶点**.

因为二次曲线的直径平分与它的共轭直径平行的弦,因此由定义 4.1 立刻可以得到下面的定理:

§4.4 二次曲线的度量理论

定理 4.4 如果二次曲线的一对共轭直径互相垂直,那么它们都是二次曲线的主轴,并且二次曲线的主轴是二次曲线的对称轴.

推论 圆的每一条直径都是主轴,从而圆周上的每一点都是顶点.

由此可见,圆的每一条直径都是圆的对称轴.直观上这是明显的.

对于除圆以外的有心二次曲线可以有许多对共轭直径,但是互相垂直的共轭直径却只有一对,即有下面的定理:

定理 4.5 除圆以外的有心二次曲线只有一对主轴,它们是两条渐近线所成角的平分线,并且顶点个数为 4.

证明 容易证明,有心二次曲线的直径与共轭直径的对应是对合对应(见习题 4.2 第 5 题),且两条渐近线(实或虚)为此对应的二重直线.

假设除圆以外的有心二次曲线有两对直径既共轭又垂直(即有两对主轴),那么所有的共轭直径对全是互相垂直的(因为两对对应元素确定唯一的对合变换). 由 §4.3 中定理 3.5 的推论知,这时两条迷向直线 $O \times I, O \times J$ (O 是二次曲线的中心)是这个(双曲型)对合变换的二重直线(即不动直线),因此 $O \times I, O \times J$ 是有心二次曲线的渐近线. 由此知有心二次曲线过圆点 I, J,那么它必是一个圆(定理 4.1). 这与前提矛盾.

下证有心二次曲线的一对主轴平分两渐近线所成的角. 设 O 是有心二次曲线的中心,$O \times m, O \times n$ 是两条渐近线. 作两渐近线的内角和外角的角平分线 $O \times a, O \times b$,则 $O \times a \perp O \times b$. 下证直线 $O \times a$, $O \times b$ 共轭. 若用平行于 $O \times b$ 的直线截 $O \times a, O \times b, O \times m, O \times n$,其交点分别为 a, b, m, n(图 4-17),则 b 是无穷远点,且 a 是线段 $\overline{mn}$ 的中点. 于是,由 §4.1 中的定理 1.3 有

$$R(Oa, Ob; Om, On) = -1.$$

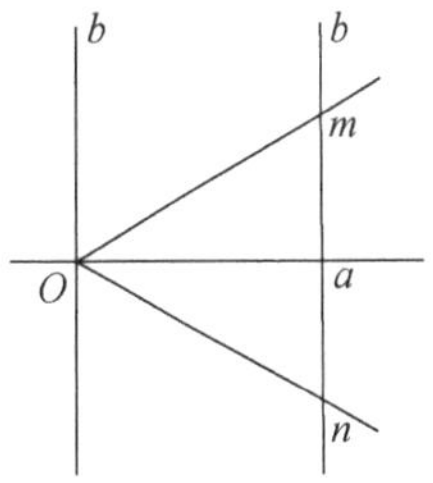

故 $O \times m, O \times n$ 调和分隔 $O \times a, O \times b$,从而由 §4.2 中的定理 2.6 知 $O \times a, O \times b$ 为共轭直径,即 $O \times a, O \times b$ 是一对主轴,且是两渐近线所成的角分线. 由于只有一对主轴,故有 4 个顶点.

图 4-17

定理 4.6 抛物线有唯一的主轴和唯一的顶点,并且主轴是抛物线上无穷远点关于两个圆点的调和共轭点的极线.

证明 由于抛物线的所有直径互相平行(§4.2 中的结论 1),因此垂直于所有直径的弦只有一组,平分这组弦的直径也只能有一条,从而抛物线有唯一一条主轴. 由于抛物线的中心是无穷远点 O_∞,它是绝对直线 δ_∞ 与抛物线的切点,因此抛物线的唯一主轴交抛物线的两点中有一点是无穷远点 O_∞,而无穷远点 O_∞ 不在仿射平面上,因而也不是欧氏平面上的点,故抛物线只能有唯一一个顶点.

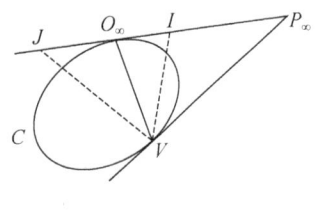

图 4-18

如图 4-18 所示,设 V 是抛物线 C 的唯一顶点,则 $V \times O_\infty$ 是抛物线 C 的唯一主轴. 于是过顶点 V 的切线 $V \times P_\infty$(P_∞ 是切线上的无穷远点)必然与主轴 $V \times O_\infty$ 垂直(切线是弦的极限位置). 因此,由 §4.3 中定理 3.5 的推论知,O_∞, P_∞ 与两圆点调和共轭,即 P_∞ 是抛物线上的无穷远点 O_∞ 关于两圆点 I, J 的调和共轭点,而且点 P_∞ 的极线就是主轴 $V \times O_\infty$(§3.2 中的定理 2.7).

三、二次曲线的焦点和准线

定义 4.2 过圆点 I, J 分别引二次曲线的切线,切线的交点(无穷远点除外)称为二次曲线的**焦点**,焦点的极线称为二次曲线的**准线**.

定理 4.7 圆只有一个焦点,即圆的中心,圆的准线是绝对直线 δ_∞.

证明 因为圆与绝对直线 δ_∞ 交于圆点 I, J,过圆点 I, J 作圆的切线就是圆的两条渐近线(迷向直线),这两条渐近线的交点是圆的中心,所以圆只有一个焦点,即圆的中心. 由于二次曲线中心的极线就是绝对直线 δ_∞,因此圆的准线就是绝对直线 δ_∞.

定理 4.8 抛物线只有一个焦点,一条准线.

证明 因为绝对直线 δ_∞ 是抛物线的一条切线(且过 I, J 两圆点),所以过绝对直线 δ_∞ 上的点 I 的切线除了绝对直线 δ_∞ 外还有另一条 ξ,过 δ_∞ 上的点 J 的切线除了 δ_∞ 外还有另一条 η,过圆点 I 或 J 的这三条切线的非无穷远点的交点只有一个:$\xi \times \eta$. 因此抛物线只有一个焦点,从而它的极线——抛物线的准线也只有一条.

定理 4.9 除圆以外的有心二次曲线有四个焦点(两个实的,两个虚的),相应地有四条准线(两条实的,两条虚的).

证明 过圆点 I 的两条切线与过圆点 J 的两条切线都有交点(非无穷远点),共有四个交点,故有四个焦点,相应地有四条准线.

对于四个焦点中恰好有两个实的,两个虚的,在此不打算证明了. 不过这四个焦点中不可能有多于两个是实的,这一事实是容易证明的. 这是因为四个焦点必落在过圆点 I 的两条切线(虚直线)上,且每一条切线上各有两个,而在任一条切线上的两个焦点不可能都是实的,否则的话,这条切线将是实直线(因为两个实点的连线必为实直线),与过圆点 I 的切线是虚直线矛盾. 所以过圆点 I 的每一条切线上至少有一个虚焦点,因而四个焦点中至少有两个是虚的,即实焦点不能多于两个.

把我们这里关于焦点和准线的定义用于二次曲线的方程,容易验证,它们与解析几何中关于焦点和准线的定义是一致的(见习题 4.4 第 1 题).

关于二次曲线的度量性质我们就讨论到这里,至于二次曲线的度量分类与标准方程,与解析几何中的讨论是一致的,即把二次曲线的主轴取作笛卡儿直角坐标系的坐标轴,原点取在中心(有心二次曲线)或顶点(无心二次曲线),便可把二次曲线方程化成标准方程,从而把二次曲线进行了度量分类. 对此在这里不再重述.

四、解析几何中的应用举例

例 1　求证:二次曲线的任意一条切线与两条定切线的交点在焦点处张成定角.

证明　如图 4-19 所示,设二次曲线 C 的任意一条切线为 m,两条定切线为 l_1, l_2,过圆点 J, I 的切线分别为 l_3, l_4,则 $l_3 \times l_4 = F$ 是二次曲线 C 的焦点. 设切线 l_1, l_2, l_3, l_4 分别交切线 m 于点 P, Q, A, B,则这四点是定点. 又设直线 $F \times P, F \times Q$ 分别交绝对直线 δ_∞ 于点 P_∞, Q_∞,那么 $\delta_\infty (P_\infty, Q_\infty, J, I) \overset{F}{\barwedge} m(P, Q, A, B)$,从而

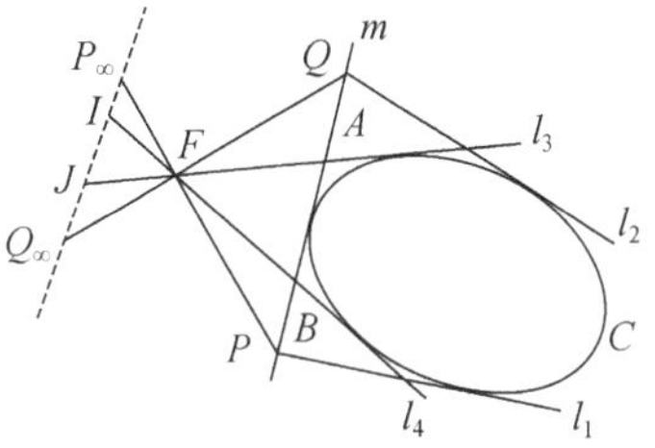

$$\mu = R(F \times P_\infty, F \times Q_\infty; F \times J, F \times I)$$
$$= R(P_\infty, Q_\infty; J, I) = R(P, Q; A, B) = 定值.$$

图 4-19

由拉格儿公式有

$$\angle PFQ = \angle P_\infty F Q_\infty = \frac{1}{2\mathrm{i}} \ln \mu = 定角.$$

例 2　求证:外切于一抛物线的三角形,它的外接圆过该抛物线的焦点.

证明　设 $\triangle ABD$ 外切于抛物线 C,又绝对直线 δ_∞ 与抛物线 C 相切,从绝对直线 δ_∞ 上的两圆点 I, J 引抛物线 C 的切线,其交点 F(非无穷远点)是抛物线 C 的焦点,则 $\triangle IJF$ 也是抛物线 C 的外切三角形. 于是 $\triangle ABD$ 与 $\triangle IJF$ 同时外切于一条二次曲线 C,则它们的顶点 A, B, D, I, J, F 同时在另一条二次曲线上(§3.4 中例 2 的对偶命题). 由于这条二次曲线过圆点 I, J,故它必是一个圆,这个圆是外切于抛物线 C 的 $\triangle ABD$ 的外接圆,且过抛物线 C 的焦点 F.

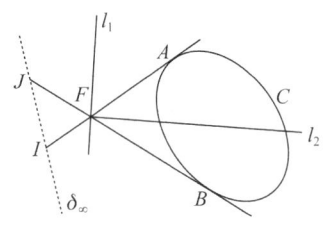

图 4-20

例 3　求证:过二次曲线焦点的两条共轭直线互相垂直.

证明　如图 4-20 所示,设 l_1, l_2 是过二次曲线 C 的焦点 F 的两条共轭直线,过焦点 F 作二次曲线 C 的两条切线 $F \times A$, $F \times B$,则由§3.2 中定理 2.5 的对偶定理知,l_1, l_2 与 $F \times A$, $F \times B$ 调和共轭. $F \times A, F \times B$ 是过焦点的两条切线,根据焦点的定义知 $F \times A, F \times B$ 分别过圆点 I, J,因此它们是迷向直线. 由§4.3 中定理 3.5 的推论知, l_1 与 l_2 必互相垂直.

习 题 4.4

1. 用抛物线 $y^2 = 2px$ 验证本节给出的关于主轴、顶点、焦点和准线的定义与解析几何中给出的相应定义是一致的.

2. 求下列二次曲线的主轴、顶点、焦点和准线：
 (1) $2x^2 + 4xy + 2y^2 - 4x + 1 = 0$（抛物线）;
 (2) $7x^2 + 6xy - y^2 - 16 = 0$（双曲线）.

3. 证明：有公共渐近线的若干圆是同心圆.

4. 若有心二次曲线 $\sum_{i,k=1}^{3} a_{ik} x_i x_k = 0$ ($a_{ik} = a_{ki}$) 有一个焦点为原点，证明：它的另一个焦点坐标为 $\left(\dfrac{2A_{13}}{A_{33}}, \dfrac{2A_{23}}{A_{33}}\right)$（其中 A_{ik} 是 $|a_{ik}|$ 中元素 a_{ik} 的代数余子式）.

5. 设 T 是二次曲线一条弦 $P \times Q$ 的极点，F 是二次曲线的一个焦点，弦 $P \times Q$ 与焦点 F 相应的准线交于点 R，证明：$F \times T, F \times R$ 是 $\angle PFQ$ 的平分线. 当弦 $P \times Q$ 过焦点 F 时有什么结论？

§4.5 变换群与几何学

本节我们简要介绍德国数学家克莱因用变换群给几何学分类的观点，然后用克莱因的观点对射影、仿射、欧氏三种几何作一个综合的比较.

一、克莱因的变换群观点

我们知道，用公理法可以建立各种几何，这可以说是用静态的观点来研究几何学. 下面我们讨论变换群所对应的几何学问题，这可以说是用动态的观点来研究几何学.

我们先从欧氏几何谈起. 我们知道，欧氏几何是研究图形的那些因"搬动"而不改变的性质的，或者说是研究与图形特定位置无关的性质的. 换句话说，欧氏几何所研究的图形 F 的性质是指在不同地点与 F 全等的一切图形所共同具有的性质. 这就是说，欧氏几何中全等的图形本质上并无区别. 现在我们用另一观点来说明这一事实.

由于欧氏平面上全体运动变换构成群，所以运动变换具有下列三个**性质**：

(1) 恒等变换是运动变换；
(2) 运动变换的逆变换仍是运动变换；
(3) 两个运动变换之积仍是运动变换.

由于运动变换保持平面图形的全等性（即一个平面图形经过运动变换变为另一个与它

全等的平面图形），因此我们可以利用运动变换使在不同地点的同一平面图形全等. 这样由运动变换的上面三个性质可以推出全等具有如下三个性质：

(1) 反身性：图形 F 与其本身全等，即 $F \cong F$；

(2) 对称性：若图形 F 全等于图形 F'，则图形 F' 也全等于图形 F，即 $F \cong F' \Longrightarrow F' \cong F$；

(3) 传递性：若图形 F 全等于图形 F'，图形 F' 全等于图形 F''，则图形 F 全等于图形 F''，即
$$F \cong F', F' \cong F'' \Longrightarrow F \cong F''.$$

因此平面图形的全等关系是一种等价关系. 利用等价关系可以把一个集合中的元素分类，将互相等价的元素归为一类，这样就可以把一个集合划分成若干个等价类，使之属于同一等价类中的元素彼此等价. 由于平面图形的全等是等价关系，因此我们可以用全等把平面上所有的图形分类，凡是互相全等的图形属于同一等价类，不全等的图形属于不同的等价类. 欧氏几何既然是研究不同地点互相全等的图形所共有的性质的，而同一类中一切图形所共有的性质必然是运动变换群下的不变性质，因此关于运动变换群下不变性质所构成的命题系统就是欧氏几何.

现在将上面的讨论加以推广. 设给出任意的元素集合 S 和它的一个变换群 G. 对于 S 中的两个子集 A 和 B，如果在群 G 中有一个变换将 A 变成 B，则称 A 与 B **等价**. 可以证明这样规定的等价概念具有以下性质：

(1) 任何子集 A 必与本身等价；

(2) 若子集 A 与子集 B 等价，则子集 B 也与子集 A 等价；

(3) 若子集 A 与子集 B 等价，子集 B 与子集 C 等价，则子集 A 也与子集 C 等价.

由此可见，上面规定的集合 S 上的等价概念是一个等价关系，因此它可以决定集合 S 的一个分类方法，即把集合 S 分成若干子集，使得其每一个元素属于且只属于一个子集.

我们可以把集合 S 的分类方法看做集合 S 的一种结构，并把集合 S 叫做空间，它的元素叫做点，它的子集叫做图形. 于是，关于这种变换群 G 的不变性质，可作为同一等价类里一切图形所共有的几何性质. 因此，我们可以用变换群的观点来研究相应的几何学. 我们把这种思想概括如下：

设给定一个集合及此集合的元素之间的一个变换群，我们把这集合称为**空间**，其元素称为**点**，其子集称为**图形**；空间内图形对于此变换群的不变性质的命题系统称为这个空间上的**几何学**，而空间的维数称为几何学的维数，且称此变换群为几何学的**基本群**. 有一个变换群就相应地有一种研究在这个群作用之下不变性质理论的几何学.

如果集合 S 的一个变换群 G_a 及其一个子群 G_b 所对应的几何学分别以 A, B 表示，则由于 $G_b \subset G_a$，因此对于变换群 G_a 不变的性质必然对 G_b 也不变. 所以，几何学 A 中的一个定理一定是几何学 B 中的一个定理；反过来，几何学 B 中的定理未必是几何学 A 中的定理. 我们称几何学 B 为几何学 A 的一个**子几何**. 显然子几何比原几何具有更丰富的内容.

第四章　射影观点下的仿射几何与欧氏几何

像这样把几何学与变换群联系起来而给予几何学一种新的统一定义的思想是克莱因于 1872 年在德国艾尔兰根(Erlangen)大学所作题为"近世几何学研究的比较评论"的报告中首先提出来的,历史上称为艾尔兰根纲领(Erlangen Programme)。近百年来数学的发展史说明了克莱因的观点在近代几何学领域中起了很大的作用。概括地说,自从这种观点建立以后对几何学的发展有两大促进作用：

(1) 它使各种几何学化为一种统一的形式,因而使对立的事物得到了某种统一,同时又明确了各种几何学所研究的对象。

(2) 它给出了建立空间几何学的一种方法,从而使许多种几何学陆续建立起来,如代数几何、保形几何和拓扑学等。此外,欧氏微分几何(经典微分几何)受到克莱因观点的影响,逐步形成了仿射微分几何、射影微分几何以及保形微分几何等。

克莱因的变换群观点在数学史上支配几何学近半个世纪之久,直到 1917 年列维·齐维塔(Levi Civita)首先将欧氏空间的平行概念推广到黎曼(Riemann)空间上,从而建立了平行移动的理论,才又使得几何学得到了新的发展。

二、三种几何学的比较

下面我们用克莱因的变换群观点讨论射影、仿射、欧氏三种几何学以及它们之间的关系。

按照克莱因的观点,射影、仿射、欧氏几何可以分别定义如下：

研究在射影变换群 Γ 下图形的不变量与不变性质(即射影不变量与射影性质)的学科就是射影几何。射影几何主要研究图形上的点(线)的同素性、点与直线的结合性、共线四点的交比以及它们有关的一些性质。

研究在仿射变换群 Γ_a 下图形的不变性质与不变量的学科就是仿射几何。仿射几何主要研究像平行性、仿射比这样的仿射性质与仿射不变量(我们将在仿射变换下保持不变的非射影的性质和量称为仿射性质和仿射不变量),当然它也研究图形的射影性质和射影不变量。

研究在运动变换群 M 下图形的不变性质与不变量的学科就是欧氏几何。欧氏几何主要研究像长度、角度、面积、全等这样的度量性质和度量不变量,当然它也研究图形的射影和仿射的性质和不变量。

我们知道, $\Gamma \supset \Gamma_a \supset M$,即射影变换群$\supset$仿射变换群$\supset$运动变换群,但是就它们所对应的几何学内容(研究对象)而言,却是射影几何的内容最少,欧氏几何的内容最丰富。欧氏几何是仿射几何及射影几何的子几何,因此它可以讨论仿射的对象和射影的对象。仿射几何是射影几何的子几何,因而它可以讨论射影的对象。反之却不然,在射影几何里不能讨论仿射的对象和度量的对象,而在仿射几何里也不能讨论度量的对象。

一般地说,基本群越大,则它对应的几何学的研究对象就越少。这是因为一个变换群所包含的变换越多,则对于所有这些变换图形都保持不变的性质与量就越少,因而可以研究的对象就越少. 但是需注意,对于某个群图形的不变性质和不变量,要比只对于它的子群图形的不变性质和不变量要"坚固"得多,因为它们要对于更多的变换显示出不变来.

综上所述,我们将射影几何、仿射几何、欧氏几何的主要区别列表如下:

几何学	射影几何	仿射几何	欧氏几何
相应变换群	射影变换群	仿射变换群	运动变换群
研究对象	射影性质 射影不变量	射影性质 射影不变量 仿射性质 仿射不变量	射影性质、射影不变量、仿射性质、仿射不变量、度量性质、度量不变量
基本不变性	结合性	平行性	全等性
基本不变量	交比	仿射比	距离
基本不变图形	——	绝对直线	圆点 I, J

习 题 4.5

1. 恒等变换构成群,对于它有没有相应的几何学?

2. 为什么向量的数量积概念在仿射几何里不存在?为什么向量的概念在射影几何里不存在?

3. 向量是有向线段,这种说法是欧氏几何的定义还是仿射几何的定义?如果属于欧氏几何的定义,那么仿射几何中的定义应如何下?

4. 下列图形各是哪种几何学(最大的)的讨论对象:
 (1) 梯形;　　　　　　(2) 三点形的重心、垂心和内心;　　(3) 调和点列(线束);
 (4) 两个透视三点形;　(5) Pascal 线.

5. 下列几何量各是哪种几何学(最大的)的讨论对象:
 (1) 点到直线的距离;　(2) 交比;　　　　　　　　　　　　(3) 离心率;
 (4) 线段之比;　　　　(5) 圆的面积.

6. 下列几何性质各是哪种几何学(最大的)的讨论对象:
 (1) 平行四边形对角线互相平分;　(2) 半圆含直角;　　(3) 线共点、点共线;
 (4) 三点形的中位线平行于底边;　(5) 两条直线相较于一点.

习 题 四

1. 证明:若两三点形的对应边平行,则对应顶点的连线共点或平行.

2. 证明:平行四边形两对角线的交点是两对角线的仿射中心.

3. 证明：梯形的中位线平行于底边．

4. 证明：仿射直线上点 a,b 调和分隔点 c,d 的充分必要条件是
$$A(c,a,b) + A(d,a,b) = 0.$$

5. 证明：如果双曲线的弦 $a \times b$ 交两条渐近线于点 p,q，则 $A(p,q,b) = A(q,p,a)$．

6. 证明：仿射变换保持向量的线性运算，即若在仿射变换 α 下向量 $\vec{u}, \vec{v}, \vec{w}$ 分别变成 $\vec{u}', \vec{v}', \vec{w}'$，则当 $l\vec{u} + m\vec{v} + n\vec{w} = \vec{0}$ 时，有 $l\vec{u}' + m\vec{v}' + n\vec{w}' = \vec{0}$，其中 l,m,n 为不全为零的实常数．

7. 证明：如果双曲线的一条切线交两条渐近线于点 a,a'，则分别过点 a,a' 的两条平行线必定是一对共轭直线．

8. 设 $p \times p'$ 是二次曲线 C 的直径，q 是二次曲线 C 上异于 p,p' 两点的任一点，点 p 处的切线与点 q 处的切线交于点 r，且直线 $p' \times q$ 交直线 $p \times r$ 于点 x，求证：$|pr| = |rx|$．

9. 证明：二次曲线 $a_{11}x^2 + 2a_{12}xy + a_{22}y^2 + 2a_{13}x + 2a_{23}y + a_{33} = 0$ 的中心是如下方程组的解：
$$\begin{cases} a_{11}x + a_{12}y + a_{13} = 0, \\ a_{12}x + a_{22}y + a_{23} = 0. \end{cases}$$

10. 已知二次曲线方程如上题，若它有中心且为原点 $(0,0)$，其方程可以简化成什么形式？此时二次曲线若为双曲线，证明：其渐近线方程为 $a_{11}x^2 + 2a_{12}xy + a_{22}y^2 = 0$．

11. 证明：双曲线上任意点处的切线与两条渐近线所围成的三点形的面积为常量．

12. 证明：在仿射坐标系下，方程
$$(\alpha x + \beta y + \gamma)^2 + 2(px + qy + s) = 0, \quad \begin{vmatrix} \alpha & \beta \\ p & q \end{vmatrix} \neq 0$$
表示一条抛物线．说明 $\alpha x + \beta y + \gamma = 0$ 与 $px + qy + s = 0$ 的几何意义．

13. 证明：直线 $a_1 x + a_2 y + a_3 = 0$ 是迷向直线的充分必要条件是 $a_1^2 + a_2^2 = 0$．

14. 设平面上圆的方程为 $(x-a)^2 + (y-b)^2 = r^2$，证明：运动变换把平面上的圆变成圆，因而圆是欧氏几何研究的图形．

15. 若用 $\overline{d}(a,b)$ 表示从点 a 到点 b 的有向距离，则 $\overline{d}(a,b) = -\overline{d}(b,a)$．证明：
$$A(a,b;c) = \frac{\overline{d}(a,c)}{\overline{d}(a,b)}, \quad R(a,b;c,d) = \frac{\overline{d}(c,a) \cdot \overline{d}(d,b)}{\overline{d}(c,b) \cdot \overline{d}(d,a)}.$$

16. 利用拉格儿公式求两直线 $x + y + 1 = 0$ 与 $x - y - 1 = 0$ 的夹角．

17. 证明：若两条（非无穷远）直线的夹角是不定的，则其中至少有一条是迷向直线．

18. 证明：有心二次曲线准线（或主轴）上的无穷远点被两个圆点调和分隔．

19. 证明：若常态的二次曲线上一点 A 处的切线交一条准线 l 于点 B，准线 l 对应的焦点为 F，则 $\angle AFB$ 是直角．

20. 讨论向量的哪些概念在欧氏几何中适用？哪些概念在仿射几何中适用？

第五章 平面射影几何基础与非欧几何概要

> 本章分两部分：一部分内容首先介绍公理法思想的大意，然后给出平面实射影几何的公理体系；另一部分内容是按照克莱因的变换群观点引进非欧几何的射影形式，从而将非欧几何也纳入射影几何的范畴，使得在逻辑上互相矛盾的体系——欧氏几何与非欧几何在射影的观点下得到了统一.

§5.1 公理法简介

一、公理法的建立与非欧几何的诞生

公理法的建立是数学史上的伟大创举，主要是通过对初等几何的研究而产生的. 在远古时代，由于测量土地等生产实践，人们积累了大量的几何知识（"几何"一词就是由希腊语"土地测量"音译过来的）. 起初这些知识都是零散的，当由经验积累起来的几何知识相当丰富时，把它们收集、整理进而阐明它们的相互关系就成为必要的了. 于是，在积累新的几何知识的同时，需要把大量的、零星片断的、凭经验归纳得来的许多单个法则整理成为由一些几何原理推导出另一些几何原理的逻辑系统. 这样经过了无数代人的工作逐步形成了几何原理及其证明的概念. 这种思想可概括如下：

几何学的研究对象大略可以分为两类：其一是元素，其二是元素之间的关系. 这些都构成概念，每个概念本来都应该给予定义. 定义就是指出概念的基本性质，而对于概念的基本性质的描述不可避免地要用到别的概念，而且这些概念都应该是明确的，即应该是已经定义过的. 换句话说，我们必须用已经定义过的概念定义新的概念. 这样一来，势必有些概念不可能找到已定义过的概念来给它下定义. 因此，任何一个几何体系都必须有若干个没有定义的概念，称之为**基本概念**.

第五章 平面射影几何基础与非欧几何概要

对于几何命题（即一个几何论断），我们要求每一个命题都要根据逻辑的方法给予严格的证明. 当然，每个证明都必须以已经证明过的命题为依据. 这样推下去，势必有若干个命题是不可能得到逻辑的证明的. 因此，任何一个几何体系都必须有若干个不加证明的命题，称之为**公理**. 公理规定了基本概念的基本性质.

若干基本概念（包括元素和关系）及若干个公理构成的一个体系称为**公理体系**. 它构成了一种几何的基础，全部元素的集合构成了这种几何的空间. 在这个公理体系的基础上除了基本概念和公理之外，其他的概念都必须给出定义，其他的命题都必须给出逻辑的证明. 这种研究几何的方法就是所谓的**公理法**.

公理法的先驱是公元前 3 世纪希腊著名数学家欧几里得（Euclid），他的杰出著作《几何原本》是第一部试图用公理法研究几何的教本. 这部名著流传了近两千年之久，至今的中学初等几何课本的叙述方式仍然与《几何原本》实质上没有多大差别. 遗憾的是，由于历史的局限性，《几何原本》并没有真正做到用公理法整理几何知识的目的. 因为其中的公理太少，只用这些公理作为几何学的公理体系是不完备的. 例如，在《几何原本》中有四个命题的证明中提到了运动，但是它的公理中并没有这个内容. 另外，在《几何原本》中并没有规定基本概念，很多定义只是几何形象的直观描述. 例如，其中有这样的定义："线有长度没有宽度"，它完全不是逻辑意义下的定义，而且书中还暗暗地使用了像"介于"、"连续"等没有定义的概念.

那么，怎样补充、修改《几何原本》中的定义、公理才能使它成为逻辑上完美无缺的呢？也就是说，初等几何的公理体系到底应该是什么样子的呢？历史上，很多数学家为此而奋斗，直到 1899 年，德国数学家希尔伯特（D. Hilbert）才第一个成功地建立了完美无缺的欧氏几何公理体系（见希尔伯特《几何学基础》）. 关于这个问题的研究已经形成了数学上一个独立分支——几何基础学，有兴趣的同学可阅读这方面的书籍. 在这里我们只想提一下历史上对欧几里得《几何原本》中第五公设的研究问题，因为它与非欧几何的建立有直接关系.

所谓欧几里得第五公设（《几何原本》中把不加证明而直接采用的命题分为公理和公设，用现代观点看它们实质是一样的），它的等价命题就是我们所熟悉的平行公理："平面上，过直线外一点有且仅有一条直线与已知直线平行". 由于欧几里得第五公设不像《几何原本》中其他公设那么显然，而且欧几里得似乎也怀疑它是否是一条公设，因此直到很晚才在不得已的时候用到第五公设（第 29 个定理的证明才用到第五公设）. 正因为如此，许多人都试图用其他公设、公理证明第五公设. 这个工作持续了两千多年，有些数学家甚至耗费了毕生的精力，不幸的是他们都以失败而告终. 直到 19 世纪初，这个问题才得到最终解决. 这一成就应该归功于罗巴切夫斯基（Lobachevsky）、高斯（Gauss）和鲍耶（Bolyai），他们不是证明了第五公设，而是采取了与前人不同的途径，从侧面证明了第五公设不可能由《几何原本》中的其他公理、公设来证明，即第五公设是独立的，从而肯定了欧几里得的这一工作，结束了两千多年的研究. 罗巴切夫斯基等人工作的意义不仅如此，更重要的是由于他们的研究导致了非欧几何的出现. 他们把欧几里得第五公设用一个与之矛盾的命题"平面上,过直线外一点至少可以作两条直线与已知直线平行"(罗氏平行公理)取代之,结果像欧氏几何一样没有矛盾,从而建立了一种新的几何学,称为**罗氏几何**. 后来,黎曼受罗巴切夫等人的影响,大胆地把第五公设换成"平面上,过直线外一点不存在与已知直线平行的直线",结果也可无矛盾地推下去,从而建立了黎曼几何. 罗氏几何与黎曼几何合称为**非欧氏几何**(详见§5.3).

非欧几何的出现是几何学上一场巨大革命,彻底打破了传统上认为只存在唯一几何学的陈旧观念,为几何学的进一步发展开辟了道路.

公理法的思想今天已成为现代数学的一个极其重要的、必不可少的思想,许多数学分支,像代数、拓扑、集合论、概率论等都以公理法作为基础. 在近世代数中,各种代数体系都采用公理法. 例如,群就是一个代数体系,它的基本概念就是元和一种叫做乘法的运算,规定的四个条件就是群的公理. 公理法的建立使得每种数学体系都有一个稳固的数学基础,在这个基础上可以完全按照逻辑的方法发展成严格的理论. 例如,几何学就可以完全脱离直观图形,依据公理体系,用逻辑的方法推出几何学的全部内容(不过尽管现代已经建立了各式各样的几何体系,而直观性依然是几何学的共同特点).

最后应该提醒注意的是,任何一个科学的理论都是建立在实践的基础上的,公理法当然也不是"空中楼阁",所谓不加证明而接受的几何公理,只不过是经历人们世世代代无数次的检验是千真万确的罢了,并不是数学家们的凭空捏造. 一句话,数学来源于现实世界,而其正确性又要依赖于实践的检验.

二、公理体系的三个基本问题

希尔伯特不仅提出了到至今为止关于欧氏几何的一组最令人满意的公理系统,还阐明了公理体系的三个基本问题,即公理体系的相容性、独立性和完备性. 下面分别介绍如下:

1. 公理体系的相容性

定义 1.1 如果一个公理体系中的全部公理连同它们的所有推论,不含有相互矛盾的命题,则称这个公理体系是**相容**的(或**无矛盾**的、**和谐**的).

相容性是一组公理能否构成公理体系的必要条件. 道理很明显,如果一组公理及其推论中存在相互矛盾的命题,首先在逻辑上就是错误的,更谈不上在现实世界的应用了. 因此,不满足相容性的任何一组公理都不能构成公理体系. 换句话说,任何一个公理体系都必须证明它是相容的.

公理体系相容性的证明,靠演绎推理的方法显然是不行的,因为无论推出多少个定理没有发现矛盾,也不能保证继续推下去永远不会发生矛盾. 证明公理体系的相容性常用造模型的方法. 这种方法的基本思想是把一种已经存在的实物(可以取自现实世界,也可以取自已经证明是相容的理论之中)作为公理体系的对象,把公理体系的对象之间的关系解释为这些实物之间的一些具体关系,于是抽象的公理体系就由这些实物和实物之间的具体关系得到了一个实现,这个实现称为公理体系的解释或模型.由于取自现实世界或已经证明是相容的理论中的事物之间是无矛盾的,因此,一个公理体系只要能造出这样的一个模型,那么它就一定是相容的,否则就是不相容的.当然,公理体系的相容性归根到底还要依赖于现实世界.

2. 公理体系的独立性

定义 1.2 设公理体系 Σ 包含 n 条公理 $A_i(i=1,2,\cdots,n)$,记做 $\Sigma=\{A_1,A_2,\cdots,A_n\}$.如果 Σ 中的某一公理 $A_k(1\leqslant k\leqslant n)$ 不能由其余的 $n-1$ 条公理推出,则称 A_k 在 Σ 中是**独立**的.若 Σ 中每条公理都是独立的,则称 Σ 是**独立**的.

由这个定义可以看出,所谓公理体系的独立性,就是要求公理体系中的每一条公理都是必要的.在这种情况下,这个公理体系就不能减少其中的某一条公理,使余下的公理还能与原来的公理体系有同样多的推论.所以独立性的问题,也就是在保留同样多的推论的前提下,公理体系所包含公理的最少个数问题.严格来说,每一个公理体系都应该包含最少公理,但是有的公理体系有意放弃了这个要求,以使公理体系更为简单明确.因此,通常独立性并不作为公理体系的必要要求.

如何证明公理 A_k 在 Σ 中是独立的呢?罗氏几何的建立给我们提供了证明公理独立性的一个有效方法.首先,Σ 当然应该已经证明是相容的体系,如果我们能构造一个模型 M,使得在这个模型中 $A_1,A_2,\cdots,A_{k-1},A_{k+1},\cdots,A_n$ 都成立,唯独 A_k 不成立,那么由 $\{A_1,A_2,\cdots,A_{k-1},A_{k+1},\cdots,A_n\}$ 一定不能推出 A_k.否则的话,Σ 中将存在两个互相矛盾的命题 A_k 与 $\overline{A_k}$($\overline{A_k}$ 表示 A_k 的相反命题),与 Σ 是相容的矛盾.因此,我只要能造出一个上面那样的模型 M,则 A_k 在 Σ 中就一定是独立的.换句话说,我们只要能证明体系

$$\Sigma'=\{A_1,A_2\cdots,A_{k-1},\overline{A_k},A_{k+1},\cdots,A_n\}$$

是相容的,那么 A_k 在 Σ 中一定是独立的.因此,如果公理体系中 Σ 含有 n 条公理,要证明 Σ 的独立性,就需要做出 n 个模型.

对于较复杂的体系,通常可以讨论顺序独立性问题,即讨论某个公理对于排列在它前面的全部公理的独立性,而不讨论对于排在它后面的其余公理的独立性.有时也可以只讨论某公理对于某几条公理是否独立的问题.

3. 公理体系的完备性

所谓一个公理体系 Σ 是完备的体系,是指 Σ 中所含的公理和基本概念足以使得它所刻画的空间中的每一个定理都可由公理体系逻辑地推出,而不需要借助直观或其他默契,或者说,Σ 作为它所刻画的空间的基本根据是足够的.但是,一个空间可能的定理个数是无数的,因此在考虑完备性的定义时,必须只涉及 Σ 本身而与其讨论的定理个数无关才行.于是,我们这样来考虑完备性定义,如果 Σ 所刻画的空间是唯一的(即没有不同的空间能适合同一体

系 Σ),我们就认为 Σ 是完备的.

但是,一个公理体系 Σ 总可以有许多具体模型,那么怎样理解 Σ 刻画的空间的唯一性呢?我们只要求这些模型抽象地看逻辑结构相同(即同构)就行了.为此,我们引入如下定义:

定义 1.3 如果对某一公理体系 Σ 的两个模型 M 与 M' 之间建立了对象与对象之间的一一对应,并且使得对象之间恒有同样的关系,那么 M 和 M' 称为 Σ 的**同构模型**.

定义 1.4 如果一个公理体系 Σ 的所有模型都是互相同构的,则称 Σ 为完备的公理体系.

这个定义给出了证明公理体系 Σ 完备性的一般方法,即首先做出 Σ 的一个特定的模型 M_0,再作一个一般性的模型 M,若能证明 M 与 M_0 同构,则 Σ 的任两个模型必然是同构的,从而证明了 Σ 的完备性.

完备性也不是每一个公理体系都必须要求的.数学中有许多重要的公理体系(如群的公理体系),正因为不具备完备性才有各种不同构的模型,从而有着广泛的应用.

上面我们简单地介绍了关于公理体系的三个基本问题.对于一个公理体系,要求必须是相容的,最好是独立的(但不必须),完备性则根据需要而定.

习 题 5.1

1. 简要地谈一谈公理法产生和非欧几建立的过程.
2. 证明:群的公理体系是相容的,但不是完备的.

§5.2 平面实射影几何的公理体系

19世纪末,Fano 和 Pleri 首先提出了射影几何的第一个公理体系,其后有许多数学(Pasch,Enriques 和 Veblen 等)先后又建立了其他不同形式的射影几何公理体系(当然它们是等价的).在这里,我们给出平面实射影几何的一个公理体系.有了这个公理体系,我们可以逻辑地推出平面实射影几何的全部内容(参看叶菲莫夫的《高等几何学(下册)》,裴光明译).

一、平面实射影几何的公理体系

基本概念:
(1) 基本对象:点、直线;
(2) 基本关系:点与直线的结合关系以及直线上四相异点的分隔关系(顺序关系).
公理:分三组,共 12 条,具体如下:

第Ⅰ组 结合公理(5 条):

公理 I_1　存在一点和一直线不相结合;

公理 I_2　每一直线至少与三个相异点相结合;

公理 I_3　任意两相异点必有且只有一条直线与它们相结合;

公理 I_4　任意两相异直线必有一点与它们相结合;

公理 I_5　若两三点形的对应顶点连线共点,则其对应边的交点共线.

前两条公理 I_1 和 I_2 是存在性公理. 公理 I_1 指出平面上至少有一条直线和直线外一点,即全部点不会落在一条直线上. 因此公理 I_1 规定了空间至少是二维的(由于这一性质,公理 I_1 也称"开门公理"). 公理 I_2 指出任一直线上至少有三个点. 至于直线上究竟有多少个点,平面上有多少个点,多少条直线,还要根据后面的公理加以探索推证. 实际上,根据第Ⅰ组公理还不能证明任意直线上一定有四个相异的点,也不能证明平面上一定有八个相异的点和八条相异直线(见习题 5.2 第 1 题). 公理 I_4 的唯一性可根据公理 I_3 用反证法直接推出. 公理 I_4 说明了不存在不相交直线,因此公理 I_4 规定了空间至多是二维的(由于这个性质,公理 I_4 也称为"关门公理"). 而公理 I_1 规定空间至少是二维的,因此公理 I_4 和公理 I_1 规定了空间恰好是二维的(平面). 公理 I_5 就是第一章中的 Desargues 透视定理. 可以证明 Desargues 透视定理对于公理 I_1 ~公理 I_4 透视是独立的,即可以构造一模型,在这个模型中公理 I_1 ~公理 I_4 透视都成立,但 Desargues 透视定理不成立(参见钟集的《高等几何》). 而 Desargues 透视定理谈的正是点和直线的结合关系,因此 Desargues 透视定理应该作为公理列在第Ⅰ组公理中.

作为第Ⅰ组公理的推论,我们来证明下面的定理:

定理 2.1　每一点至少与三条相异直线相结合.

证明　如图 5-1 所示,依据公理 I_1,存在点 x 与直线 ξ 不相结合;依据公理 I_2,存在三相异点 $u,v,w \in \xi$;依据公理 I_3,存在直线 α,β,γ,使得

$$\alpha = u \times x, \quad \beta = v \times x, \quad \gamma = w \times x.$$

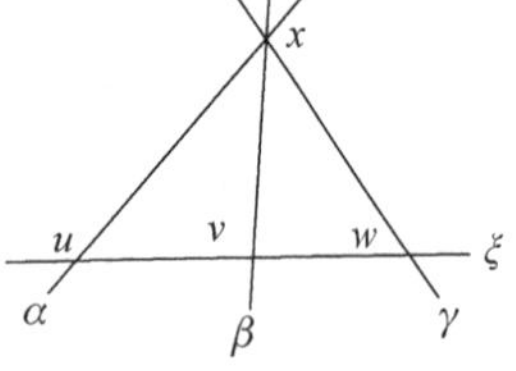

三直线 α,β,γ 必相异. 否则,不妨设 $\alpha \sim \beta$,则两相异直线 α,ξ 相交于两相异点 u,v,与公理 I_4 矛盾. 故三直线 α,β,γ 必相异,且都与点 x 相结合.

注　在我们的证明中除了依据公理之外,没有借助于任何其他东西(特别地,没有借助图 5-1 的直观),即定理 2.1 纯粹是第Ⅰ组公理的逻辑推论. 在用公理法研究几何时,这是必须严格遵守的规则,否则就与公理法的思想相违背了.

图 5-1

定理 2.1 恰好就是公理 I_2 的对偶命题. 实际上,第Ⅰ组公理的对偶命题都成立. 公理 I_1 是自对偶的,公理 I_3 与公理 I_4(加上唯一性)是一对对偶命题,公理 I_5 的对偶命题是它的逆命题,容易由公理 I_5 证出,其证法就是 §1.3 中定理 3.2(Desargue 透视逆定理)的证法

(注意:那里的证法只用了第Ⅰ组公理),因此 I_5 的对偶命题也成立.我们还可以进一步证明平面实射影几何公理体系中其他两组(见下文)的对偶命题也成立.这样,作为由此公理体系推演出来的平面实射影几何中的所有定理的对偶命题也都应该成立.这就从公理法的角度证明了平面对偶原理在平面射影几何中是正确的.

第Ⅱ组 顺序公理(6 条):

公理 II_1 存在一直线与四个相异点相结合.

公理 II_2 若 $xy \div zu$,则 x,y,z,u 四点共线且相异.

公理 II_3 若 $xy \div zu$,则 $xy \div uz$.

公理 II_4 若四点 x,y,z,u 与一直线相结合,且彼此互异,则 $xy \div zu, yz \div xu, zx \div yu$ 三种关系中至少有一种成立.

公理 II_5 若 $xy \div zu$,且 $xz \div yv$,则 $xy \div uv$.

公理 II_6 分隔关系在中心投影下不变,即若 $xy \div zu$,且点 x,y,z,u 经过某个中心投影分别得像点 x', y', z', u',则必有 $x'y' \div z'u'$.

注 公理 II_1 规定直线上必有四个相异点,这是因为由第Ⅰ组公理还证不出直线上一定有四个相异的点,而第Ⅱ组公理要用到直线上四相异的点.

作为第Ⅱ组公理推论的例子,我们证明下面两个定理:

定理 2.2 若 $xy \div zu$,则必有 $zu \div xy$.

证明 如图 5-2 所示,因为 $xy \div zu$,所以 x,y,z,u 四点共线于某直线 ξ 且相异(由公理 II_2),设直线 ξ 外存在一点 v (由公理 I_1),则点 v 与点 x,y,z,u 相异,且点 z,v 确定一条直线 $z \times v$ (由公理 I_3).在直线 $z \times v$ 上取与点 z,v 相异的点 w(由公理 II_2),则 $w \notin \xi$ (否则 $v \in \xi$,矛盾),从而存在直线 $x \times w, u \times w, v \times x, v \times y$ (由公理 I_3),并且这四条直线一定互异(读者自己证明).由公理 I_4 可令

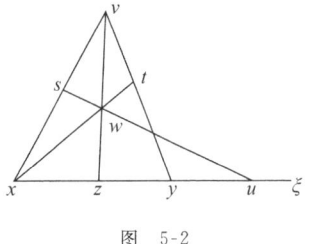

图 5-2

$$t = (x \times w) \times (v \times y), \quad s = (u \times w) \times (v \times x), \quad r = (u \times w) \times (v \times y),$$

作中心投影:

$$(x,y,z,u) \overset{x}{\barwedge} (s,r,w,u) \overset{x}{\barwedge} (v,r,t,y) \overset{x}{\barwedge} (z,u,x,y),$$

则由公理 II_6 有

$$xy \div zu \Longrightarrow sr \div wu \Longrightarrow vr \div ty \Longrightarrow zu \div xy.$$

下面证明公理 II_4 中三种关系的唯一性.

定理 2.3 对于共线四相异点 x,y,z,u,以下三种关系最多只有一种成立.

$$xy \div zu, \quad yz \div xu, \quad zx \div yu.$$

证明 假设有两种关系成立,如 $xy \div zu$ 和 $yz \div xu$ 同时成立,则由定理 2.2 有 $zu \div xy$,由公理 II_3 有 $zu \div yx$,又由定理 2.2 有 $yx \div zu$,再由公理 II_5 可从 $yz \div xu$ 和 $yx \div zu$ 得出

$yz \div uu$,与公理 II_2 矛盾. 因此这两种关系不能同时成立. 同理可证,其他的任两种关系也不能同时成立. 所以三种关系最多只有一种成立.

由公理 II_4 和定理 2.3 知,以上三种关系有且仅有一种成立. 事实上,由定理 2.2 和公理 II_3 可知,对于互相分隔的两对点,以下八种写法是等价的:

$$xy \div zu, \quad xy \div uz, \quad yx \div uz, \quad yx \div zu,$$
$$zu \div xy, \quad uz \div xy, \quad uz \div yx, \quad zu \div yx.$$

第Ⅲ组 连续公理(1 条):

公理Ⅲ 设 x,y,w 为任一直线 ξ 上的三个相异的点,把满足 $xy \div wp$ 的所有点 p 连同点 x,y 构成的集合记做 S. 把 S 的所有点分成两类:Ⅰ 和 Ⅱ,使得 $x \in I, y \in II$,且对于一切的 $u \in I (u \not\asymp x)$ 以及一切的 $v \in II (v \not\asymp y)$ 都有 $xv \div yu$ (图 5-3),那么必存在点 $z \in S$,且使得对于一切异于点 z 的点 $u \in I, v \in II$,都有 $xy \div uv, yz \div uv$.

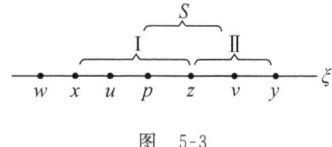

图 5-3

注 公理Ⅲ实际上是戴德金(Dedekind)连续公理的射影形式,S 是线段 $\overline{xy}$ (不含 w 的一段)的所有内点和端点组成的集合,Ⅰ 和 Ⅱ 就是 S 的一个戴德金分割,点 z 就是分割的分界点.

二、平面实射影几何公理体系的相容性

下面我们来证明上面所给出的平面实射影几何的公理体系是相容的,即从已知是相容的体系中构造一个模型,使平面实射影几何公理体系中的三组公理都能在这个模型上得到实现. 我们构造一个实数模型,这个模型实质上就是 §1.2 中用非零有序三实数组的集合解释(定义)射影平面的方法.

在实数集合中我们构造一个实数模型如下:

对基本概念作如下解释:

点:不全为零的有序三实数组 (x_1, x_2, x_3),且当 $\rho \neq 0$ (ρ 为实数)时,
$$(\rho x_1, \rho x_2, \rho x_3) \sim (x_1, x_2, x_3);$$

直线:不全为零的有序三实数组 $[\xi_1, \xi_2, \xi_3]$,且当 $\sigma \neq 0$ (σ 为实数)时,
$$[\sigma \xi_1, \sigma \xi_2, \sigma \xi_3] \sim [\xi_1, \xi_2, \xi_3];$$

点与直线的结合关系:

点 $x = (x_1, x_2, x_3)$ 与直线 $\xi = [\xi_1, \xi_2, \xi_3]$ 相结合
$$\Leftrightarrow x \cdot \xi = 0, \text{即 } x_1 \xi_1 + x_2 \xi_2 + x_3 \xi_3 = 0;$$

共线四相异点的分隔关系:

$$xy \div zu \Leftrightarrow z = x + \mu_1 y, u = x + \mu_2 y, \text{且 } \mu_1 \cdot \mu_2 \neq 0, \frac{\mu_1}{\mu_2} < 0 \ (\mu_1, \mu \text{ 为实数}).$$

§5.2 平面实射影几何的公理体系

下面逐一检查平面实射影几何公理体系的全部公理在这个实数模型上都成立.

公理 I_1 成立：点 $d_1=(1,0,0)$ 与直线 $\sigma_1=[1,0,0]$ 不相结合，这是因为 $d_1 \cdot \sigma_1 = 1 \neq 0$.

公理 I_2 成立：因为对于任一直线 $\xi=[\xi_1,\xi_2,\xi_3]$，总能找到无穷多组不全为零的有序三实数组 (x_1,x_2,x_3)，使得
$$x_1\xi_1 + x_2\xi_2 + x_3\xi_3 = 0,$$
即存在无穷多个相异的点与直线 ξ 相结合，因此公理 I_2 成立.

公理 I_3 成立：对于任意两个相异的点 $x=(x_1,x_2,x_3), y=(y_1,y_2,y_3)$，设
$$\begin{cases} x_1\xi_1 + x_2\xi_2 + x_3\xi_3 = 0, \\ y_1\xi_1 + y_2\xi_2 + y_3\xi_3 = 0, \end{cases}$$
则
$$\xi_1 : \xi_2 : \xi_3 = \begin{vmatrix} x_2 & x_3 \\ y_2 & y_3 \end{vmatrix} : \begin{vmatrix} x_3 & x_1 \\ y_3 & y_1 \end{vmatrix} : \begin{vmatrix} x_1 & x_2 \\ y_1 & y_2 \end{vmatrix}.$$

由于点 x, y 相异，因此
$$\begin{vmatrix} x_2 & x_3 \\ y_2 & y_3 \end{vmatrix}, \quad \begin{vmatrix} x_3 & x_1 \\ y_3 & y_1 \end{vmatrix}, \quad \begin{vmatrix} x_1 & x_2 \\ y_1 & y_2 \end{vmatrix}$$
不全为零. 故存在唯一一条直线
$$\xi = [\xi_1,\xi_2,\xi_3] = \left[\rho\begin{vmatrix} x_2 & x_3 \\ y_2 & y_3 \end{vmatrix}, \rho\begin{vmatrix} x_3 & x_1 \\ y_3 & y_1 \end{vmatrix}, \rho\begin{vmatrix} x_1 & x_2 \\ y_1 & y_2 \end{vmatrix}\right] \quad (\rho \text{ 是不为零的实数})$$
与点 x, y 相结合.

公理 I_4 成立：对偶地叙述公理 I_3 成立的证明就得公理 I_4 也成立.

公理 I_5 成立：按照 §1.3 中 Desargues 透视定理的证法，即可证明公理 I_5 也成立（只需将解析点换成模型中的点即可）.

公理 II_1 成立：见公理 I_2 成立的证明.

公理 II_2 成立：若 $xy \div zu$，则
$$z = x + \mu_1 y, \quad u = x + \mu_2 y, \quad 且 \quad \mu_1 \cdot \mu_2 \neq 0, \frac{\mu_1}{\mu_2} < 0.$$

由 $z=x+\mu_1 y$ 可知，点 z 在由点 x, y 确定的直线上，即 x, y, z 三点共线；同理，由 $u=x+\mu_2 y$ 知，x, y, u 三点共线. 因此 x, y, z, u 四点共线.

由 $\mu_1 \cdot \mu_2 \neq 0$ 知，点 x 与点 z, u 都相异，进而推得点 x 与点 y 也相异（否则点 x 与点 z, u 相同），还可推得点 y 与点 z, u 都相异，再由 $\frac{\mu_1}{\mu_2} < 0$ 知，点 z 与点 u 相异，因此 x, y, z, u 四点相异.

公理 II_3 成立：若 $xy \div zu$，则
$$z = x + \mu_1 y, \quad u = x + \mu_2 y, \quad 且 \quad \mu_1 \cdot \mu_2 \neq 0, \frac{\mu_1}{\mu_2} < 0.$$

第五章 平面射影几何基础与非欧几何概要

故
$$u = x + \mu_2 y, \quad z = x + \mu_1 y, \quad 且 \quad \mu_1 \cdot \mu_2 \neq 0, \frac{\mu_2}{\mu_1} < 0.$$

即有 $xy \div uz$.

公理 II_4 成立：设 x, y, z, u 是共线的四相异点. 若 $xy \div zu$, 则有

$$z = x + \mu_1 y, \quad u = x + \mu_2 y, \quad 且 \quad \mu_1 \cdot \mu_2 \neq 0, \frac{\mu_1}{\mu_2} > 0, \mu_1 \neq \mu_2. \qquad (2.1)$$

解出 x, u 得

$$-\frac{1}{\mu_1} x = y - \frac{1}{\mu_1} z, \quad \frac{1}{\mu_2 - \mu_1} u = y + \frac{1}{\mu_2 - \mu_1} z. \qquad (2.2)$$

因为 $-\dfrac{1}{\mu_1} x, \dfrac{1}{\mu_2 - \mu_1} u$ 分别就是点 x, u, 所以当 $\dfrac{\mu_1 - \mu_2}{\mu_1} = -\dfrac{1}{\mu_1} \Big/ \dfrac{1}{\mu_2 - \mu_1} < 0$ 时, $yz \div xu$.

否则, 如果 $\dfrac{\mu_1 - \mu_2}{\mu_1} > 0$, 则

$$\frac{\mu_2}{\mu_1} < 1 \quad 或 \quad \frac{\mu_1}{\mu_2} > 1. \qquad (2.3)$$

由 (2.1) 式解出 y, u 得

$$\mu_1 y = z - x, \quad \frac{\mu_1}{\mu_2} u = z + \frac{\mu_1 - \mu_2}{\mu_2} x. \qquad (2.4)$$

因为 $\mu_1 y$ 和 $\dfrac{\mu_1}{\mu_2} u$ 分别就是点 y 和 u, 且

$$-1 \Big/ \frac{\mu_1 - \mu_2}{\mu_2} = \frac{-\mu_2}{\mu_1 - \mu_2} = -1 \Big/ \left(\frac{\mu_1}{\mu_2} - 1 \right),$$

而由 (2.3) 式知此式为负, 故由 (2.4) 式有 $zx \div yu$.

综上可知, 对于共线的相异四点 x, y, z, u, 以下三种关系必有一种成立：
$$xy \div zu, \quad yz \div xu, \quad zx \div yu.$$

这个事实包含了公理 II_4.

公理 II_5 成立：设 x, y, z, u, v 为共线五相异点, $xy \div zu$, 则

$$z = x + \mu_1 y, \quad u = x + \mu_2 y, \quad 且 \quad \mu_1 \cdot \mu_2 \neq 0, \frac{\mu_1}{\mu_2} < 0. \qquad (2.5)$$

若又有 $xz \div yv$, 而由 (2.5) 式有

$$(-\mu_1) y = x - z,$$

式中 $(-\mu_1) y$ 即为点 y, 则由 $xz \div yv$ 可知

§5.2 平面实射影几何的公理体系

$$v = x + \lambda z, \quad \text{其中} \quad \lambda > 0. \tag{2.6}$$

将(2.5)式代入(2.6)式得
$$v = x + \lambda(x + \mu_1 y) = (1+\lambda)x + \lambda\mu_1 y,$$

即
$$\frac{1}{1+\lambda}v = x + \frac{\lambda\mu_1}{1+\lambda}y. \tag{2.7}$$

(2.7)式中 $\frac{1}{1+\lambda}v$ 即为点 v,而 $\mu_2 \left/ \frac{\lambda\mu_1}{1+\lambda}\right. = \frac{\mu_2}{\mu_1} \cdot \frac{1+\lambda}{\lambda} < 0$ (因为 $\frac{\mu_1}{\mu_2} < 0, \lambda > 0$),则再由(2.5)中的第二式与(2.7)式有 $xy \div uv$.

公理 II_6 成立:如图 5-4 所示,设以 s 为中心的中心投影把直线 ξ 上相异四点 x,y,z,u 分别投射到直线 ξ' 上相异四点 x',y',z',u'. 又设 $xy \div zu$,则

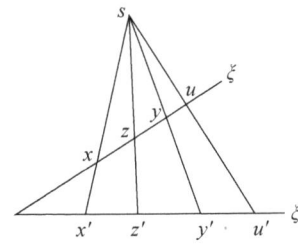

图 5-4

$$z = x + \mu_1 y, \quad u = x + \mu_2 y, \quad \text{且} \quad \mu_1 \cdot \mu_2 \neq 0, \frac{\mu_1}{\mu_2} < 0.$$

因为 x, x', s 三点共线, y, y', s 三点也共线,故可设
$$x' = x + \lambda s, \quad y' = y + vs. \tag{2.8}$$

又由于 x', y', z' 三点共线,故可设
$$z' = x' + \beta y'. \tag{2.9}$$

将(2.8)式代入(2.9)式得
$$z' = (x + \lambda s) + (\beta y + \beta vs) = x + \beta y + (\lambda + \beta v)s. \tag{2.10}$$

但 z, z', s 三点也共线,故可设
$$z' = z + \alpha s = x + \mu_1 y + \alpha s. \tag{2.11}$$

比较(2.10)与(2.11)两式,得
$$\beta = \mu_1, \quad \alpha = \lambda + \beta v = \lambda + \mu_1 v.$$

将 $\beta = \mu_1$ 代入(2.9)式,得
$$z' = x' + \mu_1 y'.$$

同理可得
$$u' = x' + \mu_2 y'.$$

而已知 $\mu_1 \cdot \mu_2 \neq 0, \frac{\mu_1}{\mu_2} < 0$,因此 $x'y' \div z'u'$.

公理 III 成立:如图 5-5 所示,设 x, y, w 为直线 ξ 上的三相异点,把满足 $xy \div wp$ 的所有点 p 连同点 x, y 构成的集合记做 S,再把集合 S 中所有点分成两类 I, II,使得 $x \in \text{I}, y \in \text{II}$,且对于一切 $u \in \text{I}$ ($u \not\prec x$) 以及一切 $v \in \text{II}$ ($v \not\prec y$),都有 $xv \div yu$. 设
$$w = x + sy, \quad p = x + \lambda y,$$

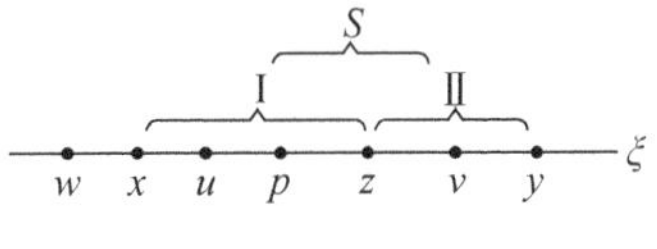

图 5-5

其中 s,λ 都是非零实数,且 $\lambda\ne s$. 因为 $xy\div wp$, 故 λ,s 异号. 不失一般性,可令 $s<0,\lambda>0$. 于是考虑满足

$$p = x + \lambda y \quad (\lambda > 0) \tag{2.12}$$

的所有点 p 依据上述条件分成两组 I 和 II 的结果.

因为 $u\in$ I, $v\in$ II, 故由(2.12)式有

$$u = x + \mu_1 y, \quad v = x + \mu_2 y, \quad \mu_1 > 0, \quad \mu_2 > 0, \quad \mu_1 \ne \mu_2. \tag{2.13}$$

由此解出

$$-\mu_2 y = x - v,$$
$$-\mu_2 u = -\mu_2(x + \mu_1 y) = -\mu_2 x + \mu_1(-\mu_2 y)$$
$$= -\mu_2 x + \mu_1(x - v) = (\mu_1 - \mu_2)x - \mu_1 v,$$

则

$$\frac{-\mu_2}{\mu_1 - \mu_2} u = x - \frac{-\mu_1}{\mu_1 - \mu_2} v.$$

因为 $-\mu_2 y$ 就是点 y, $\dfrac{-\mu_2}{\mu_1 - \mu_2} u$ 就是点 u, 而且 $xv\div yu$, 故

$$\frac{\mu_1 - \mu_2}{\mu_1} = -1 \Big/ \left(-\frac{\mu_1}{\mu_1 - \mu_2}\right) < 0.$$

但 $\mu_1 > 0$, 所以有 $\mu_1 < \mu_2$.

把全体正实数分为 I′, II′ 非空两类, 使得 I′ 的任一数 μ_1 和 II′ 的任一数 μ_2 必有 $\mu_1 < \mu_2$, 则根据戴德金公理, 存在分界数 θ, 使得对于任何异于 θ 的正实数 $\mu_1 \in$ I′, $\mu_2 \in$ II′, 都有 $\mu_1 < \theta < \mu_2$, 并且 $\theta\in$ I′ 或 $\theta\in$ II′.

设点 z 满足

$$z = x + \theta y, \tag{2.14}$$

则 z 属于 I, II 之一. 由(2.13),(2.14)两式得

$$-\theta y = x - z,$$
$$-\theta u = -\theta x + \mu_1(-\theta y) = -\theta x + \mu_1(x - z) = (\mu_1 - \theta)x - \mu_1 z,$$

则

$$\frac{-\theta}{\mu_1 - \theta} u = x - \frac{\mu_1}{\mu_1 - \theta} z.$$

同理可得

$$\frac{-\theta}{\mu_2 - \theta} v = x - \frac{\mu_2}{\mu_2 - \theta} z.$$

因为 $\dfrac{-\theta}{\mu_1 - \theta} u$ 就是点 u, $\dfrac{-\theta}{\mu_2 - \theta} v$ 就是点 v, 并且 $0 < \mu_1 < \theta < \mu_2$, 故

$$-\frac{\mu_1}{\mu_1 - \theta} \Big/ \left(-\frac{\mu_2}{\mu_2 - \theta}\right) = \frac{\mu_1}{\mu_2} \cdot \frac{\mu_2 - \theta}{\mu_1 - \theta} < 0,$$

从而 $xz \div uv$.

同理可证 $yz \div uv$. 故公理Ⅲ成立.

以上逐一验证了我们所构造的实数模型满足平面实射影几何公理体系的全部 12 条公理,而实数体系是相容的,因此平面实射影几何的这个公理体系也是相容的. 至于这个公理体系的独立性和完备性,因为不是公理体系的必要要求,因此在这里就不再讨论了.

习 题 5.2

1. 用公理 I_1~公理 I_4 证明:平面上必有七个相异的点,七条相异的直线.
2. 用顺序公理证明:若 $xy \div zu$,则 $xz \dotdiv yu$.
3. 证明:有理数域上的射影平面满足平面实射影几何公理体系中除公理Ⅲ以外的全部公理.

§5.3 非欧几何概要

在 §5.1 中我们谈到,由于对欧几里得的《几何原本》的研究,导致了非欧几何的建立. 本书不是用公理法讨论非欧几何的内容,而是要说明在克莱因的变换群观点之下,非欧几何与欧氏几何一样都是射影几何的子几何,从而使得互相对立的两种几何在射影的观点下得到了统一. 本节是在复射影平面上讨论问题.

一、双曲几何与椭圆几何

在上一章中我们已经看到,仿射变换是保持绝对直线 δ_∞ 不变的直射变换,运动变换是保持两个圆点 I, J 不变(再加上点其他条件)的直射变换. 一般地,我们有如下射影自同构变换的定义:

定义 3.1 设 F 为射影平面上某一图形. 若直射变换 Ψ 保持图形 F 不变,则 Ψ 叫做以 F 为绝对形的射影自同构变换(简称**射影自同构**).

仿射变换的全体与运动变换的全体都构成群,这只是下述一般性命题的特例:

定理 3.1 关于同一个绝对形 F 的所有射影自同构的全体构成射影变换群的一个子群. 这个子群称为关于绝对形 F 的**射影自同构群**.

证明 设 Φ, Ψ 都是关于绝对形 F 的射影自同构变换,则 Φ 和 Ψ 都保持 F 不变. 因此直射变换 $\Phi\Psi$ 也保持 F 不变,即 $\Phi\Psi$ 也是关于 F 的射影自同构变换. 显然 Φ^{-1} 也保持 F 不变,即 Φ^{-1} 也是关于绝对形 F 的自同构变换. 综上两条,定理得证.

按照克莱因的变换群观点,以某一图形 F 为绝对形的射影自同构群应该对应一种几何学,这种几何学是射影几何的子几何. 由于射影平面上的图形是无穷多的,因此射影几何的子几何也无穷多. 特别地, 我们以绝对直线 δ_∞ 为绝对形(这就是为什么称 δ_∞ 为绝对直线的原因)得到了仿射几何, 以圆点 I, J 为绝对形(再加上点其他条件)得到了欧氏几何(严格说来, 以圆点 I, J 为绝对形的几何学是相似几何, 它包含了欧氏几何, 在那里可以研究相似形. 中学的平面几何就是相似几何, 因此也称相似几何为广义的欧氏几何). 这里, 我们关心的是以常态的二次曲线为绝对形的射影自同构群的几何学.

定义 3.2 以常态的实二次曲线 $C: x_1^2 + x_2^2 - x_3^2 = 0$ 为绝对形的射影自同构变换称为**射影双曲运动**(简称**双曲运动**), 全体双曲运动所构成的射影自同构群称为**双曲运动群**, 研究双曲运动群下的不变性质与不变量的几何学称为**双曲几何**; 以常态的虚二次曲线 $C': x_1^2 + x_2^2 + x_3^2 = 0$ 为绝对形的射影自同构变换称为**射影椭圆运动**(简称**椭圆运动**), 全体椭圆运动所构成的射影自同构群称为**椭圆运动群**, 研究椭圆运动群下的不变性质和不变量的几何学称为**椭圆几何**.

由定理 3.1 知, 双曲运动群与椭圆运动群都是射影变换群的子群, 因此双曲几何与椭圆几何都是射影几何的子几何. 下面我们将指出, 双曲几何与椭圆几何分别就是罗氏几何和黎曼几何, 因此非欧几何是射影几何的子几何.

二、射影测度

由 §5.1 我们知道, 从几何基础的角度看, 欧氏几何公理与非欧几何公理的差异只是平行公理. 因此, 非欧几何与欧氏几何一样都是研究像距离、角度、面积等这样的度量概念的, 所以有人分别称它们是欧氏度量几何和非欧度量几何. 既然从变换群的观点看欧氏几何和非欧几何都是射影几何的子几何, 那么这两种几何学都可以在射影平面上得到解释. 当然, 首先是作为它们研究对象的一些度量概念应该得到射影的解释. 这就需要在射影平面上建立所谓的射影测度的概念.

建立射影侧度概念的工作实际上我们在欧氏几何中已经开始了, 在 §4.3 中我们就建立了用交比表示欧氏平面上两直线夹角的著名公式——拉格尔公式. 那么, 怎样建立非欧几何的射影测度呢? 我们自然想到了对拉格儿公式加以推广. 由于非欧几何是以常态的二次曲线为绝对形的射影自同构群下的几何学, 因此我们把拉格儿公式中的圆点 I, J 换成常态的二次曲线(圆点 I, J 可以看成退化的二次曲线 $x^2 + y^2 = 0$), 从而建立了下面的射影测度概念.

在射影平面内取定一条常态的二次曲线 C, 另选定一个常数 k ($k \neq 0$, k 相当于拉格儿公式中的 $\frac{1}{2i}$), 从任意两直线 ξ, η 的交点作这条二次曲线的切线 α, β (图 5-6). 作关于两直线 ξ, η 的一个函数:

$$\omega(\xi, \eta) = k \ln[R(\xi, \eta; \alpha, \beta)].$$

可以证明函数 $\omega(\xi, \eta)$ 具有下述性质:

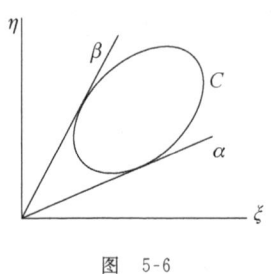

图 5-6

(1) $\omega(\xi,\xi)=0$;
(2) $\omega(\eta,\xi)=-\omega(\xi,\eta)$ $(\xi\not=\eta)$;
(3) $\omega(\xi,\eta)+\omega(\eta,\zeta)=\omega(\xi,\zeta)$,其中直线 ξ,η,ζ 相交于一点.

事实上,
$$\omega(\xi,\xi)=k\ln[R(\xi,\xi;\alpha,\beta)]=k\ln 1=0,$$
$$\omega(\eta,\xi)=k\ln[R(\eta,\xi;\alpha,\beta)]=k\ln\frac{1}{R(\xi,\eta;\alpha,\beta)}$$
$$=-k\ln[R(\xi,\eta;\alpha,\beta)]=-\omega(\xi,\eta),$$
$$\omega(\xi,\eta)+\omega(\eta,\zeta)=k\{\ln[R(\xi,\eta;\alpha,\beta)]+\ln[R(\eta,\zeta;\alpha,\beta)]\}$$
$$=k\ln[R(\xi,\eta;\alpha,\beta)\cdot R(\eta,\zeta;\alpha,\beta)],$$

而
$$R(\xi,\eta;\alpha,\beta)\cdot R(\eta,\zeta;\alpha,\beta)=\frac{|\xi,\alpha||\eta,\beta|}{|\xi,\beta||\eta,\alpha|}\cdot\frac{|\eta,\alpha||\zeta,\beta|}{|\eta,\beta||\zeta,\alpha|}$$
$$=\frac{|\xi,\alpha||\zeta,\beta|}{|\xi,\beta||\zeta,\alpha|}=R(\xi,\zeta;\alpha,\beta),$$

因此有
$$\omega(\xi,\eta)+\omega(\eta,\zeta)=k\ln[R(\xi,\zeta;\alpha,\beta)]=\omega(\xi,\zeta).$$

由于函数 $\omega(\xi,\eta)$ 可由两直线 ξ,η 唯一(除符号外)确定,而且具有上述三条性质,而这三条性质恰好是两直线夹角(有向角)所应满足的性质,因此我们有理由作以下定义:

定义 3.3 函数 $\omega(\xi,\eta)$ 称为两直线 ξ 与 η 的**夹角的射影测度**,其中预先取定的常态的二次曲线 C 称为这个射影测度的**绝对形**,常数 k 称为**测度系数**.

对偶地,我们可以定义两点之间距离的射影测度. 对于在射影平面上取定的常态的二次曲线 C,另选定一个常数 h $(h\neq 0)$,从任意两点 x,y 的连线交取定的二次曲线 C 于 u,v 两点(图 5-7),作关于 x,y 两点有关的一个函数:
$$d(x,y)=h\ln[R(x,y;u,v)].$$
与上面一样可以证明函数 $d(x,y)$ 具有以下**性质**:
(1) $d(x,y)=0$;
(2) $d(y,x)=-d(x,y)$ $(x\not=y)$;
(3) $d(x,y)+d(y,z)=d(x,z)$ $(x,y,z$ 共线$)$.

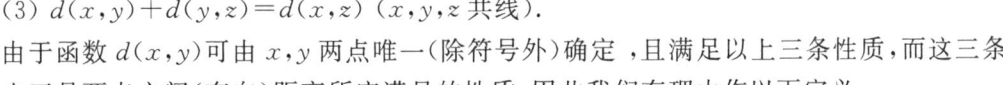

图 5-7

由于函数 $d(x,y)$ 可由 x,y 两点唯一(除符号外)确定,且满足以上三条性质,而这三条性质也正是两点之间(有向)距离所应满足的性质,因此我们有理由作以下定义:

定义 3.4 函数 $d(x,y)$ 称为 x,y 两点之间**距离的射影测度**,其中预先取定的常态的二次曲线 C 称为这个射影测度的**绝对形**,常数 h 称为**测度系数**.

以上定义的射影测度概念是凯莱(A. Cayley)于1859年建立的.

下面的两个定理说明了作为射影测度的绝对形的二次曲线和无穷远直线占有相同的地位.

定理 3.2　射影平面上任何点与绝对形上任何点之间距离的射影测度为 ∞.

证明　设 x 为射影平面上任一点，u 为绝对形上任一点，则直线 $x \times u$ 与绝对形的交点中一点为 u. 设另一点为 v，由定义 3.4 有
$$d(x,u) = h\ln[R(x,u;u,v)] = h\ln\infty = \infty.$$

定理 3.3　如果两直线的交点在绝对形上，则它们的夹角的射影测度为零.

证明　设两直线 ξ,η 的交点在绝对形上，那么，从这个交点引绝对形的两切线 α,β，则切线 α 与 β 重合. 因此，由定义 3.3 有
$$\omega(\xi,\eta) = k\ln[R(\xi,\eta;\alpha,\alpha)] = k\ln 1 = 0.$$

由定理 3.2 和定理 3.3，我们有理由作如下定义：

定义 3.5　绝对形上的点称为**无穷远点**，相交于绝对形上的直线称为**互相平行的直线**.

下面我们先导出两点之间距离的射影测度的表达式. 设作为绝对形的常态的二次曲线 C 的方程为

$$\sum_{i,k=1}^{3} a_{ik} x_i x_k = 0, \quad |a_{ik}| \neq 0, \, a_{ik} = a_{ki}, \, i,k = 1,2,3. \tag{3.1}$$

又设 $y(y_1,y_2,y_3), z(z_1,z_2,z_3)$ 是射影平面上任意两点，则直线 $y \times z$ 与二次曲线 C 的交点 u,v 的坐标可以写成如下形式：
$$\rho x_i = y_i - \lambda z_i \quad (i = 1,2,3; \rho \neq 0).$$

由于点 u,v 在二次曲线 C 上，故上式满足二次曲线 C 的方程，即
$$\sum_{i,k=1}^{3} a_{ik}(y_i - \lambda z_i)(y_k - \lambda z_k) = 0,$$

亦即
$$\sum_{i,k=1}^{3} a_{ik} y_i y_k - 2\lambda \sum_{i,k=1}^{3} a_{ik} y_i z_k + \lambda^2 \sum_{i,k=1}^{3} a_{ik} z_i z_k = 0. \tag{3.2}$$

令
$$\Omega(y,z) = \sum_{i,k=1}^{3} a_{ik} y_i z_k,$$

则
$$\Omega(y,y) = \sum_{i,k=1}^{3} a_{ik} y_i y_k, \quad \Omega(z,z) = \sum_{i,k=1}^{3} a_{ik} z_i z_k.$$

于是方程(3.2)可以写成
$$\lambda^2 \Omega(z,z) - 2\lambda \Omega(y,z) + \Omega(y,y) = 0.$$

解这个方程,得
$$\lambda = \frac{\Omega(y,z) \pm i\sqrt{\Omega(y,y)\Omega(z,z) - \Omega^2(y,z)}}{\Omega(z,z)} \qquad (3.3)$$

(其中 $\Omega^2(y,z) = [\Omega(y,z)]^2$,下同). 如果用 λ_1,λ_2 表示这两个根, 则点 u,v 的坐标分别为

$$y_i - \lambda_1 z_i, \quad y_i - \lambda_2 z_i \quad (i=1,2,3).$$

于是

$$R(y,z;u,v) = \frac{\lambda_1}{\lambda_2} = \frac{\Omega(y,z) + i\sqrt{\Omega(y,y)\Omega(z,z) - \Omega^2(y,z)}}{\Omega(y,z) - i\sqrt{\Omega(y,y)\Omega(z,z) - \Omega^2(y,z)}}$$

$$= \left[\frac{\Omega(y,z) + i\sqrt{\Omega(y,y)\Omega(z,z) - \Omega^2(y,z)}}{\sqrt{\Omega(y,y)\Omega(z,z)}}\right]^2.$$

因此

$$d(y,z) = h\ln[R(y,z;u,v)]$$
$$= 2h\ln\frac{\Omega(y,z) + i\sqrt{\Omega(y,y)\Omega(z,z) - \Omega^2(y,z)}}{\sqrt{\Omega(y,y)\Omega(z,z)}}. \qquad (3.4)$$

类似地,我们可以导出两直线夹角的射影测度的表达式. 取定的绝对形 (3.1) 其所对应的线二次曲线的方程为

$$\sum_{i,k=1}^{3} A_{ik}\xi_i\xi_k = 0, \quad |A_{ik}| \neq 0, \ A_{ik} = A_{ki}, \ i,k=1,2,3, \qquad (3.5)$$

其中 A_{ik} 为 $|a_{ik}|$ 中元素 a_{ik} 的代数余子式. 设射影平面上任意两直线 η,ζ 的坐标分别为 $[\eta_1,\eta_2,\eta_3]$,$[\zeta_1,\zeta_2,\zeta_3]$, 由两直线 η,ζ 的交点作二次曲线 (3.1) 的两条切线为 α,β, 则 α,β 的坐标可以写成如下形式:

$$\rho\eta_i = \eta_i - \mu\zeta_i \quad (i=1,2,3;\ \rho \neq 0).$$

经过与 (3.4) 式类似推导可得

$$\omega(\eta,\zeta) = k\ln[R(\eta,\zeta;\alpha,\beta)]$$
$$= 2k\ln\frac{\Omega(\eta,\zeta) + i\sqrt{\Omega(\eta,\eta)\Omega(\zeta,\zeta) - \Omega^2(\eta,\zeta)}}{\sqrt{\Omega(\eta,\eta)\Omega(\zeta,\zeta)}}, \qquad (3.6)$$

其中 $\Omega(\eta,\zeta) = \sum_{i,k=1}^{3} A_{ik}\eta_i\zeta_k$.

三、罗氏几何的射影模型

克莱因于 1871 年利用凯莱的射影测度的概念给出了罗氏几何的一个射影模型, 这就是著名的克莱因模型. 这个模型说明了我们前面所定义的双曲几何就是罗氏几何. 因此, 从克莱因的变换群观点来看, 罗氏几何是射影几何的子几何. 下面介绍罗氏几何的克莱因模型.

第五章 平面射影几何基础与非欧几何概要

我们只考虑作为绝对形的常态的实二次曲线 C：$x_1^2+x_2^2-x_3^2=0$ 内部的双曲几何. 为此,我们作为以下规定：

(1) 绝对形 C 内部的部分射影平面称为**双曲平面**,双曲平面上的点(即绝对形 C 内部的点)称为**双曲点**,绝对形 C 的每一条弦称为**双曲直线**. 按照前面的定义,相交于绝对形 C 上的弦称为**互相平行的直线**. 另外,我们以前已经规定绝对形上的点为无穷远点.

注 按照这条规定,双曲直线是开的(即没有端点,这是因为绝对形 C 上的点不是双曲点),并且每条双曲直线上有两个无穷远点(这与欧氏直线不同). 因为双曲线上也有两个无穷远点,因此我们称这种几何为双曲几何.

(2) 在双曲平面上,两双曲点的连线称为**双曲线段**,连接不在同一条双曲直线上三个双曲点所构成的图形称为**双曲三角形**. 用同样的方法可以规定其他的双曲图形.

(3) 双曲平面上的点与直线的结合关系就是绝对形 C 的内部点(双曲点)与绝对形 C 的弦(双曲直线)的结合关系.

双曲直线上三点之间的介于关系就是我们平常了解的一点在另两点之间,即绝对形 C 的弦上的点(不包括端点)的介于关系.

如前面所定义的,双曲平面上关于绝对形 C 的自同构变换称为双曲运动. 对于两个双曲图形 F 和 F',如果存在双曲运动,把 F 变成 F',则称 F 与 F' 是**合同的图形**,记做 $F \cong F'$.

(4) 双曲平面上,两双曲点之间的距离(双曲线段的长度)以及两条双曲直线的夹角(称为**双曲角**)使用凯莱定义的射影测度来度量.

注 在这条规定之下,由定理 3.2 知,双曲直线与欧氏直线一样,其长度是无限的.

有了以上规定以后,我们就可以说明双曲几何就是罗氏几何. 事实上,我们可以验证,除平行公理外,欧氏几何其余的全部公理在这种几何中都成立,唯独平行公理与罗氏平行公理一致.

例如,两个相异的双曲点确定唯一一条双曲直线,这是因为绝对形 C 内部的任意两相异点有且仅有绝对形 C 的一条弦通过它们.

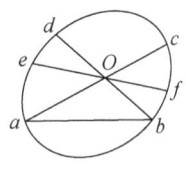

图 5-8

再如,一条双曲直线上任三相异点之间,必有一个双曲点在另两双曲点之间. 这是显然的.

下面我们验证罗氏平行公理在双曲几何中成立. 事实上,设 $a \times b$ 是任一条双曲直线,则过直线 $a \times b$ 外任一点 O 必有两条双曲直线 $a \times c$ 与 $b \times d$,这两条双曲直线都与 $a \times b$ 相交于无穷远点(绝对形 C 上的点)(图5-8). 因此,过双曲直线 $a \times b$ 外一点 O 有两条双曲直线 $a \times c$ 与 $b \times d$ 都与直线 $a \times b$ 平行. 故罗氏平行公理在双曲几何中成立.

注 由图 5-8 可以看出,在双曲平面上有一类很特殊的直线,例如双曲直线 $e \times f$,它与双曲直线 $a \times b$ 既不相交也不平行,我们把这样的双曲直线称为与双曲直线 $a \times b$ **离散的直线**. 在欧氏平面上不存在这样的直线.

§5.3 非欧几何概要

下面我们根据前面给出的射影测度公式推出双曲线段与双曲角的射影测度公式.

设绝对形 C 的方程为
$$x_1^2 + x_2^2 - x_3^2 = 0.$$
又设 $y(y_1, y_2, y_3)$ 与 $z(z_1, z_2, z_3)$ 是双曲平面上任两相异双曲点,直线 $y \times z$ 交绝对形 C 于 u, v 两点,则 y, z, u, v 都是实点.

由于 u, v 都是实点,因此在公式(3.4)中
$$\Omega(y,y)\Omega(z,z) - \Omega^2(y,z) < 0.$$
又 $d(y,z)$ 为实数,故测度系数 h 必须是实数. 设 $h = \alpha/2$(α 为实数),则由公式(3.4)有
$$d \triangleq d(y,z) = \alpha \ln \frac{\Omega(y,z) + \mathrm{i}\sqrt{\Omega(y,y)\Omega(z,z) - \Omega^2(y,z)}}{\sqrt{\Omega(y,y)\Omega(z,z)}}.$$

由此得出
$$\mathrm{e}^{d/\alpha} = \frac{\Omega(y,z) + \mathrm{i}\sqrt{\Omega(y,y)\Omega(z,z) - \Omega^2(y,z)}}{\sqrt{\Omega(y,y)\Omega(z,z)}},$$
于是
$$\mathrm{ch}\frac{d}{\alpha} = \frac{1}{2}(\mathrm{e}^{d/\alpha} + \mathrm{e}^{-d/\alpha}) = \frac{\Omega(y,z)}{\sqrt{\Omega(y,y)\Omega(z,z)}}, \tag{3.7}$$

$$\mathrm{sh}\frac{d}{\alpha} = \frac{1}{2}(\mathrm{e}^{d/\alpha} - \mathrm{e}^{-d/\alpha}) = \frac{\sqrt{\Omega^2(y,z)\Omega(y,y)\Omega(z,z)}}{\sqrt{\Omega(y,y)\Omega(z,z)}}, \tag{3.8}$$

或者
$$\mathrm{th}\frac{d}{\alpha} = \frac{\sqrt{\Omega^2(y,z) - \Omega(y,y)\Omega(z,z)}}{\Omega(y,z)}, \tag{3.9}$$

其中
$$\Omega(y,z) = y_1 z_1 + y_2 z_2 - y_3 z_3, \quad \Omega(y,y) = y_1^2 + y_2^2 - y_3^2, \quad \Omega(z,z) = z_1^2 + z_2^2 - z_3^2.$$
这里 $d = d(y,z)$ 就是双曲平面上两双曲点 y, z 之间距离的射影测度,其中 α 称为**测度单位**.

下面再来推导双曲角的测度射影公式. 已知绝对形 C 所对应的线二次曲线的方程为
$$\xi_1^2 + \xi_2^2 - \xi_3^2 = 0.$$
设 $\eta[\eta_1, \eta_2, \eta_3], \zeta[\zeta_1, \zeta_2, \zeta_3]$ 是两条相交的双曲直线,其交点是一双曲点,在绝对形 C 的内部,则自交点作绝对形 C 的切线为虚直线. 所以,在(3.6)式中
$$\Omega(\eta,\eta)\Omega(\zeta,\zeta) - \Omega^2(\eta,\zeta) > 0,$$
从而(3.6)式右端的对数为虚数,但 $\omega(\eta,\zeta)$ 为实数. 故测度系数 k 必为虚数. 今取 $k = \mathrm{i}/2$,则(3.6)式变成了
$$\varphi \triangleq \omega(\eta, \zeta) = \mathrm{i}\ln \frac{\Omega(\eta,\zeta) + \mathrm{i}\sqrt{\Omega(\eta,\eta)\Omega(\zeta,\zeta) - \Omega^2(\eta,\zeta)}}{\sqrt{\Omega(\eta,\eta)\Omega(\zeta,\zeta)}}.$$

因此

$$e^{-i\varphi} = \frac{\Omega(\eta,\zeta) + i\sqrt{\Omega(\eta,\eta)\Omega(\zeta,\zeta) - \Omega^2(\eta,\zeta)}}{\sqrt{\Omega(\eta,\eta)\Omega(\zeta,\zeta)}},$$

$$e^{i\varphi} = \frac{\Omega(\eta,\zeta) - i\sqrt{\Omega(\eta,\eta)\Omega(\zeta,\zeta) - \Omega^2(\eta,\zeta)}}{\sqrt{\Omega(\eta,\eta)\Omega(\zeta,\zeta)}}.$$

所以,由 $\cos\varphi + i\sin\varphi = e^{i\varphi}$,$\cos\varphi - i\sin\varphi = e^{-i\varphi}$ 有

$$\cos\varphi = \frac{\Omega(\eta,\zeta)}{\sqrt{\Omega(\eta,\eta)\Omega(\zeta,\zeta)}}, \tag{3.10}$$

$$\sin\varphi = -\frac{\sqrt{\Omega(\eta,\eta)\Omega(\zeta,\zeta) - \Omega^2(\eta,\zeta)}}{\sqrt{\Omega(\eta,\eta)\Omega(\zeta,\zeta)}}, \tag{3.11}$$

其中

$\Omega(\eta,\eta) = \eta_1^2 + \eta_2^2 - \eta_3^2$,$\Omega(\zeta,\zeta) = \zeta_1^2 + \zeta_2^2 - \zeta_3^2$,$\Omega(\eta,\zeta) = \eta_1\zeta_1 + \eta_2\zeta_2 - \eta_3\zeta_3$.
这里 $\varphi = \omega(\eta,\zeta)$ 就是两双曲直线 η,ζ 夹角的射影测度.

由(3.10)式知,当且仅当 $\varphi = \pi/2$ 时,$\Omega(\eta,\zeta) = 0$,即 $\eta_1\zeta_1 + \eta_2\zeta_2 - \eta_3\zeta_3 = 0$.这就说明双曲直线 η 与 ζ 关于绝对形 C 为共轭直线.因此,我们有下面的定理:

定理 3.4 当且仅当两双曲直线 η 与 ζ 关于绝对形 C 为共轭直线时 $\eta \perp \zeta$.

我们知道,罗氏几何与欧氏几何的根本差异在于平行公理.因此,在欧氏几何中与平行公理无关的定理和推论(在《几何基础》中称这部分内容为绝对几何)在罗氏几何中仍然成立,但是与平行公理有关的命题就大不相同了.在欧氏几何中,我们知道三角形的三内角之和等于 π.这是与欧氏平行公理有关的一个定理.那么,在罗氏几何中三角形三内角之和是什么样子呢?对此我们有如下结论:

定理 3.5 双曲三角形的三内角之和小于 π.

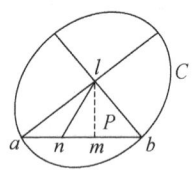

图 5-9

证明 如图 5-9 所示,设 $a \times b$ 是任一条双曲直线,$l \times a$ 与 $l \times b$ 是过双曲点 l 且与直线 $a \times b$ 平行的两条双曲直线.自点 l 引直线 $a \times b$ 的垂线,垂足为 m.我们称线段 lm 的射影测度 P 称为**平行距**,将 $\angle mla$ 和 $\angle mlb$ 称为**平行角**.

下面我们证明两平行角相等,即 $\angle mla = \angle mlb = \delta$,并且平行角 δ 是平行距 P 的函数 $\delta = \delta(P)$.

首先根据公式(3.9)计算平行距 P.取直线 $a \times b$ 作为坐标三点形的一边:$x_1 = 0$,设点 l 的坐标为 (l_1, l_2, l_3).由于绝对形 C 的方程为 $x_1^2 + x_2^2 - x_3^2 = 0$,因此直线 $a \times b$ 的极点的坐标为 $(1,0,0)$.又直线 $l \times m \perp a \times b$,所以直线 $l \times m$ 过直线 $a \times b$ 的极点 $(1,0,0)$.因此,直线 $l \times m$ 的方程为

$$l_3 x_2 - l_2 x_3 = 0.$$

它与直线 $a \times b$ 的交点 m 的坐标为 $(0, l_2, l_3)$. 这时

$$\Omega(y,y) = l_1^2 + l_2^2 - l_3^2, \quad \Omega(y,z) = l_2^2 - l_3^2, \quad \Omega(z,z) = l_2^2 - l_3^2,$$

则由公式(3.9)有

$$\operatorname{th} \frac{P}{\alpha} = \frac{\sqrt{\Omega^2(y,z) - \Omega(y,y)\Omega(z,z)}}{\Omega(y,z)} = \frac{\sqrt{l_1^2(l_2^2 - l_3^2)}}{l_2^2 - l_3^2} = \frac{l_1}{\sqrt{l_3^2 - l_2^2}}. \tag{3.12}$$

再计算平行角. 因为直线 $a \times b$ 的方程为 $x_1 = 0$, 所以它与绝对形 C 的交点为 $(0, 1, 1)$ 和 $(0, 1, -1)$. 取点 b 的坐标为 $(0, 1, 1)$, 则直线 $l \times b$ 的方程为

$$(l_2 - l_3)x_1 - l_1 x_2 + l_1 x_3 = 0,$$

从而直线 $l \times b$ 的坐标为 $[l_2 - l_3, -l_1, l_1]$. 而直线 $l \times m$ 的坐标为 $[0, l_3, -l_2]$, 此时公式(3.10)中

$$\Omega(\eta, \eta) = l_3^2 - l_2^2, \quad \Omega(\zeta, \zeta) = (l_2 - l_3)^2, \quad \Omega(\eta, \zeta) = l_1(l_2 - l_3),$$

所以, 由公式(3.10)知, 直线 $l \times b$ 与 $l \times m$ 的夹角 $\delta = \angle mlb$ 的余弦为

$$\cos \delta = \frac{\Omega(\eta, \zeta)}{\sqrt{\Omega(\eta, \eta)\Omega(\zeta, \zeta)}} = \frac{l_1}{\sqrt{l_3^2 - l_2^2}}. \tag{3.13}$$

比较(3.12)与(3.13)两式得

$$\cos \delta = \operatorname{th} \frac{P}{\alpha},$$

所以

$$\tan \frac{\delta}{2} = \sqrt{\frac{1 - \cos \delta}{1 + \cos \delta}} = \sqrt{\frac{1 - \operatorname{th} \frac{P}{\alpha}}{1 + \operatorname{th} \frac{P}{\alpha}}} = \sqrt{\frac{\left(1 - \frac{e^{P/2} - e^{-P/2}}{e^{P/2} + e^{-P/2}}\right)\frac{1}{2}}{\left(1 + \frac{e^{P/2} - e^{-P/2}}{e^{P/2} + e^{-P/2}}\right)\frac{1}{2}}} = e^{-P/2},$$

即

$$\delta = 2 \arctan e^{-P/2}. \tag{3.14}$$

同理可得

$$\angle mla = 2 \arctan e^{-P/2} = \delta.$$

因此,两平行角相等,同时由(3.14)式知平行角 δ 是平行距 P 的函数. 特别地, 由(3.14)式可以看出, 只有当 $P \to 0$ 时, $\delta \to \pi/2$; 而当 P 取非零有限值时, $\delta = \delta(P) < \pi/2$.

现在我们讨论双曲三角形内角之和. 先看直角双曲三角形 lmn (图 5-9). 当点 n 由点 a 移向点 m 时, $\angle lnm$ 由零连续增加到 $\pi/2$, 同时 $\angle nlm$ 由 $\delta(P)$ 连续减少到零. 由于平行距 P 为非零有限值, 因此 $\delta(P) < \pi/2$, 所以当点 n 由点 a 移向点 m 时, $\angle lnm$ 连续增加的幅度大于 $\angle nlm$ 连续减少的幅度, 其结果是直角双曲三角形 lmn 的内角和也连续地增加, 当点 n 重

合于点 a 时，双曲三角形 lmn 就是双曲三角形 lma，它的内角和为
$$0 + \delta(P) + \angle aml < \frac{\pi}{2} + \frac{\pi}{2} = \pi.$$
当点 n 重合于点 m 时，双曲三角形 lmn 变成了两条重合的直线 $l \times m$，在这种极限情况下，其内角和为
$$\angle lnm + \angle lmn + \angle nlm = \frac{\pi}{2} + \frac{\pi}{2} + 0 = \pi.$$
因此，当点 n 由点 a 移向点 m 时，双曲三角形 lmn 的内角和由小于 π 连续增加到 π，但极限情况下的两条重合直线不能算作三角形，从而任何一个双曲直角三角形的内角之和都小于 π.

因为任何一个双曲三角形都可以看做由两个双曲直角三角形拼成的，因此任意双曲三角形的内角和都小于 π.

大家知道，在欧氏几何中任意两条平行的直线必有公共的垂线，但在罗氏几何中却恰恰相反，即有下面的定理：

定理 3.6　两条平行的双曲直线没有公共的垂线.

证明　由于两条平行的双曲直线的交点在绝对形 C 上，它是一个自共轭点，在这个交点处绝对形 C 的切线就是这两条平行双曲直线公共的共轭直线，而这条切线在绝对形 C 的外部，不是双曲直线，因此在双曲平面上两条平行的双曲直线不可能有公共的垂线.

但在罗氏几何中有如下的结论：

定理 3.7　任意两条离散的双曲直线有且仅有一条公共的垂线；反之，有公共垂线的任意两条双曲直线必为离散的直线.

证明　因为两条离散的双曲直线 ξ, η 的交点 p 是绝对形 C 外的一点（不是双曲点），因此点 p 关于绝对形 C 的极线是绝对形 C 的割线. 设其在绝对形 C 的内部的一段为 ζ，则 ζ 是双曲直线，而且直线 ζ 与 ξ, η 都共轭. 因此 ζ 是直线 ξ 与 η 的唯一的公垂线.

反之，设双曲直线 ξ 与 η 有一条公共垂线 ζ，则直线 ζ 关于绝对形 C 的极点 p 是 C 外的一点（不是双曲点）. 而直线 ξ, η 共轭于直线 ζ，所以直线 ξ 与 η 都经过点 p，即直线 ξ 与 η 相交于绝对形 C 外的一点，因此 ξ 与 η 是一对离散的双曲直线.

从以上几个定理可以看出罗氏几何与欧氏几何大不相同，有兴趣的同学可以利用罗氏几何的克莱因模型讨论罗氏几何的其他命题.

四、黎曼几何的射影模型

仿照克莱因建立罗氏几何射影模型的方法，我们可以构造黎曼几何的一个射影模型. 这个模型就是前面所说的以常态的虚二次曲线 $C': x_1^2 + x_2^2 + x_3^2 = 0$ 为绝对形的椭圆几何. 这样就说明了黎曼几何也是射影几何的子几何. 下面我们简略地说明这个射影模型.

由于在椭圆几何中，绝对形是一条虚的二次曲线，没有实轨迹，因此我们称整个射影平面为**椭圆平面**，并且称射影平面上的点为**椭圆点**，直线为**椭圆直线**，图形为**椭圆图形**. 椭圆平面上点与直线的结合关系就是射影平面上的点与直线的结合关系，椭圆直线上点的顺序关系就是射影直线上点的分隔关系.

如前所述，称关于绝对形 C'：$x_1^2 + x_2^2 + x_3^2 = 0$ 的射影自同构变换为椭圆运动. 如果对于两个椭圆图形 F 与 F'，存在一椭圆运动使得 F 变成 F'，则称 F 与 F' 是**合同的图形**，记做 $F \cong F'$.

与双曲几何一样，椭圆线段和两椭圆直线的夹角（称为**椭圆角**）的度量也使用凯莱定义的射影测度来测量.

有了以上的规定之后，我们就可以说明椭圆几何就是黎曼几何. 事实上，在椭圆平面上，由于绝对形 C' 是一条虚的二次曲线，因此不存在无穷远点，即椭圆直线不含无穷远点，因而在椭圆平面上不存在互相平行的椭圆直线. 也就是说，任意两条椭圆直线都相交. 我们上面的规定也说明了这一点. 因为射影平面上任何两条射影直线都相交，而黎曼几何中最本质的一条公理——黎曼平行公理恰好与椭圆几何的这一事实相符，不但如此，还可以验证黎曼几何的全部公理在椭圆几何中都可以实现，所以椭圆几何就是黎曼几何.

注 由于椭圆直线上没有无穷远点，而椭圆也没有无穷远点，因此我们称这种几何为椭圆几何.

下面我们利用凯莱的射影测度公式给出椭圆线段和椭圆角的射影测度公式.

先讨论椭圆线段的射影测度. 因为绝对形 C' 是虚的，所以椭圆平面上任意两椭圆点 $y(y_1, y_2, y_3)$，$z(z_1, z_2, z_3)$ 的连线与绝对形 C' 的交点 u，v 都是虚的. 因此，公式 (3.4) 中
$$\Omega(y,y)\Omega(z,z) - \Omega^2(y,z) > 0.$$
为了使 y，z 两点之间的距离为实数，我们在公式 (3.4) 中取 $h = \dfrac{\mathrm{i}}{2}\alpha$（$\alpha$ 为实数），则公式 (3.4) 变成
$$d(y,z) = \mathrm{i}\alpha \ln \frac{\Omega(y,y) + \mathrm{i}\sqrt{\Omega(y,y)\Omega(z,z) - \Omega^2(y,z)}}{\sqrt{\Omega(y,y)\Omega(z,z)}}.$$
因此
$$\mathrm{e}^{-\mathrm{i}\frac{d}{\alpha}} = \frac{\Omega(y,y) + \mathrm{i}\sqrt{\Omega(y,y)\Omega(z,z) - \Omega^2(y,z)}}{\sqrt{\Omega(y,y)\Omega(z,z)}},$$
$$\mathrm{e}^{\mathrm{i}\frac{d}{\alpha}} = \frac{\Omega(y,y) - \mathrm{i}\sqrt{\Omega(y,y)\Omega(z,z) - \Omega^2(y,z)}}{\sqrt{\Omega(y,y)\Omega(z,z)}},$$
从而有

$$\cos\frac{d}{\alpha} = \frac{1}{2}(e^{i\frac{d}{\alpha}} + e^{-i\frac{d}{\alpha}}) = \frac{\Omega(y,z)}{\sqrt{\Omega(y,y)\Omega(z,z)}}. \tag{3.15}$$

由于 C'：$x_1^2 + x_2^2 + x_3^2 = 0$，因此在(3.15)式中

$$\Omega(y,y) = y_1^2 + y_2^2 + y_3^2, \quad \Omega(z,z) = z_1^2 + z_2^2 + z_3^2, \quad \Omega(y,z) = y_1 z_1 + y_2 z_2 + y_3 z_3.$$

在(3.15)式中，设想 y 为定点，z 为流动点．若 $z=y$，则 $\Omega(y,y) = \Omega(z,z) = \Omega(y,z)$．故

$$\cos\frac{d}{\alpha} = 1,$$

因而 $d(y,z) = 0$．若点 z 沿直线 $y \times z$ 一定方向移动，到达点 y 的极线上时，y, z 为共轭点，则 $\Omega(y,z) = y_1 z_1 + y_2 z_2 + y_3 z_3 = 0$，从而

$$\cos\frac{d}{\alpha} = 0, \quad \frac{d}{\alpha} = \frac{\pi}{2}, \quad d = \frac{\pi}{2}\alpha.$$

这就是说，点 y 到它的极线上的点之间的距离（射影测度）为 $\frac{\pi}{2}\alpha$．当点 z 继续向前移动到与点 y 的距离为 2π 时，$\left|\cos\frac{d}{\alpha}\right| = 1$，这时 $\Omega(y,y)\Omega(z,z) = \Omega^2(y,z)$，所以 $e^{-i\frac{d}{\alpha}} = e^{i\frac{d}{\alpha}}$，从而 $d = 0$．这就是说点 z 又回到点 y 处．因此，我们得到如下结论：

定理 3.8 椭圆直线是封闭的，而且长度一定，其长度为 $\alpha\pi$（其中 α 是实数，称为测度单位）．

下面再讨论椭圆角的射影测度．同样，因为绝对形 C' 是虚的，所以由任意两椭圆直线 $\eta[\eta_1, \eta_2, \eta_3], \zeta[\zeta_1, \zeta_2, \zeta_3]$ 的交点引绝对形 C' 的两条切线 α, β 也是虚的．因此，在公式(3.6)中

$$\Omega(\eta,\eta)\Omega(\zeta,\zeta) - \Omega^2(\eta,\zeta) > 0.$$

为了使两直线 η 与 ζ 的夹角 $\theta = \omega(\eta,\zeta)$ 是实数，我们在公式(3.6)中取 $k = i/2$，则公式(3.6)变成了

$$\theta = \Omega(\eta,\zeta) = i\ln\frac{\Omega(\eta,\zeta) + i\sqrt{\Omega(\eta,\eta)\Omega(\zeta,\zeta) - \Omega^2(\eta,\zeta)}}{\sqrt{\Omega(\eta,\eta)\Omega(\zeta,\zeta)}}.$$

因此

$$e^{-i\theta} = \frac{\Omega(\eta,\zeta) + i\sqrt{\Omega(\eta,\eta)\Omega(\zeta,\zeta) - \Omega^2(\eta,\zeta)}}{\sqrt{\Omega(\eta,\eta)\Omega(\zeta,\zeta)}},$$

$$e^{i\theta} = \frac{\Omega(\eta,\zeta) - i\sqrt{\Omega(\eta,\eta)\Omega(\zeta,\zeta) - \Omega^2(\eta,\zeta)}}{\sqrt{\Omega(\eta,\eta)\Omega(\zeta,\zeta)}},$$

从而有

$$\cos\theta = \frac{1}{2}(e^{i\theta} + e^{-i\theta}) = \frac{\Omega(\eta,\zeta)}{\sqrt{\Omega(\eta,\eta)\Omega(\zeta,\zeta)}}. \tag{3.16}$$

由于 C' 的线坐标方程为 $\xi_1^2+\xi_2^2+\xi_3^2=0$，因此(3.16)式中

$$\Omega(\eta,\eta)=\eta_1^2+\eta_2^2+\eta_3^2,\quad \Omega(\zeta,\zeta)=\zeta_1^2+\zeta_2^2+\zeta_3^2,\quad \Omega(\eta,\zeta)=\eta_1\zeta_1+\eta_2\zeta_2+\eta_3\zeta_3.$$

由公式(3.16)知，当且仅当 $\Omega(\eta,\zeta)=0$，即 $\eta_1\zeta_1+\eta_2\zeta_2+\eta_3\zeta_3=0$ 时，$\theta=\pi/2$，即 $\eta\perp\zeta$。而 $\eta_1\zeta_1+\eta_2\zeta_2+\eta_3\zeta_3=0$ 恰好是直线 η 与 ζ 共轭的条件，因此我们有如下结论：

定理 3.9 当且仅当两椭圆直线是共轭直线时，它们是互相垂直的。

这个结论与双曲几何中的结论是一样的。

下面我们看一下椭圆三角形的内角之和是怎样的。设 a 是椭圆平面上任一点，点 a 关于绝对形 C' 的极线为 ξ，过点 a 任作两椭圆直线分别交直线 ξ 于点 b,c（图 5-10），则 $a\times b,a\times c$ 都是直线 ξ 的共轭直线。因此，$\angle abc$ 与 $\angle acb$ 都等于 $\pi/2$。这样，在椭圆三角形 abc 中有两个内角等于 $\pi/2$，所以椭圆三角形 abc 的内角之和大于 π。实际上可以证明，椭圆平面上任意一个椭圆三角形的内角之和都大于 π。这个证明已超出本书的范围，有兴趣的读者可参阅叶菲莫夫的《高等几何学》(裘光明译)。总之，我们有如下结论：

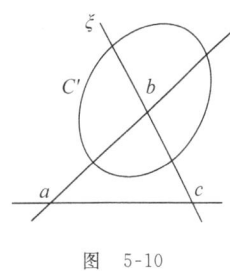

图 5-10

定理 3.10 椭圆三角形内角之和大于 π。

这正是黎曼几何与欧氏几何和罗氏几何的根本区别之一。

黎曼几何的射影模型我们就简单介绍到这里。最后，我们把欧氏几何、罗氏几何和黎曼几何的主要区别列表如下：

几何学	平行公理	直线上无穷远点个数	三角形内角之和
欧氏几何	过直线外一点有且仅有一条直线与已知直线平行	1	$=\pi$
罗氏几何	过直线外一点至少有两条直线与已知直线平行	2	$<\pi$
黎曼几何	过直线外一点不存在直线与已知直线平行	0	$>\pi$

这一节，我们把欧氏几何、罗氏几何和黎曼几何都作为射影自同构群的几何学来看待，因此这三种在逻辑上互相排斥的几何学便在射影的观点下得到了统一。至于说现实世界的几何形式究竟是哪一种的，这是有待解决的问题。必须指出，虽然从理论上说，三种几何学互相矛盾，但是直到目前为止，在天文观测所能达到的范围内，它们的差别还显示不出来，因此就无法判断哪一个更接近于客观实际。按照广义相对论的观点，无限的宇宙不可能是欧氏的，它甚至比罗氏几何和黎曼几何的还要复杂。当然，这个问题的最终解决还要靠科学实验的实践。

习 题 5.3

1. 根据克莱因的变换群观点，说明仿射几何、欧氏几何、罗氏几何和黎曼几何的关系及

其根本差别.

2. 利用克莱因模型说明在罗氏几何中一条直线的垂线与斜线不一定相交.

3. 在黎曼几何模型内试作一个三角形,使它的三个内角都等于 $\pi/2$.

习 题 五

1. 构造一个模型,其中平面实射影几何公理体系的公理 I_1 至公理 I_3 成立,而公理 I_4 不成立.

2. 构造一个模型,其中平面实射影几何公理体系的公理 I_1,公理 I_2,公理 I_4 成立,而公理 I_3 不成立.

3. 证明 §5.2 建立的平面射影几何公理体系是完备的.

4. 用代数法讨论,怎样限制直射变换式就可以使它成为双曲运动、椭圆运动的变换式.

5. 在克莱因模型上,证明和定点 p 成等距的点的轨迹是一条二条曲线.

附录

射影几何发展简史

射影几何有着悠久的发展历史. 远在上古时代, 人们为了在墙壁或器皿上绘画, 就要考虑所描绘的对象的点与它在平面或曲面上的像点之间的对应, 考察与物体及其元素的相互排列有关的位置规律, 这就是射影几何的萌芽时期. 因此, 古代的数学家就已经掌握了不少射影几何的知识. 例如, 早在公元前 3 世纪, 古希腊几何学家阿波罗尼奥斯(Apollonius)著有长达八卷的《圆锥曲线论》. 在这部巨著中包含了许多射影几何的知识, 并且第一次提出了椭圆、双曲线、抛物线同为圆锥截线的思想, 并且从中可见阿波罗尼奥斯在那时就已经知道了四点形的调和性质. 同一时期, 在帕普斯(Pappus)的《数学汇编》(八卷) 中就已经有对合概念的最初萌芽, 同时证明了至今在射影几何里还占有重要地位的关于三点共线的著名定理(Pappus 定理).

欧洲文艺复兴时期, 由于绘画和建筑的发展激起了人们对透视问题的极大兴趣, 透视的理论得到了很大的发展, 这些成果很快影响到几何学, 从而导致了射影几何的大发展, 并且奠定了射影几何的基础.

特别值得一提的是法国数学家笛萨格(Desargues), 他通过对透视的研究建立了无穷远点的概念, 奠定了射影空间概念的基础. 笛萨格第一次把二次曲线看做是圆的透视形, 因此使椭圆、双曲线、抛物线都可用同一方法研究; 他还研究了点列的对合, 他的两个著名定理(Desargues 透视定理和 Desargues 对合定理)在射影几何基础和二次曲线的研究中占有很重要的地位. 笛萨格的工作打下了射影几何的科学基础, 因此正确地说应该把笛萨格看做射影几何的创始人.

在射影几何的发展中起过重要作用的另一位法国数学家是帕斯卡(Pascal). 他在 16 岁的时候(1639 年)就写了一篇关于圆锥曲线的论文, 竟使笛卡儿断定是他父亲的代笔. 在 1648 年, 他写了一份内容丰富的关于圆锥曲线的手稿. 这份手稿是以笛萨格的工作为基础的, 现在失传了, 但是笛卡儿和莱布尼茨都看到过. 在这份手稿中, 他证明了现在以他的名字命名的著名的 Pascal 定理. 此外, 他还从这个定理得出了许多推论.

自笛萨格和帕斯卡之后的 150 年, 由于数学家把注意力集中在代数

附录　射影几何发展简史

法的研究上,因此射影几何的发展有些迟缓.直到19世纪初,才由蒙日(Monge)重新唤起了人们的注意.蒙日的《画法几何学》含有射影几何的核心.蒙日的学生彭赛列(Poncelet)继承了蒙日的工作,他在被俄国俘虏的沙拉多夫的监狱里写成了《论图形的射影性质》一书.在这本书中他通过射影法研究了图形的射影性质,给出并运用了两个数学工具:对偶原理和连续原理;并且建立了交比的概念,提出了无穷直线的概念和配极理论.此外,彭赛列和热尔岗(Gergonne)还各自独立地提出了对偶原理.彭赛列的工作使得射影几何学成为一门独立的学科(在19世纪以前,射影几何一直是在欧氏几何的框架下被研究的,因此认为是欧氏几何的内容),所以彭赛列被认为是近世射影几何的奠基者之一.

继彭赛列之后,布里安桑(Brianchon)、默比乌斯(Möbius)、普吕克(Plücker)、斯坦纳(Steiner)、冯·斯陶特(Von Staudt)等人又把射影几何推进了一步.彭赛列的许多思想被瑞士几何学家斯坦纳进一步发展.斯坦纳是世界上最伟大的综合几何学者之一,被人们称做"自阿波罗尼奥斯以来最伟大的几何学家",他在几何学的综合方法上具有信得过的能力.他创造新的几何是如此之快,以致来不及记下他的证明,结果关于他的许多发现,人们寻找其证明要花若干年.他的《系统发展》于1832年发表后,立即为他赢得了荣誉.这部著作全面地讨论了往复运动、对偶原理、位似变程和位似束、调和分割,以及奠基于把圆锥曲线定义为有不同中心的两个等交比线束的对应直线交点的轨迹的射影几何.另外,值得一提的是冯·斯陶特所著的《位置几何学》一书,可以说是一部非常优美的纯粹几何书,其中完全不用任何度量概念建立起了交比与射影的对应等概念.这个成就起了两个作用:一是使人们想到使用射影方法也可能建立度量几何;二是引导人们对射影几何公理的研究.前一个问题由凯莱(Cayley)和克莱因(Klein)所解决,其结果使欧氏几何与非欧几何在射影几何中得到统一.后一问题与几何基础研究相结合,1899年希尔伯特(Hilbert)在解决了欧氏几何公理基础问题的同时还提出一个判断公理体系相容性、独立性和完备性的一般方法.遵循这个方法,射影几何的基础问题也在20世纪初得到解决.

1872年,克莱因提出了著名的变换群的观点.这种观点只是对几何学的对象作出了分类,并没有限制使用什么方法,因此人们想到研究射影几何不仅可以使用综合法和代数法,也可以使用微积分的方法(特别是微分法).用微积分的方法研究图形的射影不变性质与不变量,这就出现了射影微分几何.在我国,由于苏步青教授的努力工作和积极领导,在这个领域里已经形成了独具特色的学派.

随着抽象代数理论的发展,高维的射影几何和一般数域上的射影几何也相继建立起来,这些都已经成为了代数几何的组成部分.

参 考 文 献

[1] 叶非莫夫 H B. 高等几何学(上、下册). 裴光明,译. 北京:高等教育出版社,1954.
[2] 切特维鲁新 H. 射影几何(上、下册). 东北师大几何教研室,译. 北京:高等教育出版社,1955.
[3] 苏步青. 高等几何讲义. 北京:高等教育出版社,1964.
[4] 孙泽瀛. 近世几何学. 北京:高等教育出版社,1959.
[5] 克莱因 M. 古今数学思想. 张理京,邓东皋,译. 上海:上海科学技术出版社 2009.
[6] 钟集. 高等几何. 武汉:武汉大学出版社,2005.
[7] 梅向明,刘增贤,王汇淳. 高等几何. 北京:高等教育出版社,2008.
[8] 姜树民,刘德鹏. 高等几何学. 西安:陕西人民教育出版社,2000.
[9] 朱德祥. 高等几何. 北京:高等教育出版社,2007.
[10] 罗崇善,庞朝阳,田玉屏. 高等几何. 北京:高等教育出版社,2004.
[11] 周兴和. 高等几何. 北京:科学出版社,2003.
[12] 傅章秀. 几何基础. 北京:北京师范大学出版社,1984.

名 词 索 引

Brianchon 定理	128
Desargues 对合定理	79
Desargues 透视定理	18
Pappus 定理	65
Pascal 定理	123
Steiner 定理	120

B

变换（群）	37
不动点（二重点）	71
不分隔点对	59

C

| 成配景对应 | 53 |

D

代表（解析点）	10
点列	16
调和点列	58
调和透射变换	86
调和线束	59
度量性质	172
对合变换	74
对偶原理	20
对射映射（变换）	98

E

二次点列	130
二次曲线	114
二维射影坐标	28
二维射影坐标系	27
二重元素	81

F

仿射比	146
仿射变换	149
仿射平面	144
仿射性质	150
仿射中心	148
仿射坐标	146
非齐次坐标	9

G

分隔点对	59
公理法	191
共轭点	103
共轭直线	103

H

| 合射变换 | 88 |

J

极点	101
极线	101
夹角	173
夹角的射影测度	204
渐近线	160
交比	50
焦点	182
距离	172
距离的射影测度	203
绝对坐标	10

L		椭圆平面	211
拉格儿公式	176	椭圆型对合	78
理想元素	4	椭圆型二次曲线	157
罗氏几何	191	椭圆型配极变换	110
M		椭圆型射影变换	72
迷向直线	169	椭圆运动	202
P		**W**	
抛物形二次曲线	157	完全四点形	68
抛物型射影变换	72	完全四线形	68
配极变换	101	无穷远点	3
配极共轭点（直线）的对合	106	无穷远直线	3
配极原则	101	**X**	
配景定理	52	线束	17
平行距	208	相容	191
Q		**Y**	
齐次坐标	9	一维射影变换群	42
奇异点	137	一维射影映射（变换）	38
S		一维射影坐标	23
射影平面	4	一维射影坐标系	24
射影性质	3	圆点	169
射影直线	4	运动变换	170
射影自同构（群）	201	**Z**	
双曲平面	206	直径	160
双曲型对合	78	直射变换群	47
双曲型二次曲线	157	直射映射（二维射影映射）	42
双曲型配极变换	110	中心	159
双曲型射影变换	72	中心投影	2
双曲运动	202	主轴	180
T		准线	182
同构模型	193	自共轭点	103
透射变换	84	自共轭直线	104
透视关系	19	自配极三点形	108
透视映射	62		

习题答案与提示

习 题 1.1

1. 三点形、四边形和圆锥曲线. **2.** 圆,或者椭圆,或者抛物线,或者双曲线.
4. 提示:将 l 投影到无穷远来证明. **6.** $1+\frac{1}{2}n(n+1)$, $1+\frac{1}{2}n(n-1)$.

习 题 1.2

1. (1) 直线 $x \times y$ 的坐标为 $[7,3,-2]$,方程为 $7x_1+3x_2-2x_3=0$;
直线 $y \times z$ 的坐标为 $[-2,6,5]$,方程为 $-2x_1+6x_2+5x_3=0$;
直线 $z \times x$ 的坐标为 $[-3,9,-6]$,方程为 $-3x_1+9x_2-6x_3=0$.
(2) 点 x 的方程为 $2\xi_2+3\xi_3=0$,点 y 的方程为 $\xi_1-\xi_2+2\xi_3=0$,点 z 的方程为 $2\xi_1+\xi_2=0$.

2. (1) 直线 $\xi \times \eta$ 的坐标为 $(1,-4,6)$,方程为 $\xi_1-4\xi_2+6\xi_3=0$;
直线 $\eta \times \zeta$ 的坐标为 $(-9,-2,3)$,方程为 $-9\xi_1-2\xi_2+3\xi_3=0$;
直线 $\zeta \times \xi$ 的坐标为 $(4,3,5)$,方程为 $4\xi_1+3\xi_2+5\xi_3=0$.
(2) 点 ξ 的方程为 $2x_1-x_2-x_3=0$,点 η 的方程为 $3x_2+2x_3=0$,点 ζ 的方程为 $-x_1+3x_2-x_3=0$.

3. 坐标为 $[4,1,-5]$,方程为 $4x_1+x_2-5x_3=0$.
4. (1) 共线; (2) 不共线. **5.** (1) 共点; (2) 共点.
6. $(1,2,5),(-2,-3,-5),(11,14,15)$;三点共线.
7. $(-2,-4)$;$(\sqrt{10}/2,\sqrt{6}/2)$;不存在;$(0,4/3)$;不存在.
8. (1) $(1,-1,0)$; (2) $(-2,1,0)$; (3) $(1,0,0)$; (4) $(0,1,0)$.

习 题 1.3

1. 提示:利用 Desargues 透视定理,中线、角分线同样成立.
4. 提示:利用 Desargues 透视定理或投影.
7. 提示:将图形翻译成文字叙述,再将叙述对偶,并画出对偶的图形.

习 题 1.4

1. $(-2,-2,2),(3,0,-6)$. **2.** $(1,2),1/2$. **3.** $[9,7],9/7$.

4. $\begin{cases} \rho\lambda'=-\mu, \\ \rho\mu'=\lambda-\mu. \end{cases}$ **5.** $\begin{cases} \rho x_1'=x_1+2x_2-x_3, \\ \rho x_2'=-x_1-2x_2+5x_3, \\ \rho x_3'=x_1-2x_2+3x_3. \end{cases}$ **6.** $\begin{cases} \rho\bar{x}_1=lx_1', \\ \rho\bar{x}_2=mx_2', \\ \rho\bar{x}_3=nx_3'. \end{cases}$

习 题 一

2. 提示:利用反证法.

3. $c_1 \begin{vmatrix} a_1 & a_2 \\ b_1 & b_2 \end{vmatrix} x_1 + c_2 \begin{vmatrix} a_1 & a_2 \\ b_1 & b_2 \end{vmatrix} x_2 + \begin{vmatrix} -c_1 & c_2 & 0 \\ a_1 & a_2 & a_3 \\ b_1 & b_2 & b_3 \end{vmatrix} x_3 = 0$

4. (1) $b^2 x^2 + a^2 y^2 - a^2 b^2 z^2 = 0$,无交点; (2) $b^2 x^2 + a^2 y^2 + a^2 b^2 z^2 = 0$,无交点;
   (3) $b^2 x^2 - a^2 y^2 - a^2 b^2 z^2 = 0$,$(\pm a, \pm b, 0)$.

5. 提示:利用 Desargues 透视定理或用解析法.

6. 提示:以 a, b, c, h 为参考点建立坐标系,进而用解析法证明.

8. $(9, -5, 15), 9\xi_1 - 5\xi_2 + 15\xi_3 = 0$.

9. $\begin{cases} \rho\bar{\lambda} = -\dfrac{6}{10}\lambda + \dfrac{8}{5}\mu, \\ \rho\bar{\mu} = \dfrac{3}{10}\lambda - \dfrac{1}{20}\mu. \end{cases}$
   10. $\rho \begin{bmatrix} x'_1 \\ x'_2 \\ x'_3 \end{bmatrix} = \begin{bmatrix} 12 & -18 & 2 \\ 10 & 5 & -5 \\ 16 & 16 & 16 \end{bmatrix} \begin{bmatrix} x_1 \\ x_2 \\ x_3 \end{bmatrix}, \rho' \begin{bmatrix} x'_1 \\ x'_2 \\ x'_3 \end{bmatrix} = \begin{bmatrix} 2 & 4 & 1 \\ -3 & 2 & 1 \\ 1 & -6 & 3 \end{bmatrix} \begin{bmatrix} x'_1 \\ x'_2 \\ x'_3 \end{bmatrix}.$

习 题 2.1

1. (1),(2),(3)均构成群.

2. $\Phi: x\Phi = 2x+1, \Phi': x\Phi' = x^3$ 不可交换; $\Phi_1: x\Phi_1 = x+1, \Phi'_1: x\Phi'_1 = x+2$ 可交换.

3. $a=1, b=0$ 或 $a=-1$.   4. $\begin{cases} \rho x'_1 = 12 x_2, \\ \rho x'_2 = -7 x_1 + 17 x_2. \end{cases}$

5. (1) $\lambda' = \dfrac{12\lambda}{5\lambda - 2}$; (2) $\lambda' = \dfrac{7\lambda - 8}{3\lambda - 4}$; (3) $\lambda' = \dfrac{1}{1-\lambda}$.   7. 提示:利用坐标变换理论.

8. $\begin{cases} \rho x'_1 = -x_2 + x_3, \\ \rho x'_2 = -x_1 + x_3, \\ \rho x'_3 = -x_1 - x_2 + x_3. \end{cases}$

9. 提示:可按本节中定理 1.2 的证明方法来证明.

10. $\begin{cases} \rho_1 x'_1 = 18 x_1 - 18 x_2 + 6 x_3, \\ \rho_2 x'_2 = 11 x_1 + 5 x_2 - 7 x_3, \\ \rho_3 x'_3 = 16 x_1 + 16 x_2 + 16 x_3; \end{cases} \begin{cases} \rho_2 x_1 = 2 x'_1 + 4 x'_2 + x'_3, \\ \rho_2 x_2 = -3 x'_1 + 2 x'_2 + 2 x'_3, \\ \rho_2 x_3 = x'_1 - 6 x'_2 + 3 x'_3. \end{cases}$

习 题 2.2

1. $-\dfrac{2}{3}$. 可能值: $\dfrac{1}{\alpha} = -\dfrac{3}{2}, 1-\alpha = \dfrac{5}{3}, \dfrac{1}{1-\alpha} = \dfrac{3}{5}, 1-\dfrac{1}{\alpha} = \dfrac{5}{2}, \dfrac{\alpha}{\alpha-1} = \dfrac{2}{5}$.

2. $(1,0) \sim (\lambda, 0)$,其中 $\lambda \neq 0$.   3. $\dfrac{4}{9}, \dfrac{9}{4}, \dfrac{9}{5}, -\dfrac{5}{4}, -\dfrac{4}{5}$.

4. 提示:利用等面积法.   6. (1) 不分隔; (2) 分隔; (3) 不分隔; (4) 分隔.

习 题 2.3

1. 提示：可仿照定理 3.1 的证明. **2.** 提示：可仿照定理 3.5 的证明.

3. 提示：可根据定理 3.7 作图，注意有一对对应点交换了.

4. $(5,2),(1,-1)$. **6.** $\rho\begin{bmatrix}\lambda_1'\\ \lambda_2'\end{bmatrix}=\begin{bmatrix}10 & -12\\ 3 & -2\end{bmatrix}\begin{bmatrix}\lambda_1\\ \lambda_2\end{bmatrix}$. **8.** 提示：根据有重合点的射影作图.

习 题 2.4

1. $\Phi=\begin{bmatrix}0 & 1\\ -1 & 0\end{bmatrix}$,椭圆型. **2.** (1) 双曲型；(2) 椭圆型. **3.** $\begin{cases}\rho\lambda_1'=\lambda_1-2\lambda_2,\\ \rho\lambda_2'=-\lambda_2.\end{cases}$

4. $\lambda'=\dfrac{5\lambda+1}{-\lambda-5}$. **5.** 提示：利用本节例 2.

6. 提示：利用完全四点形的调和性. **7.** 提示：利用完全四线形的调和性.

习 题 2.5

1. (1) $\rho_1=-1,\rho_2=\rho_3=1$. 对应 $\rho_1=-1$ 的二重点：$(1,0,0)$，重直线：$[1,0,0]$；对应 $\rho_2=\rho_3=1$ 的二重点（列）：$x_1=1$，重直线：$\xi_1=1$.

(2) $\rho_1=\rho_2=\rho_3=1$,对应的二重点（列）：$x_2=1$，重直线：$\xi_1=1$.

(3) $\rho_1=2,\rho_2=5,\rho_3=-1$. 对应 $\rho_1=2$ 的二重点：$(0,0,1)$，重直线：$[7,2,-9]$；对应 $\rho_2=5$ 的二重点：$(3,12,5)$，重直线：$[2,-1,0]$；对应 $\rho_3=-1$ 的二重点：$(3,-6,1)$，重直线：$[4,-1,0]$.

2. 提示：先求出二重点及重直线，再验证结合关系.

3. $\rho x'=x\begin{bmatrix}2 & 0 & 0\\ 0 & 2 & 0\\ -2 & -1 & 1\end{bmatrix}$. **5.** $\rho x'=x\begin{bmatrix}6 & 1 & -3\\ 0 & 6 & 0\\ 0 & 0 & 6\end{bmatrix}$.

6. 提示：先求出直射变换式，再验证.

习 题 二

1. 提示：只需证明满足群的四个条件. **2.** 提示：方法同第 1 题.

3. $\begin{cases}\rho x_1'=x_1-3x_2,\\ \rho x_2'=x_2.\end{cases}$ 提示：此题首先需把点的非齐次坐标改写成为齐次坐标.

4. $\Phi^2=\begin{bmatrix}7 & 12\\ 4 & 7\end{bmatrix},\Phi^3=\begin{bmatrix}26 & 45\\ 15 & 26\end{bmatrix}$. 点 $x(1,1)$ 在 Φ,Φ^2,Φ^3 变换下所得像点的坐标分别为$(3,5),(11,19),(41,71)$.

5. 提示：应用交比的坐标公式. **6.** $1/2,2,-1$. **7.** 提示：利用解析法.

8. 提示：利用交比公式. **10.** 提示：利用完全四点形的调和性.

11. 提示：这是对合变换的非齐次坐标表达式.

12. $\begin{vmatrix} \lambda\lambda' & -(\lambda+\lambda') & -1 \\ c_1 & b_1 & a_1 \\ c_2 & b_2 & a_2 \end{vmatrix} = 0.$ 14. 提示：利用 Desargues 对合定理.

15. (1) $\rho_1=2, \rho_2=\rho_3=4$. 对应 $\rho_1=2$ 的二重点：$a=(2,2,2)\sim(1,1,1)$；对应 $\rho_2=\rho_3=4$ 的二重点(列)：$\alpha=[1,0,1]$. 由对偶原理，Φ 还有一个二重线束，它的中心就是已经求出来的二重点 $a\sim(1,1,1)$. 由于，$a\cdot\alpha\neq 0$，点 a 不在直线 α 上，故该直射变换为透射变换.

(2) $\rho_1=3, \rho_2=\rho_3=2$. 对应 $\rho_1=3$ 的二重点：$x^{(1)}=(0,-1,1)$；对应 $\rho_2=\rho_3=2$ 的二重点：$(0,-6,0)\sim(0,1,0)$，重直线：$[0,0,1],[1,0,0]$. 一般直射变换.

(3) $\rho_1=\rho_2=\rho_3=1$, 对应的二重点：$[1,0,0]$，重直线：$(0,2,1)$. 合射变换.

(4) $\rho_1=\rho_2=\rho_3=1$, 对应的二重点：$(0,-2,0)\sim(0,1,0)$，重直线：$[0,-2,0]\sim[0,1,0]$. 一般直射变换.

16. 提示：根据透射变换的确定条件.

17. $\alpha=(2k+1)\pi$ (k 为整数). 注：这个透射变换的中心是$(0,0,1)$，轴是直线 $x_3=0$.

18. 提示：利用完全四点形的调和性.

19. 提示：利用完全四点形的调和性.

习 题 3.1

1. $\rho\xi' = x \begin{bmatrix} -1 & -1 & 1 \\ -1 & 1 & -1 \\ 1 & -1 & -1 \end{bmatrix}.$ 2. $[1,3,-1], (3,-6,5).$

4. (1) $(1,4,-1)$；(2) $2x_1^2+x_2^2-2x_1x_3+2x_2x_3=0$；(3) $\rho\begin{bmatrix}\lambda_1'\\\lambda_2'\end{bmatrix}=\begin{bmatrix}0 & 1\\4 & 0\end{bmatrix}\begin{bmatrix}\lambda_1\\\lambda_2\end{bmatrix}$；(4) 双曲型.

5. 自共轭点轨迹为 $x_1^2+2x_2^2-2x_3^2-4x_1x_2+2x_1x_3-2x_2x_3=0$；
   自共轭直线轨迹为 $5\xi_1^2+3\xi_2^2+2\xi_3^2+10\xi_1\xi_2+2\xi_2\xi_3=0.$

习 题 3.2

1. (1) 无切线点；(2) 割线.

2. 提示：先求出 B, C，再进行坐标变换，化简为 $x_1'^2-4x_2'x_3'=0.$

3. (1) $\rho\xi = x\begin{bmatrix} 1 & 0 & 0 \\ 0 & -1 & 0 \\ 0 & 0 & -1 \end{bmatrix}$；(2) $(1,0,-2)$；(3) $[1,0,-1].$

4. $\xi_1[3\sqrt{2}, -4\sqrt{2}, \sqrt{17}]$ 和 $\xi_2[3\sqrt{2}, -4\sqrt{2}, -\sqrt{17}].$

5. $a_{12}x_1x_3+a_{13}x_1x_3+a_{23}x_2x_3=0$；
   $a_{23}^2\xi_1^2+a_{13}^2\xi_2^2+a_{12}^2\xi_3^2-2a_{13}a_{23}\xi_1\xi_2-2a_{12}a_{23}\xi_1\xi_3-2a_{12}a_{13}\xi_2\xi_3=0$；
   $A_{23}^2x_1^2+A_{13}^2x_2^2+A_{12}^2x_3^2-2A_{13}A_{23}x_1x_2-2A_{12}A_{23}x_1x_3-2A_{12}A_{13}x_2x_3=0,$
   $A_{12}\xi_1\xi_2+A_{13}\xi_1\xi_3+A_{23}\xi_2\xi_3=0.$

6. $x_1^2+x_2^2-x_3^2=0$. **7.** $2x_1^2-x_2^2-8x_3^2+11x_2x_3=0$.

习 题 3.3

1. 提示：应用 Passal 定理.

2. 提示：适当编排给出的二次曲线内接六点形六个顶点的顺序,使 AC 和 DF,DE 和 BC,AE 和 BF 恰为新得到的二次曲线内接六点形的三对对边,再应用 Passal 定理立得.

3. 提示：应用 Passal 逆定理.

4. 提示：由二次曲线的两个内接六点形 $PC'CBAA'$ 和 $ACC'PB'B$ 使用 Passal 定理即可.

5. 提示：应用 Brianchon 定理. **6.** 提示：应用 Brianchon 定理. **7.** 提示：应用 Brianchon 定理.

习 题 3.4

1. 提示：根据二次曲线上射影变换的确定条件.

3. 提示：根据二次曲线上射影变换的确定条件.

5. (1) $x_1^2+x_2^2-x_3^2=0$； (2) $x_1^2-x_2^2=0$； (3) $x_1^2+x_2^2-x_3^2=0$； (4) $x_1^2=0$.

6. 提示：验证 $|a_{ik}|=0$. 分解为 $(2\xi_1-\xi_2+\xi_3)(\xi_1-\xi_2-2\xi_3)=0$.

习 题 三

1. $\Gamma=\begin{bmatrix} 1 & -1 & 1 \\ 2 & -2 & -2 \\ -1 & 5 & 3 \end{bmatrix}$，$v$ 的像直线为 $[1,-3,1]$，w 的像直线为 $[-3,7,5]$.

2. $[1,-4,-1]$，$[-1,-1,2]$. **3.** 提示：根据给定条件构造配极变换的确定条件.

4. $\Gamma=\begin{bmatrix} 1 & 0 & 0 \\ 0 & 1 & 0 \\ 0 & 0 & 1 \end{bmatrix}$. **5.** (1) 双曲型； (2) 双曲型.

6. 标准形为 $2x'^2-14y'^2+63z'^2=0$,简化形式为 $2x^2+1008yz=0$.

7. 提示：应用 Passal 定理. **8.** 提示：应用 Passal 定理.

10. 提示：利用 Passal 逆定理. **11.** 提示：利用 Brianchon 逆定理.

12. 提示：在五点形上应用 Passal 逆定理. **13.** 提示：在三线形上应用 Brianchon 定理.

14. 提示：应用 Steiner 定理. **16.** 提示：利用配极原则、Passal 定理及 Brianchon 定理.

17. 提示：利用习题 3.3 第 4 题.

习 题 4.1

2. $\begin{vmatrix} x_1 & x_2 & 1 \\ y_1 & y_2 & 1 \\ z_1 & z_2 & 1 \end{vmatrix}=0$. **3.** $\dfrac{1}{2}$. **4.** $\begin{cases} x'=y, \\ y'=-x-y+2. \end{cases}$

5. 伸缩变换全体不能构成群,因为伸缩变换的全体没有单位元,不封闭.中心反射变换的全体不能构成群,因为中心反射变换之积为平移变换,不满足封闭性.

6. 正方形不变的性质:对边平行,对角线互相平分;变化的性质:角度及其线段的长度.
   菱形不变的性质:对边平行,对角线互相平分;变化的性质:角度及其线段的长度.
   (1) 平行四边形→平四边形; (2) 梯形→梯形; (3) 矩形→平行四边形; (4) 三点形→三点形;
   (5) 等腰三角形→三角形; (6) 三角形重心→三角形重心; (7) 圆→椭圆或圆;
   (8) 等轴双曲线→一般双曲线; (9) 椭圆→椭圆; (10) 线段中点→线段中点.

习 题 4.2

1. $[0,1,-1], [1,1,-2]$. 2. $8x+4y+7=0$. 3. $x+y-2=0$ 和 $y-1=0, x=0$ 和 $y=0$.
4. 提示:应用 Pascal 定理. 5. 提示:利用本节的定理 2.4.
6. (1) $x'^2_1 + x'^2_2 - x'^2_3 = 0$ $(x'^2 + y'^2 - 1 = 0)$; (2) $x'^2_1 - x'^2_2 - x'^2_3 = 0$ $(x^2 - y^2 - 1 = 0)$.

习 题 4.3

1. 提示:实直线可设为 $x_1\xi_1 + x_2\xi_2 + x_3\xi_3 = 0$;
   虚直线可设为 $(a_1+ib_1)x_1 + (a_2+ib_2)x_2 + (a_3+ib_3)x_3 = 0$,其中 $a_i, b_i (i=1,2,3)$ 不成比例.
2. 提示:将圆点 $(1, \pm i, 0)$ 和迷向直线 $[1, \pm i, b]$ (b 为任意数)代入仿射变换式即得.
3. 提示:验证满足群的四条要求.
4. $(-1+i \quad -1-i), (-1-i \quad -1+i)$. 5. 提示:参考本节例 3.

习 题 4.4

1. 提示:按本节给出的主轴、顶点、焦点和准线的定义求出它们并与解析几何中相应的这些定义的形式相比较.

2. (1) 焦点:$\left(\frac{1}{2}, 0\right)$,准线:$x-y=0$,主轴:$2x+2y-1=0$,顶点:$\left(\frac{3}{8}, \frac{1}{8}\right)$;
   (2) 焦点:$(3,1), (-3,-1), (i,-3i), (-i,3i)$,
   准线:$3x+y-2=0, 3x+y+2=0, ix-3iy+8=0, ix-3iy-8=0$,
   主轴:$x-3y=0, 3x+y=0$,顶点:$\left(\pm\frac{3}{\sqrt{5}}, \pm\frac{1}{\sqrt{5}}\right), \left(\pm\frac{2i}{\sqrt{5}}, \mp\frac{6i}{\sqrt{5}}\right)$.

3. 提示:利用本节的定理 4.7.

习 题 4.5

1. 没有.
3. 属于欧氏几何的定义.在仿射几何中的定义应说成:给出点 a, b,若它们关于仿射坐标系的坐标分别为 $(a_1, a_2), (b_1, b_2)$,则 $\{b_1-a_1, b_2-a_2\}$ 称为向量 ab,记做 $\overrightarrow{ab}$.
4. 调和点列(线束)、两个透视三点形和 Pascal 线是射影几何讨论的对象.梯形和三角形的垂心为仿射几何讨论对象. 三角形的垂心和内心是欧氏几何讨论对象.
5. 点到直线的距离、离心率、线段之比和圆的面积是欧氏几何讨论对象. 交比是射影几何讨论的对象.
6. 平行四边形对角线互相平分和三角形的中位线平行于底边是仿射几何讨论对象. 线共点、点共线和两条直线相交于一点是射影几何讨论的对象. 半圆含直角是欧氏几何讨论对象.

习 题 四

1. 提示：应用 Desargues 透视定理.
3. 提示：梯形的中位线可定义为两腰仿射中心的连线.
4. 提示：应用交比与仿射比的关系式.
9. 提示：只需证无穷远直线在给定二次曲线所对应的配极变换下的极点是所给方程组的解.
10. 提示：若中心为原点$(0,0)$，则方程可简化为 $a_{11}x_1^2 + 2a_{12}x_1x_2 + a_{22}x_2^2 + x_3^2 = 0$.
12. 提示：$\alpha x + \beta y + \gamma = 0$ 与 $px + qy + s = 0$ 分别表示抛物线的轴及过抛物线顶点且与轴垂直的直线.
14. 提示：由运动变换式解出 x, y，代入圆的方程，经整理仍得到圆的方程.
16. $\pi/2$.

习 题 5.2

3. 提示：因为平面上的有理点不连续，故不满足连续公理，不过其他公理均满足.

习 题 5.3

3. 只要在黎曼平面上任作一个自配极三点形，则三点形的三条边中每两条边都互为共轭直线. 由黎曼几何的性质，自配极三点形的每两条边都互相垂直，则三个内角都等于 $\pi/2$.